从入门到实战·微课视频

PHP 项目案例开发从入门到实战
微课视频版

马石安 魏文平 编著

清华大学出版社
北京

内 容 简 介

本书是为学习 PHP 程序设计编写的一部实践性教材,详细讲解了 PHP 项目开发的方法及关键技术。全书共 10 章,分为"开发准备"和"项目案例"两篇。第一篇包括第 1～4 章,介绍了 PHP 项目开发前的一些准备知识,包括开发环境的搭建、前端技术、后端技术以及 PHP 框架;第二篇包括第 5～10 章,第 5～7 章介绍了 3 个 PHP 课程设计项目案例,即"内容管理系统""日程管理系统"以及"在线课程系统",分别采用面向过程、面向对象以及 Smarty 模板＋面向对象的程序设计方法进行开发;第 8～10 章介绍了 3 个 PHP 的实践性项目案例,即"校园信息平台""电子商务系统"以及"在线办公系统",分别采用 WordPress 开源软件、CodeIgniter 框架以及 ThinkPHP 6 框架技术进行开发。

本书结构清晰、语言简练、内容翔实,具有系统性、综合性和实用性等特点。书中选配的 6 个项目案例均来自实际,全面覆盖了 PHP 项目开发的基础理论知识及技术规范,并配套了同步的视频讲解,非常适合具备基本的计算机程序设计知识以及 Web 技术知识的读者。

本书可作为高等院校计算机专业、网络技术培训中心等相关课程的教材或教学参考书,也可供软件开发人员进行项目开发、在校学生进行课程设计与毕业设计时参考。

本书封面贴有清华大学出版社防伪标签,无标签者不得销售。
版权所有,侵权必究。举报: 010-62782989, beiqinquan@tup.tsinghua.edu.cn。

图书在版编目(CIP)数据

PHP 项目案例开发从入门到实战: 微课视频版/马石安,魏文平编著. —北京: 清华大学出版社, 2021.8(2022.7重印)
(从入门到实战·微课视频)
ISBN 978-7-302-57097-4

Ⅰ. ①P… Ⅱ. ①马… ②魏… Ⅲ. ①PHP语言—程序设计 Ⅳ. ①TP312.8

中国版本图书馆 CIP 数据核字(2020)第 251137 号

策划编辑: 魏江江
责任编辑: 王冰飞　薛　阳
封面设计: 刘　键
责任校对: 时翠兰
责任印制: 朱雨萌

出版发行: 清华大学出版社
　　　　网　　址: http://www.tup.com.cn, http://www.wqbook.com
　　　　地　　址: 北京清华大学学研大厦 A 座　　　　邮　编: 100084
　　　　社 总 机: 010-83470000　　　　　　　　　　邮　购: 010-62786544
　　　　投稿与读者服务: 010-62776969, c-service@tup.tsinghua.edu.cn
　　　　质量反馈: 010-62772015, zhiliang@tup.tsinghua.edu.cn
　　　　课件下载: http://www.tup.com.cn,010-83470236
印 装 者: 三河市君旺印务有限公司
经　　销: 全国新华书店
开　　本: 185mm×260mm　　　印　张: 26.75　　　字　数: 654 千字
版　　次: 2021 年 10 月第 1 版　　　　　　　　　印　次: 2022 年 7 月第 2 次印刷
印　　数: 2001～3500
定　　价: 79.80 元

产品编号: 090739-01

前 言

PHP 程序设计语言,是目前国内外较普及、使用较为广泛的 Web 应用开发语言之一。由于其语法规则与 C、C++ 和 Java 等高级语言相近,又加上丰富的技术文档与学习资源,所以,入门 PHP 相对容易。但是,要使用它开发出优质、高效,具有复杂业务逻辑的、实用的 Web 应用项目,并不是一件简单的事情。

与其他计算机程序设计语言一样,学习 PHP 程序设计的最终目的,就是要为用户提供性能优异的软件产品,从而创造出更多的社会效益与经济效益。所以,在学习 PHP 的时候,一定要把理论知识和实际应用紧密结合起来。本书最初的写作目的,是作为教材《PHP Web 程序设计与项目案例开发(微课版)》(马石安,魏文平编著)的配套实践指导书,旨在让读者在学习 PHP 理论知识的同时,能够进行系统的实战性编程训练;后来在清华大学出版社的建议下,增加了 PHP 项目开发的技术综述性内容。这样,本书就构建起一套从理论到实践,非常完整的 PHP 项目开发知识体系;从而,使其成为一本既能够用于 PHP 学习辅助,又能够用于提高的 PHP 项目开发中级教程。

本书分为两篇,第一篇为开发准备,第二篇为项目案例。

第一篇包括第 1~4 章,属于 PHP 项目开发的技术综述性知识范畴,介绍了开发环境的搭建、前端技术、后端技术以及 PHP 框架技术等内容。第二篇包括第 5~10 章,第 5~7 章介绍了 3 个 PHP 课程设计项目案例,即"内容管理系统""日程管理系统"以及"在线课程系统",它们分别采用面向过程、面向对象以及 Smarty 模板+面向对象的程序设计方法进行开发;第 8~10 章介绍了 3 个 PHP 的实践性项目案例,即"校园信息平台""电子商务系统"以及"在线办公系统",分别采用 WordPress 开源软件、CodeIgniter 框架以及 ThinkPHP 6 框架技术进行开发。

本书的主要特色如下。

1. 技术先进,使用广泛

本书介绍的 PHP 项目开发技术,在目前业界的 Web 应用开发中被广泛使用,其中的 PHP、CodeIgniter 框架、ThinkPHP 框架等,均采用了当前的最新版本。

2. 案例完整,实用性强

本书中的所有案例项目均来自实际,稍加完善即可上线运行。虽然每个案例项目针对的是某一个特定的技术方向,但每个项目都是完整的,覆盖的 PHP 知识点也是全面的。

3. 讲解翔实，循序渐进

本书紧紧围绕真实的项目案例，从用户需求出发，按照项目开发的顺序，系统全面地介绍 PHP 项目的开发规范和流程，使读者在很短的时间内即可掌握 PHP 项目开发的步骤与常用技术。

4. 重点突出，难点分散

本书以介绍 PHP 项目开发的后端技术为重点，主要介绍业务逻辑的实现，对页面表现技术进行了略化处理。每个项目突出一个特定的技术方向，每种技术介绍均以从外到里、从粗到细的顺序展开，让读者先看到项目的运行效果，然后激发其探究"怎么做"的兴趣。

5. 由浅入深，前后呼应

PHP 项目的开发，是一个基础理论知识的综合应用过程，会涉及很多的方面。本书在案例项目顺序的安排上，根据其技术难易程度采用了由浅入深的方式，将技术难点分散于各个项目中，做到了叙述上的前后呼应、技术上的逐步加深。

6. 资源丰富，使用方便

为帮助读者学习和使用，本书提供项目源码、教学大纲、电子教案等相关教学资源的下载。

> **资源下载提示**
>
> **课件等资源**：扫描封底的"课件下载"二维码，在公众号"书圈"下载。
>
> **素材（源码）等资源**：扫描目录上方的二维码下载。
>
> **视频资源**：扫描封底刮刮卡中的二维码，再扫描书中相应章节中的二维码可以在线学习。
>
> **在线作业**：扫描封底刮刮卡中的二维码，登录在线作业平台进行学习。

本书是一本 PHP Web 应用开发的中级实例教程，适合具备基本计算机程序设计知识以及 Web 技术知识的读者，可作为高等院校计算机专业、网络技术培训中心等相关课程的教材或教学参考书，也可供软件开发人员进行项目开发、在校学生进行课程设计与毕业设计时参考。

本书第 1~4 章由马石安编写，第 5~10 章由魏文平编写，所有图片的配置、代码的测试由魏文平完成。全书由马石安统一修改、整理和定稿。

在编写本书的过程中，作者参考和引用了大量的书籍、文献以及网络博客、论坛中的技术资料，在此向这些文献的作者表示衷心感谢。另外，江汉大学、清华大学出版社的领导及各位同仁，对本书的编著、出版给予了大力支持与帮助，在此一并表示感谢。

由于作者水平有限，加之时间仓促，书中难免存在不足与疏漏之处，敬请广大读者批评指正。

作　者
2021 年 10 月

目 录

第一篇 开 发 准 备

第1章 运行环境 ····· 3

1.1 环境搭建 ····· 3
    1.1.1 WampServer 的安装 ····· 3
    1.1.2 WampServer 的配置 ····· 8

1.2 环境测试 ····· 14
    1.2.1 PHP 项目的安装 ····· 14
    1.2.2 PHP 项目的运行 ····· 17

1.3 本章小结 ····· 20

第2章 前端技术 ····· 21

2.1 网页设计 ····· 21
    2.1.1 网页文档 ····· 21
    2.1.2 网页页面布局 ····· 25
    2.1.3 网页设计案例 ····· 32

2.2 页面元素操作 ····· 33
    2.2.1 HTML DOM 模型 ····· 33
    2.2.2 DOM 操作 ····· 34

2.3 网页事件处理 ····· 40
    2.3.1 事件绑定 ····· 40
    2.3.2 事件处理 ····· 41
    2.3.3 AJAX 技术 ····· 47

2.4 前端框架简介 ····· 52
    2.4.1 jQuery ····· 52
    2.4.2 Bootstrap ····· 57

|项目案例开发从入门到实战-微课视频版|

  2.4.3 Layui ……………………………………………………………… 60
 2.5 本章小结 ……………………………………………………………… 64

第3章 后端技术 ……………………………………………………………… 65

 3.1 PHP 语言基础 ………………………………………………………… 65
  3.1.1 语法基础 …………………………………………………………… 65
  3.1.2 流程控制 …………………………………………………………… 74
  3.1.3 字符串 ……………………………………………………………… 77
  3.1.4 数组 ………………………………………………………………… 81
  3.1.5 错误处理 …………………………………………………………… 87
 3.2 面向过程编程 ………………………………………………………… 87
  3.2.1 数据输入 …………………………………………………………… 87
  3.2.2 会话管理 …………………………………………………………… 90
  3.2.3 文件操作 …………………………………………………………… 91
  3.2.4 数据库操作 ………………………………………………………… 96
 3.3 面向对象编程 ………………………………………………………… 97
  3.3.1 类与对象 …………………………………………………………… 97
  3.3.2 继承与多态 ………………………………………………………… 101
  3.3.3 辅助函数 …………………………………………………………… 104
  3.3.4 高级特性 …………………………………………………………… 105
  3.3.5 数据库操作 ………………………………………………………… 112
 3.4 PHP 扩展与应用 ……………………………………………………… 115
  3.4.1 PEAR 扩展库 ……………………………………………………… 116
  3.4.2 PDF 扩展 …………………………………………………………… 116
 3.5 本章小结 ……………………………………………………………… 117

第4章 PHP 框架 ……………………………………………………………… 118

 4.1 PHP 框架简介 ………………………………………………………… 118
 4.2 CodeIgniter 框架 ……………………………………………………… 121
  4.2.1 下载与测试 ………………………………………………………… 121
  4.2.2 工作原理 …………………………………………………………… 123
  4.2.3 简单案例 …………………………………………………………… 129
 4.3 ThinkPHP 框架 ………………………………………………………… 132
  4.3.1 安装与测试 ………………………………………………………… 132
  4.3.2 工作原理 …………………………………………………………… 134

4.3.3　简单实例 ·· 140
　4.4　WordPress 开源软件 ·· 144
　　　4.4.1　下载与安装 ·· 144
　　　4.4.2　简单应用 ·· 145
　　　4.4.3　主题开发 ·· 153
　4.5　本章小结 ·· 160

第二篇　项目案例

第 5 章　内容管理系统 ·· **163**

　5.1　项目简介 ·· 163
　　　5.1.1　功能描述 ·· 163
　　　5.1.2　运行预览 ·· 164
　5.2　项目准备 ·· 166
　　　5.2.1　系统初步设计 ·· 166
　　　5.2.2　系统流程设计 ·· 169
　　　5.2.3　数据库设计 ·· 171
　5.3　后台功能实现 ·· 173
　　　5.3.1　主页设计 ·· 173
　　　5.3.2　登录与登出 ·· 180
　　　5.3.3　用户信息管理 ·· 188
　　　5.3.4　内容管理 ·· 197
　5.4　前台功能实现 ·· 199
　　　5.4.1　前台首页 ·· 199
　　　5.4.2　内容详情 ·· 200
　　　5.4.3　分类查询 ·· 201
　　　5.4.4　文章搜索 ·· 202
　5.5　本章小结 ·· 203

第 6 章　日程管理系统 ·· **204**

　6.1　项目简介 ·· 204
　　　6.1.1　功能描述 ·· 204
　　　6.1.2　运行预览 ·· 204
　6.2　系统架构设计 ·· 207

		6.2.1	系统 URL 访问模式	207
		6.2.2	系统架构初步设计	208
		6.2.3	系统架构优化设计	215
		6.2.4	类文件的自动加载	217
		6.2.5	视图文件的加载	218
	6.3	前台功能实现		221
		6.3.1	前台首页	221
		6.3.2	日历的显示	222
		6.3.3	日程的显示	226
		6.3.4	用户注册与登录	237
		6.3.5	用户中心	243
	6.4	后台功能实现		244
		6.4.1	用户管理	244
		6.4.2	日程管理	245
	6.5	本章小结		245

第 7 章 在线课程系统 246

	7.1	项目简介		246
		7.1.1	系统功能结构	246
		7.1.2	系统流程	246
		7.1.3	系统预览	247
	7.2	数据库设计		252
		7.2.1	数据库概念设计	252
		7.2.2	创建数据库及数据表	252
	7.3	系统架构设计		254
		7.3.1	文件目录结构	254
		7.3.2	系统架构搭建	255
	7.4	系统功能实现		262
		7.4.1	用户中心	262
		7.4.2	系统主页	274
		7.4.3	在线学习	285
		7.4.4	在线答疑	290
		7.4.5	在线测试	293
	7.5	本章小结		296

第 8 章　校园信息平台 ··· 297

- 8.1　项目简介 ·· 297
  - 8.1.1　功能描述 ·· 297
  - 8.1.2　运行预览 ·· 298
- 8.2　开发准备 ·· 300
  - 8.2.1　WordPress 安装 ······························ 300
  - 8.2.2　主题初步设计 ································· 300
- 8.3　模板设计 ·· 305
  - 8.3.1　主页模板 ·· 305
  - 8.3.2　信息详情模板 ································· 308
  - 8.3.3　留言和回复模板 ····························· 310
  - 8.3.4　页面类型模板 ································· 311
  - 8.3.5　搜索页面模板 ································· 312
- 8.4　功能实现 ·· 312
  - 8.4.1　导航功能 ·· 312
  - 8.4.2　搜索功能 ·· 315
  - 8.4.3　内容显示 ·· 316
  - 8.4.4　侧边栏设计 ···································· 318
  - 8.4.5　信息详情 ·· 319
- 8.5　本章小结 ·· 320

第 9 章　电子商务系统 ··· 321

- 9.1　项目简介 ·· 321
  - 9.1.1　功能描述 ·· 321
  - 9.1.2　运行预览 ·· 321
- 9.2　开发准备 ·· 324
  - 9.2.1　框架准备 ·· 324
  - 9.2.2　基本配置 ·· 325
  - 9.2.3　静态资源 ·· 327
  - 9.2.4　自定义资源 ···································· 328
- 9.3　数据库设计 ··· 331
  - 9.3.1　数据库概念设计 ····························· 331
  - 9.3.2　数据表设计 ···································· 331
- 9.4　前台功能模块设计 ·································· 331

		9.4.1	前台首页设计	332
		9.4.2	商品展示模块	343
		9.4.3	购物车模块	349
		9.4.4	订单处理模块	354
	9.5	后台功能模块设计		355
		9.5.1	后台首页设计	355
		9.5.2	商品信息管理	358
	9.6	本章小结		366

第10章 在线办公系统 ... 367

10.1	项目简介		367
	10.1.1	功能描述	367
	10.1.2	运行预览	368
10.2	开发准备		370
	10.2.1	ThinkPHP 6 下载与安装	370
	10.2.2	ThinkPHP 6 本地环境配置	372
	10.2.3	thinkTemplate 模板引擎安装	374
	10.2.4	ThinkPHP 多应用模式	376
	10.2.5	静态资源准备	377
10.3	数据库设计		378
	10.3.1	数据库概念设计	378
	10.3.2	数据库物理结构设计	379
10.4	功能实现		380
	10.4.1	前台首页设计	380
	10.4.2	用户注册与登录	382
	10.4.3	前台主页设计	393
	10.4.4	人事消息模块	407
	10.4.5	考勤管理模块	413
	10.4.6	后台管理模块	416
10.5	本章小结		416

参考文献 ... 417

第一篇

开发准备

PHP 项目开发是一项较为复杂的综合性软件工程,涉及网页设计、PHP 程序设计、数据库设计,以及运行环境的配置等众多 Web 开发技术。因此,在进行 PHP 项目开发之前,必须做好充分的技术准备。

本篇介绍 PHP 项目开发之前必须准备的一些基础性的技术工作,主要包括 PHP 项目的测试与运行环境的搭建、前端开发技术、后端开发技术、PHP 框架技术等内容。

第 1 章 运行环境

PHP 是一种运行于服务器端的脚本程序设计语言，使用 PHP 开发的项目必须部署在 Web 服务器上才能正常运行。测试与运行 PHP 项目，一般使用 WAMP 或 LAMP 技术平台，它是一个由 Windows 或 Linux 操作系统、Apache Web 服务器、MySQL 数据库服务器和 PHP 应用服务器所组成的软件环境。

本章介绍 PHP 项目运行环境的搭建与测试。

1.1 环境搭建

视频讲解

PHP 项目运行环境的搭建，既可以采用软件独立安装的方式，也可以采用集成软件包的整体安装方式。对于初学者来说，单独安装各种软件显得较为复杂，尤其是软件配置非常麻烦。为此，建议 PHP 项目开发的初、中级读者，尽量选择集成软件包来搭建 PHP 项目的测试与运行环境。

本书采用 WampServer 集成开发环境。

1.1.1 WampServer 的安装

WampServer 是基于 Windows、Apache、MySQL 和 PHP 的集成开发环境，其官方英文主页地址为 http://www.wampserver.com/en/。

1. 下载

在 WampServer 官方网站或其他资源网站下载安装文件，注意 32 位与 64 位计算机操作系统的区别。作者下载的安装文件为 wampserver3.0.6_x64.exe。

2. 安装

该软件的安装非常简单，运行下载的安装程序，接受软件使用协议，使用默认安装目录或更改默认安装目录,然后选择各项默认设置就可以了。目录结构如图1.1所示。

图1.1　WampServer 安装目录

在 WampServer 的安装目录中,bin 子目录包含 Web 服务器 apache2.4.23、MySQL 数据库 mysql5.7.14,以及 PHP 的两个版本 php5.6.25 和 php7.0.10;apps 子目录包含三个管理软件 adminer4.2.5、phpmyadmin4.6.4,以及 phpsysinfo3.2.5,其中,phpmyadmin 4.6.4 和 adminer4.2.5 用于管理 MySQL 数据库;phpsysinfo3.2.5 用于简单监测服务器状态,包括服务器使用的系统、核心版本、服务器硬件信息,以及网络设备的使用情况、内存的使用情况等。

需要特别注意的是,安装目录中的 www 文件夹,是 PHP 项目的默认存放目录,我们开发的项目需要存放在这个目录中,才可以通过 http://localhost 这样的 URL 进行访问。当然,也可以通过修改配置,来更改这个项目文件的默认存放位置。

3. 界面

WampServer 安装完成后,单击其快捷图标,即可启动该集成环境,如图1.2所示。

图1.2　WampServer 运行图标

图中的 W 图标表示打开了 WampServer 集成环境。该图标会以绿色、橙色和红色3种不同的颜色来显示,分别代表服务器的3种启动状态。绿色表示所有服务器启动成功;橙色表示部分服务器没有启动成功；红色表示所有服务器均没有启动成功。

用鼠标右键单击图 1.2 中的 W 图标，可以打开集成环境的操作菜单，如图 1.3 所示。这些菜单命令可以用于调整集成环境的一些属性，例如，通过 Language 下的子菜单可以将集成环境的显示界面切换成简体中文，通过 Wamp Settings 下的子菜单来增加服务器的操作菜单等。

单击图 1.2 中的 W 图标，可以打开集成环境的服务器操作菜单，如图 1.4 所示。图 1.4 中菜单旁边的黑色三角形表示该菜单具有下一级子菜单。

图 1.3　WampServer 环境的操作菜单

图 1.4　WampServer 环境的服务器操作菜单

从图 1.4 中可以看出，通过 WampServer 的服务器操作菜单，可以访问集成环境的主页（Localhost）、管理 MySQL 数据库（phpMyAdmin）、访问虚拟主机（Your VirtualHosts）、打开默认项目目录（www directory）、单独管理 Web 服务器（Apache）和数据库服务器（MySQL）、对 PHP 进行设置（PHP），以及一次性启/停所有服务（Start All Services/Stop All Services）和重启所有服务（Restart All Services）。另外，单击菜单中的 Put Online 菜单项，可以将集成环境切换到"在线"状态，如图 1.5 所示。

图 1.5　WampServer 环境的在线状态

WampServer 集成环境有"离线"和"在线"两种状态，也称为模式。WampServer 处于在线模式时，本机或其他设备均可访问该集成环境中的 Apache Web 服务器，即可以用实际 IP 地址访问你自己的 Web 服务器；WampServer 处于离线模式时，只有本机可以访问该集成环境中的 Apache，此时使用 localhost 或者 127.0.0.1 这个本地 IP 地址。

例如，我们想用手机或 Pad 来测试正在开发的 PHP 项目，首先将 WampServer 环境切换成在线模式，然后将手机或 Pad 登录到与 PC 相同的一个局域网（例如同一个 Wi-Fi 网络）中，在手机或 Pad 的浏览器中输入 PC 的实际 IP 地址（如 192.168.0.110），即可访问到位于 WampServer 集成环境中的 PHP 项目。

WampServer 集成环境的运行,实际上就是启动了 PHP 项目的测试环境中的各种服务,也就是 Web 服务、PHP 应用服务,以及 MySQL 数据库服务。打开 Windows 操作系统的服务管理器或任务管理器中的"服务"选项卡,可以查看服务器的运行状态,如图 1.6 所示。

图 1.6　WampServer 服务状态

注意：图中的"wampmysqld64"与"wampapache64"是作者安装 WampServer 集成环境时的默认服务器实例名称,不同软件版本或者在安装时更改了实例名称,这里的显示会有所不同。

4．测试

成功启动 WampServer 集成开发环境以后,就可以对该环境进行测试了。下面测试该环境是否能正确解析 PHP 代码,是否能正确执行对 MySQL 的查询。

首先,确定 WampServer 已经成功启动；然后,单击图 1.4 中的 Localhost 菜单项,打开集成开发环境主页,如图 1.7 所示。

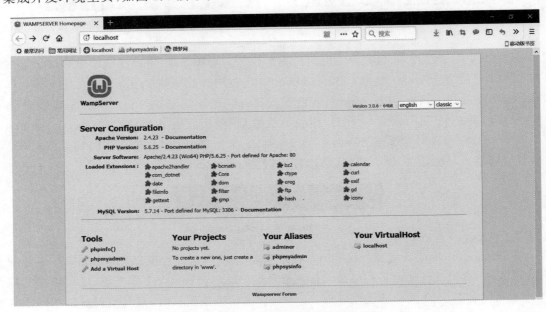

图 1.7　WampServer 集成开发环境主页

从图中可以看出,该主页分为上、下两个部分。上部分显示了集成环境中服务器的信息,包括加载的扩展；下部分显示的是一些操作和管理工具、虚拟主机名称,还有我们的 PHP 项目。图中"Your Projects"中提示目前还没有项目。

第1章 运行环境

　　下面在WampServer的www目录中新建一个名为demo的PHP项目，并编写index.php文件代码，如图1.8所示。

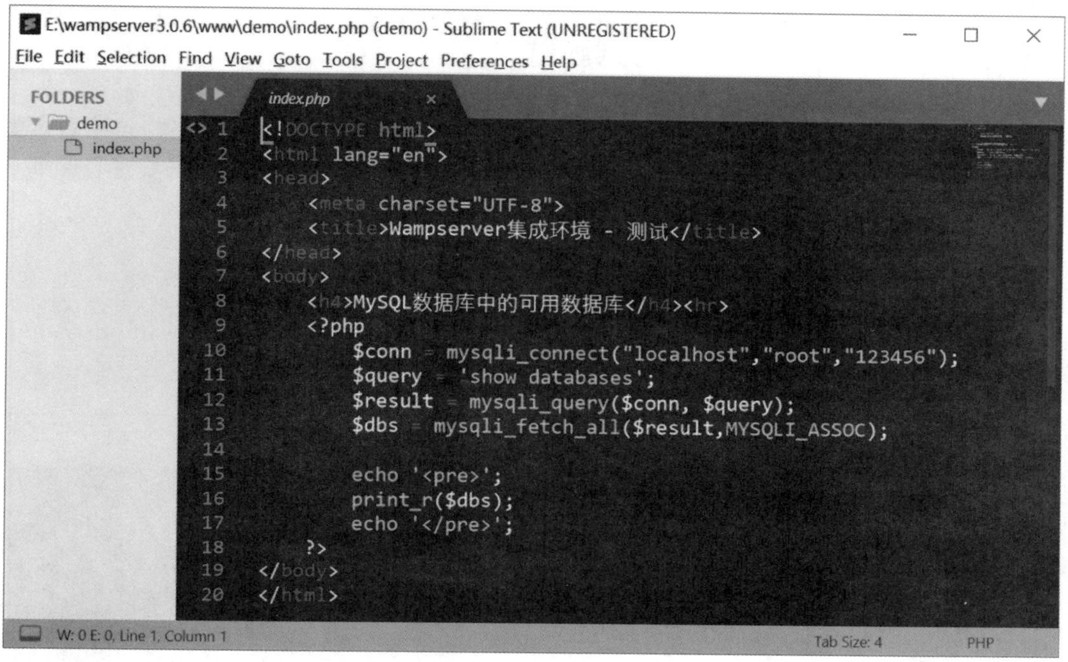

![图1.8 PHP项目示例](Sublime Text 编辑器截图，显示 index.php 文件代码)

```
<!DOCTYPE html>
<html lang="en">
<head>
    <meta charset="UTF-8">
    <title>Wampserver集成环境 - 测试</title>
</head>
<body>
    <h4>MySQL数据库中的可用数据库</h4><hr>
    <?php
        $conn = mysqli_connect("localhost","root","123456");
        $query = 'show databases';
        $result = mysqli_query($conn, $query);
        $dbs = mysqli_fetch_all($result,MYSQLI_ASSOC);

        echo '<pre>';
        print_r($dbs);
        echo '</pre>';
    ?>
</body>
</html>
```

图1.8　PHP项目示例

　　打开IE浏览器，在地址栏中输入"http://localhost/demo"并回车，即可运行示例demo项目的主页index.php文件，如图1.9所示。

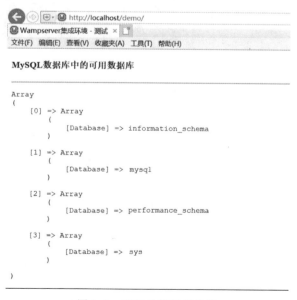

图1.9　项目示例运行效果

从图中可以看出，页面中正确显示了目前启动的 MySQL 数据库服务器中的所有数据库名称。这说明上面安装的 WampServer 集成环境的运行基本上是正常的。

1.1.2 WampServer 的配置

WampServer 集成开发环境的配置，分为环境本身的配置与服务器的配置，这两种配置中的一些基本属性，可以通过如图 1.3 和图 1.4 所示的菜单来快速完成，但若要进行一些比较复杂的配置，还是要直接修改它们所对应的配置文件。

1. 环境的配置

WampServer 集成环境本身的配置文件位于安装根目录下，文件名为 wampmanager.conf，如图 1.10 所示。

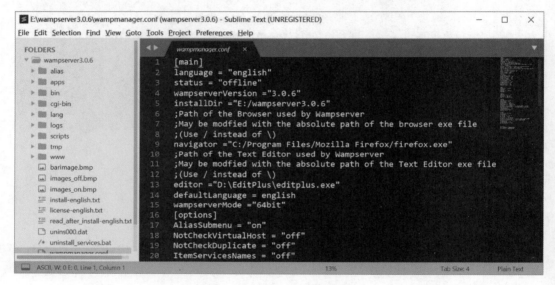

图 1.10 WampServer 配置

该文件其实就是 WampServer 工作界面中的配置菜单所对应的目标文件。图 1.10 打开的是作者 WampServer 环境的当前状态文件，例如，第 2 行说明环境工作界面使用的是英文；第 3 行表示 WampServer 目前处于离线状态；第 9 行表明环境的默认浏览器是 Firefox（火狐浏览器）；第 13 行表明环境的默认文本编辑器是 EditPlus。

上面提到的默认浏览器与编辑器，分别是指单击如图 1.4 所示的 Localhost 菜单项后打开的 Web 浏览器，以及使用菜单打开配置文件时所使用的文本编辑器。当单击如图 1.11 所示的 php.ini 菜单项时，环境默认用 EditPlus 编辑器打开 PHP 的配置文件，如图 1.12 所示。

注意：默认配置的 Web 浏览器与文本编辑器必须是系统中已经安装的。

除了上述的 wampmanager.conf 配置文件之外，修改 WampServer 环境本身的配置，有时候还需要对另外一个配置文件内容进行更改。该文件位于 WampServer 的根目录下的

scripts 文件夹中,文件名为 config.inc.php。该文件内容较为简单,语义容易理解,这里不再赘述。

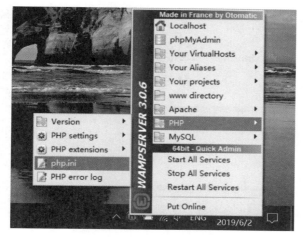

图 1.11　WampServer 配置演示

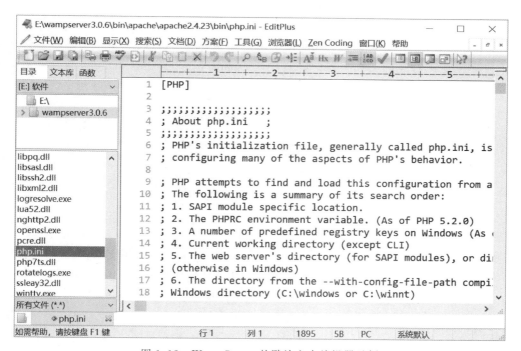

图 1.12　WampServer 的默认文本编辑器示例

在 WampServer 集成环境中调试 PHP 项目,通常不是将项目文件存放在 WampServer 的 www 目录中,而是创建一个虚拟 Web 主机,将项目文件存放在该虚拟主机所对应的目录里,这样更有利于项目文件的管理。

首先,打开 Windows 资源管理器,新建一个 PHP 项目文件夹,例如 F:\workspace\project_php,并将上面的 demo 测试项目从 WampServer 的 www 目录移至该目录中。

然后，打开如图 1.7 所示的 WampServer 集成开发环境主页，单击页面左下方的 Add a Virtual Host 超级链接，在默认浏览器中打开如图 1.13 所示的创建虚拟主机页面。

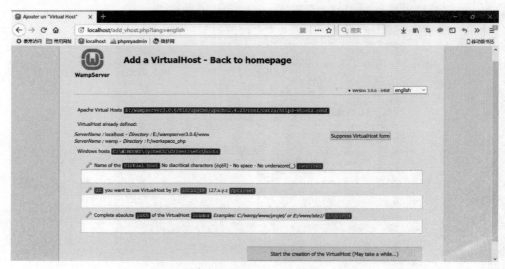

图 1.13　创建虚拟主机页面

在该页面的第 1 个文本框中输入虚拟主机的名字，如"chap01.wm"；在第 3 个文本框中输入该虚拟主机对应的文档目录，如"f:/workspace/project_php/demo"，最后单击页面下面的 Start 按钮，完成虚拟主机的创建，如图 1.14 所示。

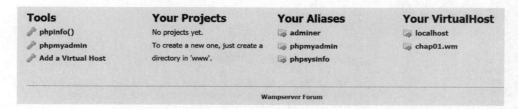

图 1.14　虚拟主机 wamp 页面

虚拟主机创建成功后，单击图 1.14 页面中的 chap01.wm，即可访问到 demo 项目的主页文件 index.php；也可以先打开浏览器，然后在其地址栏中输入"http://chap01.wm"，并回车；或者是单击图 1.4 中的 Your VirtualHosts 菜单下的 chap01.wm 子菜单。

2. Apache 的配置

Apache 的配置文件包括主配置文件和辅助配置文件，主配置文件位于 WampServer 根目录下的 bin\apache\apache2.4.23\conf 子目录中，文件名为 httpd.conf；Apache 的辅助配置文件有很多个，均存放在 WampServer 根目录下的 bin\apache\apache2.4.23\conf\extra 子目录中。

注意：辅助文件的启用需要在主配置文件 httpd.conf 中进行相应的配置。

Apache 的主配置，可以通过 WampServer 的菜单来实现，也可通过直接编辑 httpd.conf 文件来完成，如图 1.15 所示。

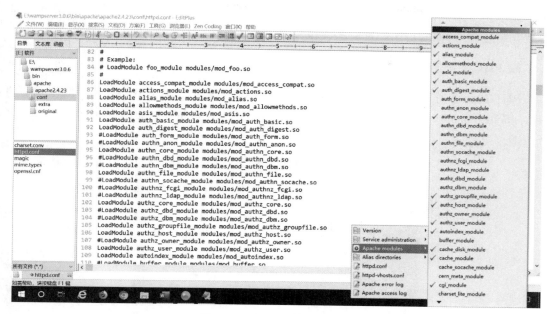

图 1.15　Apache 的配置示例

Apache 的辅助配置，一般通过直接编辑 extra 中的辅助文件来完成，当然也可以使用 WampServer 提供的工具来完成。例如，上述创建虚拟主机的操作，实质上就是通过修改 httpd-vhosts.conf 文件来实现的，如图 1.16 所示。

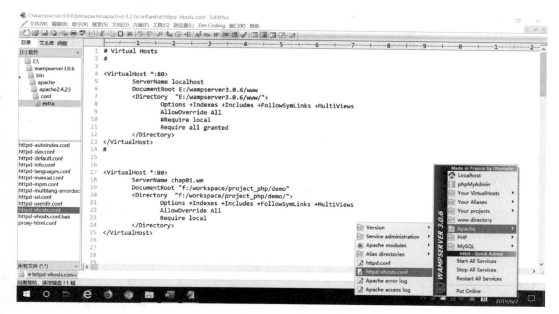

图 1.16　Apache 的辅助配置

注意：图 1.16 文本编辑器中的第 17～25 行，就是上面配置的名为 chap01.wm 的虚拟主机。第 18 行配置虚拟主机名称；第 19 行配置虚拟主机对应的文档目录。所以，如果要删除该虚拟主机，只需要将上述代码删除即可。

Apache 的配置非常复杂,有些高级功能在简单的项目开发中也用不上,所以,这里就简单地介绍这些,其他的功能配置请参考相关的技术文档。

3. PHP 的配置

PHP 的配置通过编辑 php.ini 配置文件来完成,该文件位于 WampServer 根目录下的 bin\apache\apache2.4.23\bin 子目录中,如图 1.12 所示。也可以通过 WampServer 集成环境的菜单来完成,如图 1.17 所示。

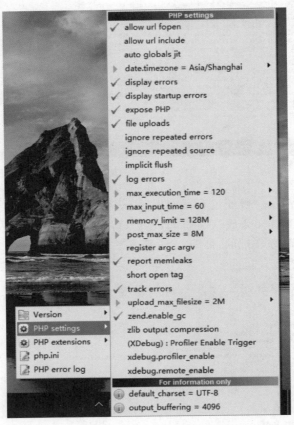

图 1.17　PHP 的配置示例

直接单击菜单中的 PHP settings 中的相应选项。这里,请特别注意 php.ini 配置文件中的以下两项配置。

（1）扩展目录：

`extension_dir = "E:/wampserver3.0.6/bin/php/php7.0.10/ext/"`

作者 WampServer 安装根目录为 E:/wampserver3.0.6,读者需根据自己的实际安装目录进行更改。

（2）PHP 时区：

`date.timezone = "Asia/Shanghai"`

另外，还需要注意在 Apache 中引入 PHP 模块的配置，以及 Apache 的索引页配置。所谓索引页，是指访问一个目录时，自动打开哪个文件作为索引页。例如，访问 http://localhost 实际上访问的是 http://localhost/index.html，这是因为 index.html 是默认索引页，所以可以省略索引页的文件名。

打开 Apache 的主配置文件 httpd.conf，注意如下两项配置。

（1）在 Apache 中引入 PHP 模块：

```
LoadModule php7_module "${INSTALL_DIR}/bin/php/php7.0.10/php7apache2_4.dll"
```

这里加载的是 PHP 7.0.10 版本。

（2）配置 Apache 的索引页：

```
<IfModule dir_module>
    DirectoryIndex index.php index.html index.htm
</IfModule>
```

上述代码中的 index.php、index.html、index.htm 即为默认的索引页。该配置表示在访问项目中的目录时，首先检测是否存在 index.php 文件，如果有则显示；否则接着检查是否存在 index.html 或 index.htm 文件。如果一个目录下不存在索引页文件，Apache 会显示该目录下所有的文件和子文件夹（前提是允许 Apache 显示目录列表）。

4. MySQL 的配置

MySQL 数据库的配置通过编辑 my.ini 配置文件来完成，该文件位于 WampServer 根目录下的 bin\mysql\mysql5.7.14 子目录中，如图 1.18 所示。

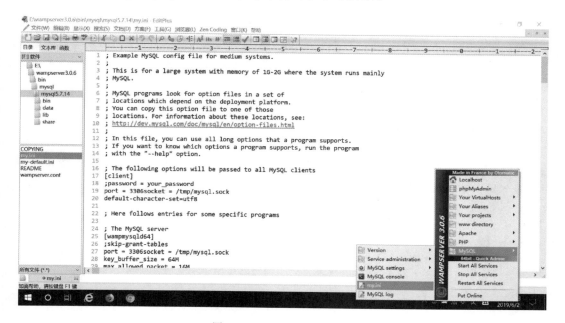

图 1.18　MySQL 配置示例

当然，也可以通过 WampServer 集成开发环境的菜单来完成，如图 1.19 所示。

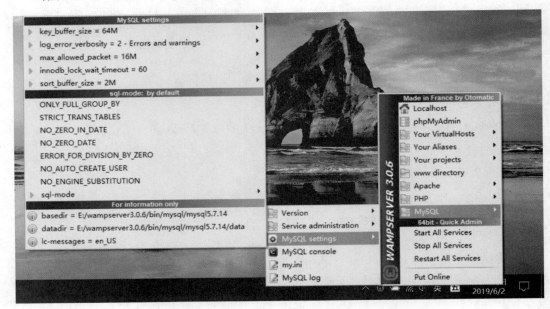

图 1.19 MySQL 配置菜单

在本书的项目开发过程中，不需要对 MySQL 数据库进行特别的配置，使用默认配置即可。

1.2 环境测试

1.1 节成功安装了 PHP 项目的本地运行环境 WampServer，并进行了简单的配置与测试。本节部署一个 PHP 的开源项目 WordPress，进一步测试上述集成环境，同时也熟悉一下 PHP 项目在本地的安装过程。

1.2.1 PHP 项目的安装

WordPress 是使用 PHP 语言开发的博客平台，用户可以在支持 PHP 和 MySQL 数据库的服务器上架设属于自己的网站。当然，也可以把 WordPress 当作一个内容管理系统（CMS）来使用。

1. 下载

可以在 WordPress 官方网站 https://wordpress.org/，或者其中文网站 https://cn.wordpress.org/上下载 WordPress 的最新版本。

2. 创建数据库

在 WordPress 安装之前，需要手动创建一个数据库，以供项目使用。这里创建一个名为 db_wordpress 的 MySQL 数据库。

启动 WampServer 集成开发环境，单击如图 1.4 所示菜单中的 phpMyAdmin，打开 phpMyAdmin 数据库管理工具，并输入用户名及密码登录到 MySQL 服务器。接着，新建 db_wordpress 数据库，其字符集为 UTF8。

3. 安装

将下载的 WordPress 文件解压，并将解压后的 WordPress 文件夹复制到 WampServer 环境安装目录下的 www 目录中（作者目录为 E:\wampserver3.0.6\www）。

按照如下步骤进行操作。

（1）确认 WampServer 集成开发环境的所有服务器均成功启动。

（2）打开浏览器，在其地址栏中输入"http://localhost/wordpress"，并回车，出现如图 1.20 所示的页面，在该页面中选择项目语言。

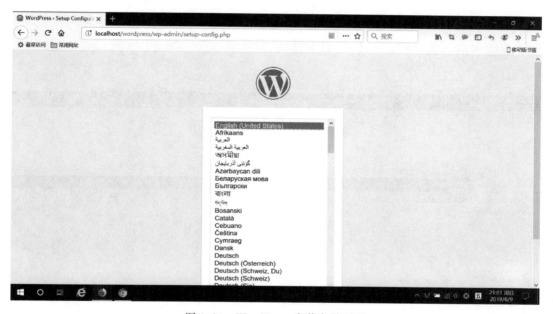

图 1.20　WordPress 安装向导页面

（3）选择简体中文，并单击"继续"按钮，进入如图 1.21 所示的提示信息页面。这里提示用户准备项目数据库、登录用户名和密码等信息，并给出了自动配置不成功时的解决方案。

（4）单击上述页面中的"现在开始"按钮，进入数据库信息输入页面，如图 1.22 所示。

（5）单击上述页面中的"提交"按钮，并在弹出的如图 1.23 所示页面中输入项目信息，开始安装 WordPress 项目。

（6）安装成功后，在浏览器地址栏中再次输入"http://localhost/wordpress"并回车，即可访问到 WordPress 测试项目的主页，如图 1.24 所示。

上述 PHP 项目的安装过程，实际上就是项目的配置文件的调整与数据表的创建过程，这些功能的实现都是通过运行项目中的 PHP 程序来完成的。这里没有出现任何错误，充分说明 1.1 节搭建的 PHP 项目开发环境运行是稳定可靠的。

图 1.21　WordPress 配置文件调整

图 1.22　WordPress 数据库信息输入

第1章 运行环境

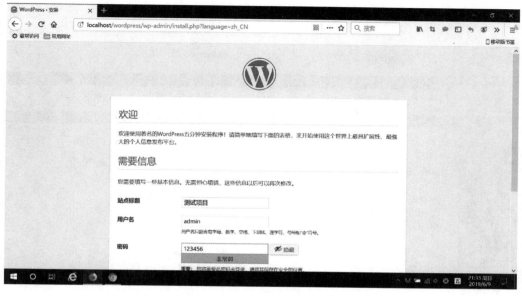

图1.23　WordPress项目信息输入

图1.24　测试项目主页

1.2.2　PHP项目的运行

在PHP项目部署完成后,就可以访问项目的前台系统与后台管理系统了。

1. 访问项目后台

项目后台是为管理员提供的一套管理系统,通过后台可以深度定制项目的功能,进行用

17

户管理、内容管理等操作。

启动服务器及浏览器，访问 http://localhost/wp-login.php 页面，输入用户名（admin）及密码（123456），登录到项目的后台管理系统主页，如图 1.25 所示。

图 1.25　测试项目后台主页

单击后台管理系统中的菜单，可以对项目进行全面的管理。例如，单击"外观"下的"主题"子菜单，可以对项目的主题进行更改，如图 1.26 所示。

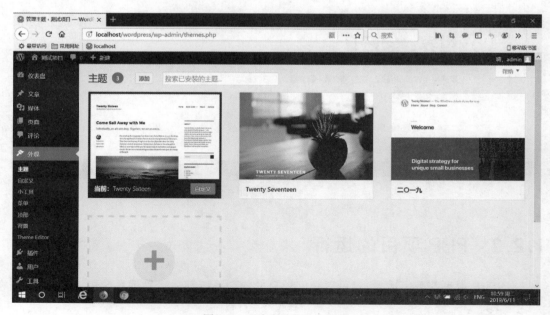

图 1.26　测试项目后台功能

2. 访问项目前台

用户登录系统后,可以单击如图1.26所示页面主菜单中的"测试项目"(这里显示的是你的项目名称),即可进入项目前台主页,如图1.27所示。注意这时的前台主页与图1.24所示页面的区别。

图1.27 测试项目前台页面

单击前台页面文章标题下面的"编辑"菜单,可以对该文章进行编辑,如图1.28所示。

图1.28 测试项目前台页面中的编辑功能

至此，一个 PHP 的测试项目已经部署完成。在项目部署及运行过程中，开发环境没有出现任何错误信息，证明上述搭建的 PHP 项目开发环境，完全能够用于较为复杂的 PHP Web 应用项目的开发。

关于 WordPress 框架的结构及应用，将在本教材第 8 章中的项目开发实践中详细介绍，这里只要项目能够顺利运行就可以了。

1.3 本章小结

PHP 项目的运行环境，除了上述介绍的 WampServer 之外，还可以使用像 XAMPP、AppServ、PHPStudy 等软件包；也可以使用微软的 IIS 服务器或单独安装的其他 Web 服务器和数据库服务器，来进行个性化搭建。相关知识请参考网络资源，或者是作者的另外两部教材《PHP Zend Framework 项目开发基础案例教程》与《PHP Web 程序设计与项目案例开发（微课版）》中的相关章节，由于本教材篇幅的限制，这里不再赘述。

第 2 章　前端技术

PHP 项目属于 B/S 模式的 Web 应用，前端的浏览器技术，也就是静态网页的设计，是项目开发中的基础。在 Web 发展早期，网页制作只需要使用 HTML 即可单独完成；但随着信息技术的飞速发展，尤其是移动互联等新技术的不断涌现，如今开发前端网页要求开发人员掌握整个 Web 标准体系，即 HTML/XHTML、CSS 和 JavaScript 技术规范，这些规范分别负责网页的结构、样式表现，以及动态行为。

本章介绍 Web 应用开发的基础前端技术，包括 HTML5、CSS3、JavaScript、jQuery 和 Bootstap 前端框架等内容。

2.1　网页设计

视频讲解

Web 应用都是由若干网页构成的，这些网页按照一定的逻辑关系组织在一起。每个网页都包含一定的组成元素，网页的设计与制作就是对这些元素的规划和构建。

2.1.1　网页文档

对于 PHP 项目来说，网页文档就是指项目中的 HTML 或 PHP 文件。

1. 文档结构

网页一般都是通过浏览器来呈现的，也就是说，网页文档是由浏览器来解析的。打开"百度搜索"的主页，并查看其源文件，如图 2.1 所示。

从上述网页源文件可以看出，网页文档中包含 HTML 标签、CSS 样式，以及 JavaScript 脚本。HTML 标签描述网页内容结构；CSS 描述网页的排版布局等表现形式；JavaScript 则用于网页中事件的处理，使网页具有交互性或动态特性。

图 2.1 百度搜索主页及源文件

从网页文档的 HTML 结构来看,它包含文档类型说明、头部和主体,即<! doctype html >、< head >和< body >三部分。<! doctype html >表示该文档类型为 HTML5;在头部< head >内容中,定义了网页标题、样式等信息;在主体< body >内容中,包含网页需要显示的全部内容信息,主要包括文本、图片、超级链接等网页基本元素。因此,要进行 Web 应用的前端开发,必须熟练掌握 HTML、CSS 和 JavaScript 等相关知识。

2. 基本语法

HTML 文档是在普通文件中的文本上加上标记(或者称为标签),使其达到预期的显示效果,当浏览器打开一个 HTML 文档时,会根据标记的含义显示 HTML 文档中的内容。

1) 标记语法

HTML 用于描述功能的符号称为标记,如图 2.1 所示源文件中的< html >、< head >、< body >、< div >、< p >等都是标记。

标记通常分为双标记和单标记两种类型。双标记由开始标签和结束标签构成,必须成对出现。例如:

< h1 >PHP 项目实现与课程设计指导</h1 >

单标记是指标记单独出现,只有开始标记而没有结束标记。例如:

< br >

在 HTML5 中,新增和废除了一些标签,如表 2.1 和表 2.2 所示。

第2章 前端技术

表 2.1 HTML5 新增标签

标 签 名 称	标 签 描 述
<article>	定义独立的内容
<aside>	定义两栏或多栏页面的侧边栏内容
<audio>	定义音频内容
<bdi>	定义文本的文本方向,使其脱离周围文本的方向设置
<canvas>	定义图形,如图表或图像。只是图形容器(画布)
<command>	表示命令按钮,如单选按钮、复选框或按钮
<details>	用于描述文档或文档的某个细节
<datalist>	定义选项列表,需要与 input 元素配合使用
<dialog>	定义对话框或窗口
<embed>	定义外部交互内容或插件
<figcaption>	定义 figure 元素的标题
<figure>	定义一组媒体内容(图像、图表、照片、代码等)及其标题
<footer>	定义一个页面或区域的页脚
<header>	定义一个页面或区域的头部
<keygen>	定义表单里一个生成的键值
<mark>	定义有标记的文本
<meter>	定义预定义范围内的度量
<nav>	定义导航链接
<output>	定义不同类型的输出
<progress>	定义任何类型任务的进度
<rp>	定义若浏览器不支持 ruby 元素时显示的内容
<rt>	定义 ruby 注释的解释
<ruby>	定义 ruby 注释(中文注音或字符)
<section>	定义页面中的一个内容区块,如章节、页眉、页脚等
<source>	为媒介元素(如<video>和<audio>)定义媒介资源
<summary>	为<details>元素定义可见的标题
<time>	定义日期或时间
<track>	定义用在媒体播放器中的文本轨道
<video>	定义视频
<wbr>	表示软换行

由于篇幅的限制,这里只列出了 HTML5 的部分新增标签,它们的使用方法请参考相应的技术文档或网络资源。

表 2.2 HTML5 废除标签

标 签 名 称	标 签 描 述
<basefont>	定义基准字体
<big>	呈现大号字体效果
<center>	对其包围的文本进行水平居中处理
<font>	规定文本字体、大小和颜色
<strike>	定义加删除线的文本
<tt>	呈现类似打字机或等宽的文本效果

续表

标 签 名 称	标 签 描 述
< u >	为文本添加下画线
< frame >	定义框架窗口
< frameset >	定义框架集
< noframes >	为不支持框架的浏览器显示文本
< applet >	定义内嵌对象
< bgsound >	在文档中插入背景音乐
< blink >	定义闪烁文本
< marquee >	定义多种滚动效果
< rb >	设定被标示的元素对象
< acronym >	定义只取首字母缩写
< dir >	定义目录列表
< isindex >	定义单行的文字提交输入框
< listing >	定义预格式文本
< xmp >	预定义格式文字显示
< nextid >	创建编辑软件可以读取的唯一标识符
< plaintex >	定义简单文字

注意：目前有些浏览器还不能很好地支持 HTML5，请读者在开发时尽量使用主流浏览器的高版本来进行测试。

2）属性语法

HTML 可以为某些标记附加一些信息，这些附加信息被称为属性。通过属性可以设置 HTML 元素更丰富的信息。例如：

< div style = "color:red;"> PHP 程序设计</div >

其中的 style 为属性名，"color:red;"为属性值。

HTML 的每个标签都有自己的属性，不同的属性具有不相同的值。关于 HTML 标签属性的含义及用法，请参考相应的技术文档。

3）注释标记

注释标记用于在 HTML 文档中插入注释。注释内容并不会在浏览器中显示，它会被浏览器忽略。例如对于下面的标签：

<! -- 注释内容 -->

页面中将不会显示"注释内容"这 4 个汉字。

4）HTML5 语法变化

为了兼容不统一的页面文档代码，HTML5 在语法方面做出了一些改变。

(1) 标签不再区分大小写。

例如，< P >…</p>前面的标签 p 是大写，后面的标签 p 是小写，符合 HTML5 语法。

(2) 允许属性值不使用引号。

例如，< input type= text />中的"text"可以不使用引号。

(3) 允许部分属性的属性值省略。

例如，< input type= text readonly/>中的"readonly"只有属性名没有属性值。

在 HTML5 中，可以省略属性值的属性如表 2.3 所示。

表 2.3　可以省略属性值的属性

属　　性	说　　明
checked	省略属性值后，等价于 checked="checked"
readonly	省略属性值后，等价于 readonly="readonly"
defer	省略属性值后，等价于 defer="defer"
ismap	省略属性值后，等价于 ismap="ismap"
nohref	省略属性值后，等价于 nohref="nohref"
noshade	省略属性值后，等价于 noshade="noshade"
nowrap	省略属性值后，等价于 nowrap="nowrap"
selected	省略属性值后，等价于 selected="selected"
disabled	省略属性值后，等价于 disabled="disabled"
multiple	省略属性值后，等价于 multiple="multiple"
noresize	省略属性值后，等价于 noresize="noresize"

在 PHP 项目开发过程中，常常需要根据标签属性的值来设置标签内容的默认状态，例如表单中的单选、多选按钮等，读者务必熟练掌握。

2.1.2　网页页面布局

所谓网页页面的布局，就是设计页面的整体结构，它是网页设计的第一步，也是非常重要的一步。

网页布局的方式有很多，常用的有两种，一种是使用表格(< table >)，另一种是使用 DIV+CSS 的方式，目前主要使用第二种方法来进行网页布局。表格布局方式是早期网页设计使用的方法，它有很多的弊端，建议不要使用。

1. 单列布局

单列布局是指网页的头部、主体、底部位于网页的同一列中。这种网页布局方式又分为两种，一种是网页的头部、主体、底部宽度相等；另一种是网页头部、底部自适应浏览器窗口宽度，网页主体部分固定宽度，如图 2.2 所示。

图 2.2　网页单列布局

图中左侧为上、中、下等宽布局；右侧为上、下自适应，中间固定宽度布局。

1）单列等宽布局

实现这种页面布局的基本思路是，将页面的头部、主体和底部放在一个容器中统一设置，然后设置容器中子块的高度。

【例2.1】 实现网页的单列等宽布局。

为了测试的方便，这里先创建一个名为chap02的PHP本地项目，并为该项目创建虚拟主机chap02.wm。

(1) 在chap02项目中创建eg01.html文件，并编写代码。

```html
<!DOCTYPE html>
<html lang="en">
<head>
    <meta charset="UTF-8">
    <title>单列布局</title>
    <link rel="stylesheet" href="css/eg01.css">
</head>
<body>
    <div class="container">
        <!-- 头部 -->
        <div class="header">头部</div>
        <!-- 主体 -->
        <div class="main">主体</div>
        <!-- 底部 -->
        <div class="footer">底部</div>
    </div>
</body>
</html>
```

(2) 在chap02项目中创建CSS文件夹，并新建eg01.css文件。

编写CSS样式规则如下。

```css
body{
    margin: 0;
    padding: 0;
}
.container{
    width: 960px;
    margin: 0 auto;
}
.header{
    height: 50px;
    background-color: #21ff80;
}
.main{
    height: 600px;
    background-color: #80007f;
}
.footer{
    height: 50px;
```

```
    background-color: #21ff80;
}
```

（3）启动服务器，在浏览器的地址栏中输入"http://chap02.wm/eg01.html"，查看页面布局效果。改变浏览器窗口大小，查看页面布局是否发生变化。

从运行效果可以看出该布局的特点，网页宽度自适应浏览器窗口宽度，当窗口放大缩小时，网页页面结构不会发生变化。

2）单列主体固定宽度布局

实现该页面布局的基本思路是，页面的头部和底部内容单独放在容器中，仅设置高度，这样头部和底部的内容区仍和主体等宽；主体部分单独放在一个容器中，并设置水平居中。

实现该种布局非常简单，可以复用例 2.1 的 CSS 样式，只需要调整一下 HTML 的 DOM 结构即可。

【例 2.2】 实现网页的单列头部、底部自适应，主体等宽布局。

在项目 chap02 中复制 eg01.html 文件，将其文件名修改为 eg02.html，并调整文档的 DOM 结构，代码如下。

```
<div class = "header">
    <div class = "container">头部</div>
</div>
<div class = "container">
    <div class = "main">主体</div>
</div>
<div class = "header">
    <div class = "container">底部</div>
</div>
```

该布局的特点是，网页的头部和底部宽度自适应浏览器窗口宽度，主体部分固定宽度，且网页头部和底部内容区与主体部分等宽。当窗口放大缩小时，网页页面结构不会发生变化。

2. 两列布局

两列布局就是将网页划分为左、右两个部分，分为左侧固定、右侧自适应，或右侧固定、左侧自适应等多种形式，如图 2.3 所示。

图 2.3　网页两列布局

图中左侧为左固定页面布局，右侧为右固定页面布局。

1) 左侧固定、右侧自适应

实现该页面布局的基本思路是，页面左侧边栏固定并设置为左浮动，右侧主体部分设置一个 margin-left 左边距，其大小大于或等于左侧边栏宽度。

【例 2.3】 实现网页的两列布局。其中，页面左侧边栏部分宽度固定，右侧主体部分自适应。

(1) 在项目 chap02 中新建 eg03.html 文件，并编写代码。

在页面 <head> 标签中引入 CSS 样式文件 eg03.css，编写 <body> 标签部分代码。

```
<link rel="stylesheet" href="css/eg03.css">
...
<div class="left">左侧</div>
<div class="main">主体</div>
```

(2) 在项目 chap02 的 CSS 文件夹中，新建 eg03.css 文件，代码如下。

```css
body{
    margin: 0;
    padding: 0;
}

.left{
    width: 200px;
    height: 600px;
    background-color: skyblue;
    float: left;
}
.main{
    height: 600px;
    background-color: cyan;
    margin-left: 202px;
}
```

注意：上述代码中的 main 类的定义，其左边距 margin-left 必须大于或等于左边栏的宽度。这里设置左边栏的宽度为 200px，主体部分的 margin-left 设置为 202px，左、右两部分之间有 2px 的水平间距。

该布局的特点是，页面左侧边栏（一般为页面导航）宽度固定，右侧主体部分自适应浏览器宽度。

2) 右侧固定、左侧自适应

实现该页面布局的基本思路是，页面右侧边栏固定并设置为右浮动，左侧主体部分设置一个 margin-right 右边距，其大小大于或等于右侧边栏宽度。

该布局的代码与例 2.3 相似，不同的是右侧边栏设置为右浮动，即 float 为 right；左侧主体部分设置右边距 margin-right，其值大于或等于右边栏宽度即可。

3) 左、右两列均固定宽度

实现该页面布局的基本思路是，为左、右两列添加一个父级区块，设置左/右两列的 left/right 浮动方式；为父区块添加 after 伪类，让其撑开父区块。

【例 2.4】 实现具有固定宽度的两列网页布局,如图 2.4 所示。

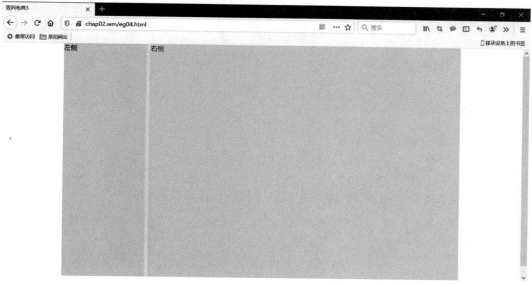

图 2.4 网页两列固定宽度布局

(1) 在项目 chap02 中新建 eg04.html 文件,并编写代码。
在页面的 HEAD 中引入 CSS 样式文件 eg04.css,并编写页面的 BODY 部分代码。

```
<link rel="stylesheet" href="css/eg04.css">
...
<div class="container clear">
    <div class="left">左侧</div>
    <div class="right">右侧</div>
</div>
```

(2) 在项目 chap02 的 CSS 文件夹中,新建 eg04.css 文件,代码如下。

```
body{
    margin: 0;
    padding: 0;
}
.container{
    width: 960px;
    margin: 0 auto;
    background-color: yellow;
    overflow: hidden;
}
.clear{
    -ms-zoom: 1;
}
.clear:after{
    content: '';
    display: block;
    clear: both;
```

```css
}
.left{
    width: 200px;
    height: 600px;
    background-color: skyblue;
    float: left;
}
.right{
    width: 750px;
    height: 600px;
    background-color: cyan;
    float: right;
}
```

当然,该页面布局也可以采用绝对定位的方式来实现,代码如下。

```css
.container{
    position: absolute;
    left: 0;
    right: 0;
    margin: auto;
    max-width: 960px;
}
.left{
    position: absolute;
    top: 0;
    left: 0;
    width: 200px;
    height: 600px;
    background-color: skyblue;
}
.right{
    position: absolute;
    top: 0;
    right: 0;
    width: 750px;
    height: 600px;
    background-color: cyan;
}
```

该页面布局的特点是,左、右两部分均为固定宽度,当浏览器窗口缩小时,其下部会出现水平滚动条,页面结构不会发生变化。

3. 三列布局

三列布局就是将网页划分为左、中、右三个部分,其中,左、右部分宽度固定,中间主体部分自适应,如图 2.5 所示。

【例 2.5】 实现网页的三列布局,其中,左、右两侧宽度固定,中间主体部分宽度自适应。

(1) 在项目 chap02 中新建 eg05.html 文件,并编写代码。

在页面 HEAD 中引入 CSS 样式文件 eg05.css,并编写 BODY 部分代码。

图 2.5 网页三列布局

```
< link rel = "stylesheet" href = "css/eg05.css">
…
< div class = "left">左侧</div>
< div class = "right">右侧</div>
< div class = "main">中间</div>
```

注意：这里的 DOM 结构，左、右、中的顺序不能混乱。

(2) 在项目 chap02 的 CSS 文件夹中，新建 eg05.css 文件，代码如下。

```
body{
    margin: 0;
    padding: 0;
}
.left{
    width: 200px;
    height: 600px;
    float: left;
    background - color: cyan;
}
.right{
    width: 200px;
    height: 600px;
    float: right;
    background - color: skyblue;
}
.main{
    height: 600px;
    margin - left: 202px;
    margin - right: 202px;
    background - color: #fd8008;
}
```

上面采用的是左、右两侧分别设置左、右浮动,然后挤出中间部分的方法。当然也可以采用左、右两侧绝对定位,中间部分设置外边距的方式来实现上述三列布局。

2.1.3 网页设计案例

下面设计一个简单的 HTML5 网页,页面效果如图 2.6 和图 2.7 所示。

图 2.6 网页设计案例效果 1

从图 2.6 可以看出,网页总体为两列布局,左侧为导航条,右侧为主内容展示区。
从图 2.7 可以看出,页面左侧导航为固定位置,右侧区域可以上下滚动。

图 2.7 网页设计案例效果 2

【例 2.6】 实现如图 2.6 和图 2.7 所示的网页设计。

(1) 在项目 chap02 中新建 eg06.html 文件,并编写代码。
(2) 在项目 chap02 的 CSS 文件夹中新建 eg06.css 样式文件,并编写样式规则。
限于篇幅,文件代码请参见源码,这里不再展示。

2.2 页面元素操作

视频讲解

当网页被加载时,浏览器会创建网页的文档对象模型 DOM。DOM 是 Document Object Model 的缩写,其中的 Document 指 HTML 文档。

HTML DOM 定义了用于 HTML 的一系列标准对象,以及访问和处理 HTML 文档的标准方法。通过 DOM 可以访问网页中的所有 HTML 元素,连同它们所包含的文本和属性。

通过 JavaScript 对网页中的元素进行访问与操作,是 Web 前端开发中的一项重要技术,必须熟练掌握。

2.2.1 HTML DOM 模型

HTML DOM 模型被构造为对象树的形式。例如下面的 HTML 文档:

```
<!DOCTYPE html>
<html lang="en">
<head>
    <meta charset="UTF-8">
    <title>HTML DOM</title>
</head>
<body>
    <h1>PHP 项目实践与课程设计指导</h1>
    <ul>
        <li>作者:马石安 魏文平</li>
        <li>出版社:清华大学出版社</li>
    </ul>
</body>
</html>
```

其对象树如图 2.8 所示。

HTML DOM 对象树表示了网页中的 HTML 元素,以及它们之间的关系。在 HTML DOM 中每个元素都是一个节点,所有的 HTML 元素都是元素节点,所有 HTML 属性都是属性节点,文本插入 HTML 元素就是文本节点,注释是注释节点。

当浏览器载入 HTML 文档后,该文档就会成为 Document 对象。Document 对象包含 HTML 文档的根节点与所有其他节点(元素节点、文本节点、属性节点和注释节点)。通过 Document 对象,可以对网页中的所有元素进行访问与操作。

HTML 的 Document 对象,是 Window 对象的一部分,所以也可以通过 window.document 属性对其进行访问,如图 2.9 所示。

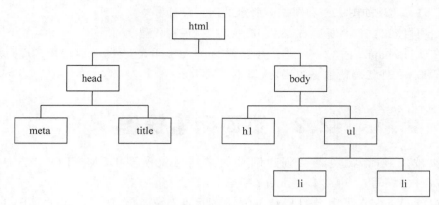

图 2.8　HTML DOM 对象树

图 2.9　HTML DOM 对象树中元素查询

打开浏览器调试工具，在其 Console 窗口中输入"document.all"命令，能够查询到该文档对象树中的所有元素，以及它们的属性。

2.2.2　DOM 操作

对网页元素的操作，就是对页面 DOM 树中对象的操作，这些操作主要包括：动态创建 HTML 元素、更改元素属性、更改元素样式，以及对网页事件进行处理等。

1. 查找 HTML 元素

通过 JavaScript 对网页元素进行操作，首先必须找到该 HTML 元素。有多种方法来实现 HTML 元素的查找，例如，通过元素标签名、通过元素 ID 属性值、通过元素类名等。

1)通过标签名称查找 HTML 元素

通过调用 document 的 getElementsByTagName()方法,可以非常方便地查找网页中的所有该标签元素,此方法返回一个对象数组。

例如语句:

```
var p = document.getElementsByTagName("p");
```

表示查找网页中所有的 p 标签元素。

2)通过 ID 查找 HTML 元素

如果 HTML 元素具有 ID 属性,则可以通过调用 document 的 getElementById()方法来查找到该 HTML 元素,此方法返回一个 HTML DOM 对象。

例如语句:

```
var element = document.getElementById("main");
```

表示查找 ID 为 main 的 HTML 元素。若元素存在,则以对象的形式返回该元素;否则返回 null。

3)通过类名查找 HTML 元素

通过调用 document 的 getElementsByClassName()方法,查找网页中的所有具有该类的 HTML 元素,此方法返回一个对象数组。

例如语句:

```
var nav = document.getElementsByClassName("nav");
```

表示查找网页中所有的类属性值为 nav 的 HTML 元素。

4)通过 CSS 选择器查找 HTML 元素

通过调用 document 的 querySelector()、querySelectorAll()方法,可以使用 CSS 选择器来查找网页中的 HTML 元素。第一个方法返回一个 HTML DOM 对象,第二个方法返回所有查找到的对象。

例如语句:

```
document.querySelector("li");           //语句1
document.querySelectorAll("li");        //语句2
```

语句 1 返回查找到的第一个 HTML 元素;语句 2 返回查找到的所有的 HTML 元素,如图 2.10 所示。

图中左侧、右上、右下分别为页面运行效果、页面 HTML 代码、命令操作窗口。

2. 查询 HTML 元素

HTML 元素在 DOM 对象树中称为元素节点,除了元素节点外,还有属性节点、文本节点等。节点一般具有节点类型、节点名称和节点的值等属性。

对于如下所示的 HTML 代码:

```
<h1 id="title" style="color:red">PHP 项目实践与课程设计指导</h1>
```

元素节点为 H1;属性节点为 id 和 style;文本节点为#text,它的值为"PHP 项目实践与课

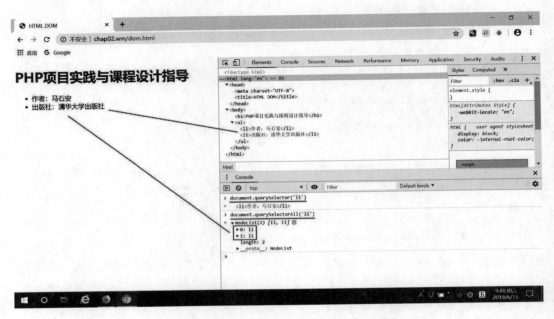

图 2.10 通过 CSS 的选择器查找 HTML 元素

程设计指导"。

【例 2.7】 查询 HTML 元素信息。代码如图 2.11 所示。

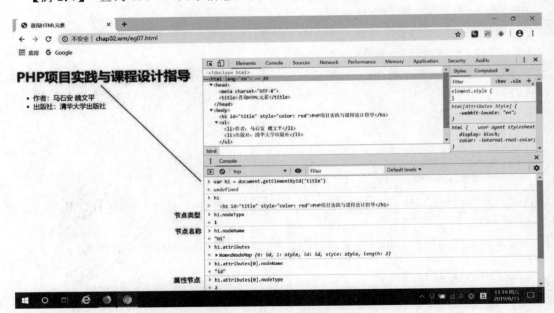

图 2.11 例 2.7 HTML 代码

(1) 查找 h1 元素节点。

var h1 = document.getElementById('title')

（2）查询 h1 节点类型。

`h1.nodeType`

节点类型共有 12 种之多，通常用整数或常量来表示。常用元素节点、属性节点和文本节点分别用整数 1、2、3 来表示。

（3）查询 h1 节点名称。

`h1.nodeName`

返回大写的 H1。

（4）查询 h1 节点的属性节点。

`h1.attributes`

返回两个属性节点。展开如图 2.11 所示的节点，可以查看属性节点的详细信息，如图 2.12 所示。

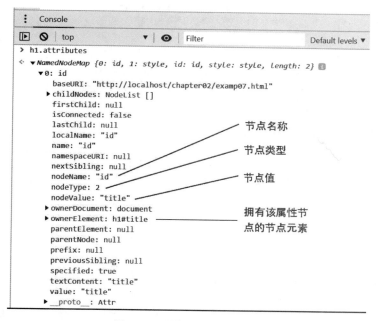

图 2.12　属性节点详情示例

（5）查询 h1 节点的文本节点。

`h1.childNodes`

返回值如图 2.13 所示。这里可以看到文本节点的类型为 3，值为"PHP 项目实践与课程设计指导"，字符串长度为 14 等详细信息。

（6）查询 h1 节点的父节点。

`h1.parentNode`

返回 BODY 节点。

图 2.13 文本节点详情示例

(7) 查询 h1 后面的兄弟节点。

```
h1.nextSibling.nextSibling
```

这里返回 h1 后面的第二个兄弟节点，即 ul 元素节点。注意 h1 与 ul 之间有回车符，也就是 h1 后面的第一个兄弟节点是一个文本节点。

(8) 查询 ul 前面的兄弟节点。

```
ul.previousSibling.previousSibling
```

这里返回 h1 前面的第二个兄弟节点，即 h1 元素节点。

3. 改变 HTML 元素内容

修改 HTML 元素内容的最简单的方法，就是使用元素的 innerHTML 属性。

例如语句：

```
document.getElementsByTagName("h1")[0].innerHTML = "面向对象程序设计"
```

可以将如图 2.10 所示的页面中的"PHP 项目实践与课程设计指导"文本更改为"面向对象程序设计"。注意：通过标签查找 h1 元素，返回的是一个对象数组。

4. 改变 HTML 元素样式

修改 HTML 元素样式，使用元素的 style 属性。

例如语句：

```
document.getElementsByTagName("h1")[0].style.color = "red"
```

可以将如图2.10所示的页面中的"PHP项目实践与课程设计指导"文本颜色修改为红色。

也可以采用如下方式：

```
h1.setAttribute('style','color:green')
```

5．创建新的HTML元素

向HTML DOM树中添加新元素，必须首先创建该元素（元素节点），然后再向一个已存在的元素追加该元素。

【例2.8】 通过JavaScript代码，向如图2.11所示的页面代码中添加一个li元素，该元素的文本为"出版时间：2019年6月"。

向页面的ul中添加li元素，需要首先创建一个li元素节点和一个文本节点，然后将文本节点添加到li节点中，最后将li节点添加到ul元素中。

具体代码及运行结果如图2.14所示。

图2.14 例2.8代码及运行效果

注意：页面显示效果及其源码中的变化。

6．移除HTML元素

移除HTML文档中的元素，使用document的removeChild()方法。例如，要删除图2.14中新增加的li元素，只需要在控制台中执行下面的语句即可。

```
ul.removeChild(ul.childNodes[5]);
```

注意：上述代码中的ul为document.getElementsByTagName('ul')[0]的值。

2.3 网页事件处理

事件是 HTML 文档或者浏览器窗口中发生的特定的交互瞬间,它是用户或浏览器自身执行的某种动作,例如,鼠标单击、页面加载、窗口缩放等。事件是 JavaScript 与 DOM 交互的桥梁。事件发生后给出的响应,就是事件处理。

2.3.1 事件绑定

事件不能单独存在,需要绑定到特定的元素对象上才能被感知。事件的绑定有 3 种方法,即标签属性、对象属性、对象方法。

1. 标签属性

直接将事件绑定到元素标签上,这是最简单的、也是级别最高的一种事件绑定方法。例如,若需要在网页中的 h2 元素上绑定鼠标左键单击事件,则使用如下代码。

```
< h2 onclick = "alert('我被单击了!')"> PHP 项目实践与课程设计指导</h2 >
```

该方法将表现与行为混在一起,不符合 Web 规范,建议不要使用这种方法绑定事件。

2. 对象属性

将事件作为对象属性,绑定到元素对象上。例如,要实现上述 1 中的单击事件的绑定,使用如下代码。

```
< h2 id = "title">PHP 项目实践与课程设计指导</h2 >
...
< script >
    window.onload = function () {
        var h2 = document.getElementById('title');
        h2.onclick = function () {
            alert('我被单击了!')
        }
    }
</script >
```

该方法是事件绑定的常用方法,请熟练掌握。

3. 对象方法

使用对象的 addEventListener() 方法,来监听对象事件,从而实现事件的绑定。例如,要实现上述 2 中的单击事件的绑定,使用如下代码。

```
< h2 id = "title">PHP 项目实践与课程设计指导</h2 >
...
< script >
    window.onload = function () {
```

```
            var h2 = document.getElementById('title');
            h2.addEventListener('click', function () {
                alert('我又被单击了!');
            }, false)}
</script>
```

该方法也是事件绑定的常用方法。若要解除事件绑定,需要使用对象的 removeEventListener()方法。

【例 2.9】 事件绑定示例。

网页中有 3 个 li 标签,要求用 3 种方法分别将单击事件绑定到标签上,代码如下。

```
<!DOCTYPE html>
<html lang="en">
<head>
    <meta charset="UTF-8">
    <title>事件绑定</title>
</head>
<body>
    <h2 id="title">PHP 项目实践与课程设计指导</h2>
    <ul>
        <!-- 通过标签属性绑定事件 -->
        <li onclick="alert('第 1 个<li>标签被单击了!')">作者:马石安 魏文平</li>
        <li>出版社:清华大学出版社</li>
        <li>出版时间:2019 年 6 月</li>
    </ul>
    <script>
        //页面加载完成后,绑定事件
        window.onload = function () {
            /*通过对象属性绑定事件*/
            var li2 = document.getElementsByTagName('li')[1];
            li2.onclick = function () {
                alert('第 2 个<li>标签被单击了!');
            }
            /*通过对象方法绑定事件*/
            var li3 = document.getElementsByTagName('li')[2];
            li3.addEventListener('click', function(){
                alert('第 3 个<li>标签被单击了!');
            }, false);
        }
    </script>
</body>
</html>
```

在浏览器中访问该页面,分别单击页面中的 3 个 li 标签,若都能弹出消息框,则说明事件绑定成功。

2.3.2 事件处理

对事件的处理都是在回调函数中进行的,所以,只需要在回调函数中添加相应的代码,完成预定的处理功能即可。

1. 鼠标事件

鼠标事件是在 JavaScript 页面操作中使用最频繁的事件,利用鼠标事件可以实现一些特殊的单击和移动效果。

网页中菜单的展开与收缩,是网页设计中经常要处理的问题。对菜单本身的操作,都是通过 JavaScript 代码对鼠标进入与离开元素对象的事件处理来实现的,事件处理代码可以是 JavaScript 的原生代码,也可以是 jQuery 等前端框架代码。

【例 2.10】 使用 JavaScript 代码,实现水平菜单的展开与收缩。效果如图 2.15 所示。

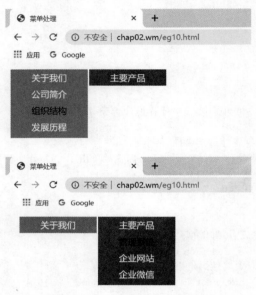

图 2.15 菜单展开与收缩效果

(1) 编写 HTML 代码。

```html
<!DOCTYPE html>
<html lang="en">
<head>
    <meta charset="UTF-8">
    <title>菜单处理</title>
    <link rel="stylesheet" href="css/eg10.css">
</head>
<body>
    <div>
        <ul>
            <li class="menuHeader about">
                <a href="#">关于我们</a>
                <ul class="menuItem hide">
                    <li><a href="">公司简介</a></li>
                    <li><a href="">组织结构</a></li>
                    <li><a href="">发展历程</a></li>
```

```html
                </ul>
            </li>
        </ul>
        <ul>
            <li class = "menuHeader products">
                <a href = "#">主要产品</a>
                <ul class = "menuItem hide">
                    <li><a href = "">管理系统</a></li>
                    <li><a href = "">企业网站</a></li>
                    <li><a href = "">企业微信</a></li>
                </ul>
            </li>
        </ul>
    </div>
</body>
</html>
```

（2）编写 CSS 样式文件。

```css
/* 例 2.10 的 CSS 样式文件 */
ul{
    list-style: none;
    margin: 0;
    padding: 0;
}
a{
    text-decoration: none;
    color: #fff;
}
a:hover{
    color: #000;
}
li.menuHeader{
    border: 1px solid #fff;
    float: left;
    padding: 5px 10px;
    text-align: center;
    width: 120px;
}
ul.menuItem{
    margin-top: 5px;
}
.menuItem > li{
    padding: 5px 10px;
}
.about{
    background-color: #6D9931;
}
.products{
    background-color: #D63333;
```

```css
}
.tech{
    background-color: #D49248;
}
.hide{
    display: none;
}
.show{
    display: block;
}
```

(3) 编写 JavaScript 代码。

```html
<script>
    window.onload = function(){
        let lis = document.querySelectorAll("li");   //获取所有的 li
        for (let i = 0; i < lis.length; i++) {//控制每个 li
            //绑定事件
            lis[i].onmouseover = function() {
                if( lis[i].children.length === 2) {
                    this.children[1].classList.remove("hide");
                    this.children[1].classList.add("show");
                }
            }
            //绑定事件
            lis[i].onmouseout = function() {
                if( lis[i].children.length === 2) {
                    this.children[1].classList.remove("show");
                    this.children[1].classList.add("hide");
                }
            }
        }
    }
</script>
```

上述代码比较简单，请参考 JavaScript 语言的技术文档自行理解，这里不再详述。

2. 键盘事件

键盘事件也是在网页操作中使用频繁的事件，利用该事件可以实现页面的快捷操作。常见的键盘事件主要有 onkeyup、onkeydown 和 onkeypress。

【例 2.11】 键盘事件示例。

示例功能描述：按空格键，改变页面中文本的颜色。

在项目 chap02 中新建 eg11.html 文件，并编写代码。

```html
<!DOCTYPE html>
<html lang="en">
<head>
    <meta charset="UTF-8">
    <title>键盘事件</title>
</head>
```

```
<body>
    <h1 id="title">PHP项目实践与课程设计指导</h1>
    <script>
        function refresh(){
            if(window.event.keyCode == 32) {
                var h1 = document.getElementById('title');
                //颜色字符串
                var colorStr = "";
                var randomArr = ['0','1','2','3','4','5','6','7','8','9','a','b','c','d','e','f'];
                for(var i=0;i<6;i++){
                    colorStr += randomArr[Math.ceil(Math.random()*(15-0)+0)];
                }
                h1.style.color = '#'+colorStr;
            }
        }
        document.onkeypress = refresh;
    </script>
</body>
</html>
```

上述代码中的键码(keycode)32表示键盘上的空格键。

3. 表单事件

表单是Web应用程序与用户交互的桥梁,是非常重要的页面元素。表单事件主要是对元素获得或失去焦点、表单提交等动作进行控制。

【例2.12】 表单事件示例。

示例功能描述:对用户输入的数据进行验证。

在项目chap02中新建eg12.html文件,并编写代码。

```
<!DOCTYPE html>
<html lang="en">
<head>
    <meta charset="UTF-8">
    <title>表单事件</title>
</head>
<body>
    <form name="login" id='login' action="" onsubmit="return validateForm()" method="post">
        用户名:<input type="text" name="username">
        <input type="submit" value="提交">
    </form>

    <script>
        function validateForm()
        {
            var x = document.forms["login"]["username"].value;
            if (x==null || x=="")
            {
```

```
            alert("用户名不能为空!");
            return false;
        }
    }
</script>
</body>
</html>
```

这里只是简单地对空输入进行了验证，其他验证与上述代码类似，请读者自己练习。

4. 事件对象

在 JavaScript 中，事件对象用 event 表示。它代表了事件状态，例如事件发生的元素、键盘状态、鼠标位置和鼠标按钮状态等。

【例 2.13】 event 对象应用示例。

示例功能描述：在页面中输出事件名称。

在项目 chap02 中新建 eg13.html 文件，并编写代码。

```
<!DOCTYPE html>
<html lang="en">
<head>
    <meta charset="UTF-8">
    <title>事件对象</title>
    <style>
        #txt{
            color: red;
        }
    </style>
</head>
<body>
    <div>提示信息：<span id='txt'></span></div>
    <hr>
    <div>
        <input type="text" name="文本框" id="input" onfocus="getEvent(1);">
        <button name="按钮" onmouseover="getEvent(2);" onclick="getEvent(1);">确定</button>
    </div>
    <script>
        function getEvent(x){
            var txt = '';
            switch (x) {
                case 1:
                    txt = event.srcElement.name + "发生了" + event.type + "事件";
                    break;
                case 2:
                    txt = event.srcElement.name + "发生了" + event.type + "事件!";
                    txt += "上一个对象是：" + event.fromElement.name;
                    break;
            }
            document.getElementById('txt').innerHTML = txt;
```

```
        }
    </script>
</body>
</html>
```

从上述代码可以看出，当事件发生时会在 span 标签中显示事件名称。其中的 srcElement 为 event 对象的属性，通过它获取事件对象和事件名称；通过 fromElement 属性可以获取上一个对象，例如，当 onmouseover 事件发生时，可以知道鼠标从哪个对象移动过来。

注意：测试过程中 Firefox 浏览器不能获取到 fromElement 的 name 值，而 IE 和 Google 浏览器可以获取到。

2.3.3 AJAX 技术

AJAX 是 Asynchronous JavaScript and XML 的缩写，意思是异步的 JavaScript 和 XML。AJAX 是一种运用于浏览器的技术，它可以在浏览器和服务器之间通过异步通信机制进行数据通信，从而允许浏览器向服务器获取少量信息而不是刷新整个页面，所以也常常被称为无刷新技术。

1. AJAX 的优点

AJAX 是使用客户端脚本与 Web 服务器交换数据的 Web 应用开发方法。使用该方法，Web 页面不用打断交互流程进行重新加载，就可以动态更新。其优点如下。

（1）减轻服务器的负担。AJAX 的原则是"按需取数据"，可以最大限度地减少冗余请求，从而减轻对服务器造成的负担。

（2）无刷新更新页面，减少用户心理和实际等待时间，并带来良好的用户体验。

（3）把部分服务器负担的工作转交给客户端，利用客户端闲置的能力来处理任务，从而减轻服务器和带宽的负担，节约空间和宽带租用成本。

（4）可以调用外部数据。

（5）是一种基于标准化并被广泛支持的技术，不需要下载插件等资源。

（6）进一步促进了 Web 页面表现形式与数据的分离。

2. AJAX 的工作原理

传统的 Web 交互方式是"提交/等待/重新显示"，用户的动作总是与服务器处理同步，用户在网页上的操作转换为 HTTP 请求传回服务器，而服务器接受请求以及相关数据、解析数据并将其发送给相应的处理单元后，将返回的数据转成 HTML 页面返还给用户。而当服务器处理数据的时候，用户只能等待，每步操作都需要等待服务器返回新的网页。由于每次应用的交互都需要向服务器发送请求，应用的响应时间就依赖于服务器的响应时间，这就导致了用户页面的响应比本地应用慢很多。

运用了 AJAX 技术的 Web 应用，它的工作原理相当于在客户端和服务器端之间添加了一个中间层，称为 AJAX 引擎，如图 2.16 所示。它实现了浏览器与服务器进行异步交互的通信能力，从而使用户从请求/响应的循环中解脱出来。

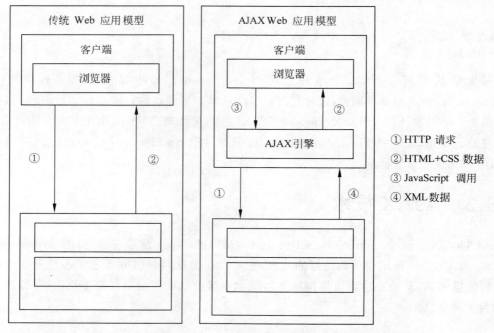

图 2.16 传统 Web 应用模型与 AJAX Web 应用模型比较

AJAX 应用可以仅向服务器发送并取回必要的数据,它使用 SOAP 或其他一些基于 XML 的 Web Service 接口,并在客户端采用 JavaScript 处理来自服务器的响应。因为在服务器和浏览器之间交换的数据大量减少,所以,Web 应用看起来就是即时处理的。同时很多的处理工作可以在发出请求的客户端机器上完成,减少了 Web 服务器的处理时间。

AJAX 内部工作流程,如图 2.17 所示。

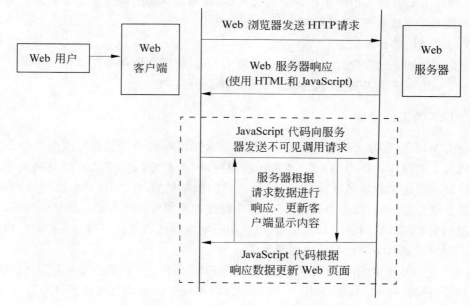

图 2.17 AJAX Web 工作流程

3. AJAX 的 XMLHttpRequest 对象

AJAX 技术中的核心技术是 XMLHttpRequest，它是一个具有应用接口的 JavaScript 对象，能够使用超文本传输协议 HTTP 连接一个服务器。通过 XMLHttpRequest 对象，AJAX 可以像桌面应用程序一样只同服务器进行数据层面的交换，而不用每次都刷新页面。

XMLHttpRequest 对象的属性及方法如表 2.4 和表 2.5 所示。

表 2.4 XMLHttpRequest 对象属性

属　　性	描　　述
readyState	返回当前的请求状态
onreadystatechange	当 readyState 属性改变时就可以读取此属性值
status	返回 HTTP 状态码
responseText	将返回的响应信息用字符串表示
responseBody	返回响应信息正文，格式为字节数组
responseXML	将响应的 document 对象解析成 XML 文档并返回

表 2.5 XMLHttpRequest 对象方法

方　　法	描　　述
open	初始化一个新请求
send	发送请求
GetAllResponseHeaders	返回所有 HTTP 头信息
GetResponseHeader	返回指定的 HTTP 头信息
setResponseHeader	添加指定的 HTTP 头信息
Abort	停止当前的 HTTP 请求

在表 2.4 的属性中，readyState 属性用于返回当前的请求状态，请求状态共有 5 种，如表 2.6 所示；status 属性用于返回 HTTP 状态码，常用的如表 2.7 所示。

表 2.6 readyState 属性值

属 性 值	描　　述
0	表示尚未初始化，即未调用 open()方法
1	建立请求，但还未调用 send()方法发送请求
2	发送请求
3	处理请求
4	完成响应，返回数据

表 2.7 HTTP 状态码

状 态 码	描　　述
200	操作成功
404	没有发现文件
500	服务器内部错误
505	服务器不支持或拒绝请求中指定的 HTTP 版本

在表 2.5 的方法表中，最重要的是 open() 和 send() 方法。open() 方法的语法格式为：

open(string method, string url, boolean asyn, string user, string password)

其中，参数 method 和 url 是必选参数，asyn、user 和 password 是可选参数。各参数含义如表 2.8 所示。

表 2.8 open 方法参数

参 数 名 称	描　　述
method	表示请求方式，其值为 GET 和 POST
url	表示请求的 URL 地址
asyn	说明请求是异步还是同步。默认为 true，即异步传输
user	服务器验证时的用户名
password	服务器验证时的密码

【例 2.14】 使用 AJAX 验证表单数据。

问题描述：网站或其他 Web 应用的用户名都是唯一的，因此，在进行用户注册过程中，需要及时检测用户输入的数据，提示用户该用户名是否已经被注册。

下面使用 AJAX 来实现上述功能。完成后的页面运行效果如图 2.18 和图 2.19 所示。

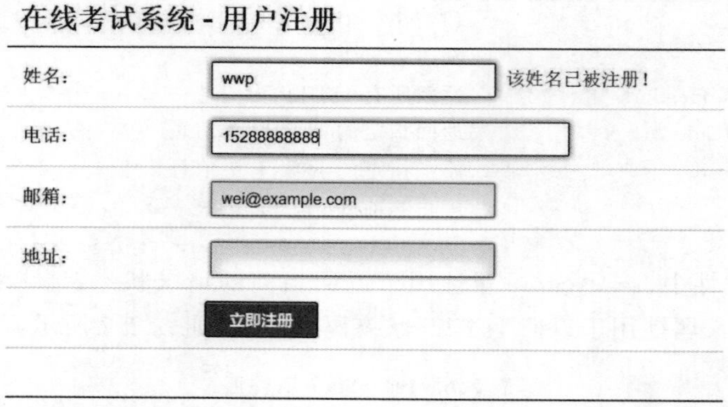

图 2.18 运行效果 1

图 2.19 运行效果 2

如图 2.18 所示的效果是用户填写了"姓名"后,接着填写"电话"时的页面状态。当表单中的"姓名"文本框失去焦点时,随即向服务器发送一个 AJAX 请求,检验用户输入的"姓名"数据是否已被注册过,并给出提示信息。

如图 2.19 所示是用户修改"姓名"数据后的页面状态。注意此时用户输入的"电话"数据并没有被清空,说明注册页面没有被刷新。这就是 AJAX 的无刷新技术。

下面给出实现的主要代码,其他请参考源码。

HTML 文档中的 JavaScript 代码如下。

```javascript
<script>
    window.onload = function(){
        var input_name = document.getElementById('name');
        var info = document.querySelector('#name + span');
        //"姓名"文本框获得焦点后,清空提示信息
        input_name.onfocus = function() {
            info.innerHTML = '';
        };
        //"姓名"文本框失去焦点后,发送 AJAX 请求验证数据
        input_name.onblur = function () {
            var xhr = new XMLHttpRequest();
            xhr.onreadystatechange = function(){
                if(xhr.readyState == 4){
                    var message = xhr.responseText;
                    if (message == '1') {
                        info.style.color = 'red';
                        info.innerHTML = '该姓名已被注册!';
                    }else{
                        info.style.color = 'green';
                        info.innerHTML = '该姓名可以使用!';
                    }
                }
            }
            //"姓名"文本框非空时,才发送数据验证请求。HTML5 表单本身具有非空验证
            if (this.value) {
                xhr.open('get', 'eg14.php' + '?name = ' + this.value,true);
                xhr.send(null);
            }
        }
    }
</script>
```

服务器端文件代码如下。

```php
<?php
//测试数据
$users = [
    ['name' =>'wwp','telephone' =>'13523456789'],
    ['name' =>'msa','telephone' =>'13623456780']
];
//接收数据
```

```
$ name = htmlentities( $ _GET['name']);
$ flag = false;
//验证数据
foreach ( $ users as $ value) {
    if ( $ value['name'] == $ name) {
        $ flag = true;
        break;
    }
}
//响应数据
echo $ flag;
```

由于篇幅的限制，上面的代码非常简单，创建 XMLHttpRequest 对象时没有区分浏览器类型，也没有对可能会出现的异常进行处理，请读者自行完善。

视频讲解

2.4　前端框架简介

上面介绍的网页设计、事件处理等，采用的都是原始的 HTML5、CSS3 和 JavaScript 前端技术。但在实际的 Web 项目开发过程中，经常使用的是经过第三方开发的前端框架。目前成熟的前端框架非常多，它们的功能也非常强大。由于篇幅的限制，下面只简单介绍一下 jQuery、Bootstrap 以及 Layui。

2.4.1　jQuery

jQuery 是一个 JavaScript 库，也称为 JavaScript 框架。jQuery 降低了 JavaScript 编程的复杂程度，它用更简单的语法完成了一些前端开发中常见的任务，不但提高了开发者的开发效率，也降低了初学者的学习难度。在跨浏览器开发过程中，使用其内建的兼容所有浏览器的方法而不必手工编码进行浏览器兼容性检查，极大地节省了编码时间，解决了跨浏览器开发过程中的棘手问题。

1. jQuery 的加载

要在项目中使用 jQuery，必须先在 HTML 文档中加载它，这样页面中的 JavaScript 脚本才能够访问到它提供的方法。

1) 加载本地 jQuery

先将 jQuery 库文件下载到本地，并将其复制到项目中。然后使用下面的代码加载它。

```
< script src = "jquery/jquery - 3.3.1.min"></script>
```

2) 加载远程 jQuery

很多大的互联网公司都拥有自己的公共资源库，这些公共资源库中一般都存放有 jQuery，可以直接在项目中加载它。

下面是百度 jquery cdn 引用地址：

http://apps.bdimg.com/libs/jquery/1.6.4/jquery.js

http://apps.bdimg.com/libs/jquery/1.6.4/jquery.min.js
http://apps.bdimg.com/libs/jquery/2.1.1/jquery.js
http://apps.bdimg.com/libs/jquery/2.1.1/jquery.min.js

在项目中直接加载远程的 jQuery 库，代码如下。

```
<script src = "http://apps.bdimg.com/libs/jquery/2.1.1/jquery.min.js"></script>
```

2. jQuery 基本语法

jQuery 语法是为 HTML 元素的选取编制的，可以对元素执行某些操作。格式如下。

```
$(selector).action()
```

其中，美元符号 $ 定义 jQuery；选择符（selector）"查询"和"查找"HTML 元素；jQuery 的 action() 执行对元素的操作。

例如：

```
$(this).hide()           //隐藏当前元素
$("p").hide()            //隐藏所有段落
$(".test").hide()        //隐藏所有 class = "test"的元素
$("#test").hide()        //隐藏 id = "test" 的元素
```

为了防止文档在完全加载（就绪）之前运行 jQuery 代码，一般将 jQuery 代码放在一个 document 的 ready 函数中，该函数也称为文档就绪函数，代码如下。

```
<script>
    $(document).ready(function() {
        $('h1').css('color', 'green'); //jQuery 代码
    });
</script>
```

在编写 jQuery 代码时，常常使用链式调用的方式，代码如下。

```
$('h1').css('color', 'green')
       .html('面向对象程序设计');
```

3. jQuery 常用方法

jQuery 的方法非常多，常用的有以下几类。

1）遍历 DOM 元素

.eq()方法，用于从一个结果集中取出指定索引对应的元素。

.filter()和.not()方法，用于从一个结果集中取出新的选择器对应的元素和与新选择器不匹配的元素。

.has()方法，从结果集中挑选出具有特殊特征的元素。

.is()方法，对结果集求值，但并不改变结果集。

.slice()方法，获取基于索引的结果集子集。

.children()方法，从一个结果集中寻找子元素。

.find()方法,在当前结果集中查找符合条件的后代元素。

.next()、.nextAll()和.nextUntil()方法,用于查找一个结果集中包含的元素之后的兄弟元素。

.prev()、.prevAll()和.prevUntil()方法,用于查找一个结果集中包含的元素之前的兄弟元素。

.siblings()方法,选择全部兄弟元素。

.parent()方法,返回当前选中元素的直接父元素的集合。

.parents()和.parentsUntil()方法,返回所有的父元素。

2) 创建 DOM 元素

要在 jQuery 中创建一个新的 DOM 元素,只需要提供新元素标签即可。例如:

$('<p>这是新增加的段落</p>');

注意:此时 P 标签并不会在页面中显示。

3) 添加元素到 DOM 结构中

使用.append()、.prepend()、.appendTo()、.prependTo()、.after()、.before()等方法,可以将创建好的元素添加到结构中。例如:

$('h1').after($('<p>这是新增加的段落</p>'));

4) 获取和修改 CSS 及属性

用于获取和修改元素 CSS 及属性的方法主要有.attr()、.removeAttr()、.css()、.text()、.html()、.val()、.data()、.addClass()、.removeClass()、.toggleClass()、.hasClass()、.height()、.width()等。

5) 处理结果集

要处理一个结果集,需要一些能处理结果集内每个元素的方法。jQuery 提供了两个这种功能的方法,它们是.map()和.each()。

6) 使用动画及其他效果

jQuery 拥有大量的方法支持动画和特效,这些方法中常用的有.show()、.hide()、.slideUp()、.slideDown()、.slideToggle()、.animate()等。

7) 处理事件

浏览器事件方法,常用的有.error()和.scroll()等。

文档加载事件方法,常用的有.ready()和.unload()等。

事件绑定相关方法,常用的有.bind()、.unbind()、.live()、.on()、.die()、.one()、.toggle()和.trigger()等。

事件快捷方法,常用的有.blur()、.focus()、.load()、.resize()、.click()、.mousedown()等。

8) AJAX 控制函数

jQuery 提供的 AJAX 控制函数主要有$.ajax()、$.ajaxSetup()、$.get()、$.post()、$.getJSON()、$.getScript()和.load()等。

4. 应用实例

上面简单介绍了 jQuery 的常用功能及方法,下面给出一个较为综合的应用实例。

【例 2.15】 使用 jQuery 创建折叠框式菜单。页面效果如图 2.20 和图 2.21 所示。

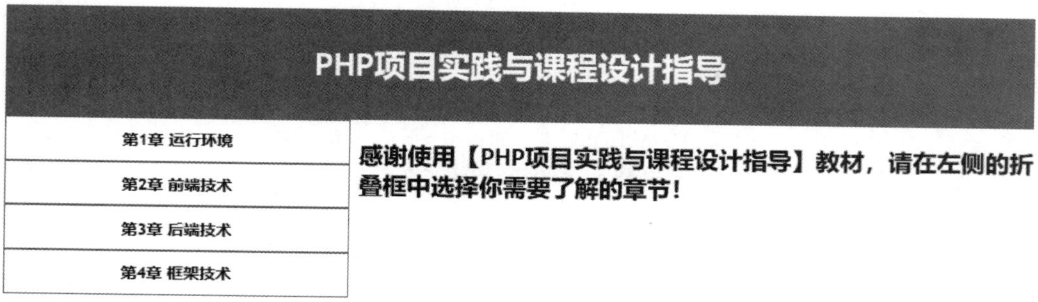

图 2.20　折叠框式菜单效果 1

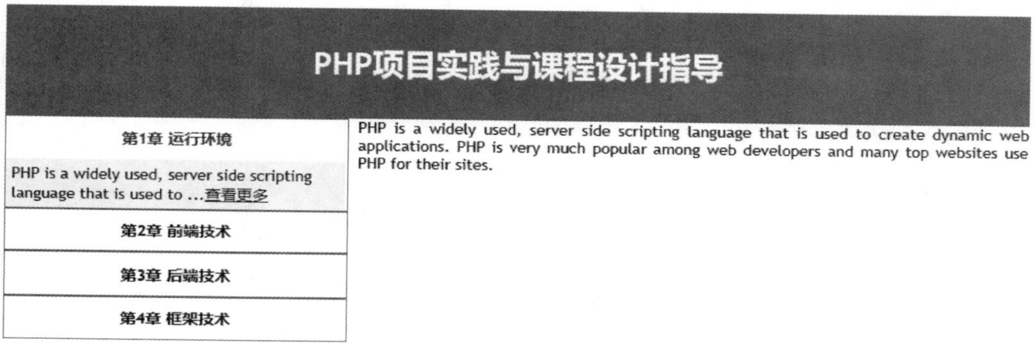

图 2.21　折叠框式菜单效果 2

单击页面左侧的折叠框,可以展开折叠的内容,单击内容中的"查看更多"超级链接,在页面右侧区域显示详细内容。

在项目 chap02 中新建 eg15.html 文件,并编写代码。

```
<!DOCTYPE html>
<html lang="en">
    <head>
        <meta charset="UTF-8">
        <title>jQuery 案例</title>
        <link rel="stylesheet" href="css/eg15.css">
    </head>
    <body>
        <div id="main">
            <div class="header">
                <h1>PHP 项目实践与课程设计指导</h1>
            </div>
            <div class="content">
                <div id="leftPanel">
                    <div class="accordion">
                        <h1>第 1 章 运行环境</h1>
                        <div class="container">PHP is ...<a href="examp15.php?page=php">查看更多</a></div>
                    </div>
```

```
            < div class = "accordion">
                < h1 >第 2 章 前端技术</h1>
                < div class = "container"> From the...< a href = "examp15.php?page =
jQuery">查看更多</a></div>
            </div>
            < div class = "accordion">
                < h1 >第 3 章 后端技术</h1>
                < div class = "container"> Ajax is...< a href = "examp15.php?page =
ajax">查看更多</a></div>
            </div>
            < div class = "accordion">
                < h1 >第 4 章 框架技术</h1>
                < div class = "container">JSON...< a href = "examp15.php?page = json">
查看更多</a></div>
            </div>
            < div id = "rightPanel">
                < h2 >感谢使用【PHP 项目实践与课程设计指导】教材,请在左侧的折叠框中选
择你需要了解的章节!</h2>
            </div>
        </div>
    </div>
    < script src = "./jquery/jquery - 3.3.1.min.js"></script>
    < script >
        $ (document).ready(function ()
        {
            $ ('.container').hide();
            $ ('.accordion > h1').click(function()
            {
                $ ('h1.active').removeClass('active');
                $ (".container:visible").slideUp('fast');
    $ (this).addClass('active').next('div').slideToggle('fast');
            });
            $ ('.container > a').click(getData);
            function getData()
            {
                var url = ( $ (this).attr('href'));
                $ .get(url, {}, function(data)
                {
                    $ ('#rightPanel').html(data);
                });
                return false;
            };
        });
    </script>
</body>
</html>
```

单击页面左侧折叠框中的"查看更多"链接后,请求 eg15.php 文件,获取详细内容。eg15.php 文件代码如下:

```
<?php
    $ page = $ _GET['page'];
    switch( $ page)
```

```
        {
            case 'php':
                echo 'PHP … ';
                break;
            …
        }
    ?>
```

代码详情请参见源码。由于本节重点学习 jQuery，这里只用 PHP 的多分支结构简单地进行处理。

2.4.2　Bootstrap

Bootstrap 是由 Twitter（著名的社交网站）推出的前端开源工具包，它基于 HTML、CSS、JavaScript 等前端技术，2011 年 8 月在 GitHub 上发布。Bootstrap 中预定义了一套 CSS 样式和与样式对应的 jQuery 代码，应用时只需提供固定的 HTML 结构，添加 Bootstrap 中提供的 class 名称，就可以完成指定效果的实现。

1. Bootstrap 的下载

Bootstrap 的下载地址为 https://getbootstrap.com/，当前最新版本为 4.4.0。在 Bootstrap 的资源包中，主要包括基本结构、CSS、布局组件、JavaScript 插件等内容，具体如下。

1）基本结构

Bootstrap 提供了一个带有网格系统、链接样式、背景的基本结构。

2）CSS

Bootstrap 自带全局的 CSS 设置、定义基本的 HTML 元素样式、可扩展的 class，以及一个先进的栅格系统。

3）布局组件

Bootstrap 包含十几个可重用的组件，用于创建图像、下拉菜单、导航、警告框、弹出框等。

4）JavaScript 插件

Bootstrap 包含十几个自定义的 jQuery 插件。它可以直接包含所有的插件，也可以逐个包含这些插件。

5）定制

开发人员可以定制 Bootstrap 组件、LESS 变量和 jQuery 插件来得到一套自定义版本。

2. Bootstrap 基本模板

一个使用了 Bootstrap 的基本的 HTML 模板如下。

```
<!DOCTYPE html>
<html lang="zh-CN">
  <head>
    <meta charset="utf-8">
    <meta http-equiv="X-UA-Compatible" content="IE=edge">
```

```html
      <meta name="viewport" content="width=device-width, initial-scale=1">
      <!-- 上述3个meta标签*必须*放在最前面,任何其他内容都*必须*跟随其后! -->
      <title>Bootstrap 101 Template</title>
      <!-- Bootstrap -->
      <link href="https://cdn.jsdelivr.net/npm/bootstrap@3.3.7/dist/css/bootstrap.min.css" rel="stylesheet">
      <!-- HTML5 shim 和 Respond.js 是为了让 IE8 支持 HTML5 元素和媒体查询(media queries)功能 -->
      <!-- 警告:通过 file://协议(就是直接将 HTML 页面拖曳到浏览器中)访问页面时 Respond.js 不起作用 -->
      <!--[if lt IE 9]>
        <script src="https://cdn.jsdelivr.net/npm/html5shiv@3.7.3/dist/html5shiv.min.js"></script>
        <script src="https://cdn.jsdelivr.net/npm/respond.js@1.4.2/dest/respond.min.js"></script>
      <![endif]-->
    </head>
    <body>
      <h1>你好,世界!</h1>
      <!-- jQuery (Bootstrap 的所有 JavaScript 插件都依赖 jQuery,所以必须放在前边) -->
      <script src="https://cdn.jsdelivr.net/npm/jquery@1.12.4/dist/jquery.min.js"></script>
      <!-- 加载 Bootstrap 的所有 JavaScript 插件。你也可以根据需要只加载单个插件。-->
      <script src="https://cdn.jsdelivr.net/npm/bootstrap@3.3.7/dist/js/bootstrap.min.js"></script>
    </body>
</html>
```

3. Bootstrap 常用组件

Bootstrap 之所以受到广大前端开发人员的欢迎,是因为使用 Bootstrap 可以构建出非常优雅的前端界面,而且占用资源非常小,另外,Bootstrap 还提供了丰富的功能组件,如图 2.22 所示。

在 Bootstrap 的官方文档中,详细介绍了其组件的使用方法并给出了示例代码,请读者自行参考练习。例如,如果要在页面中使用 Bootstrap 的分裂式按钮下拉菜单,只需要在 Bootstrap 的官方文档中找到如图 2.23 所示的示例,将代码复制到自己的页面中即可。

4. 应用实例

Bootstrap 的使用非常简单,只需要设计好页面布局并确定好元素类型,然后设置 Bootstrap 的相应类,并对组件进行组装即可。

【例 2.16】 使用 Bootstrap 完成例 2.15 页面效果,如图 2.24 和图 2.25 所示。

下拉菜单
按钮组
按钮式下拉菜单
输入框组
导航
导航条
路径导航
分页
标签
徽章
巨幕
页头
缩略图
警告框
进度条
媒体对象
列表组
面板
具有响应式特性的嵌入内容
Well

图 2.22 Bootstrap 组件

图 2.23 Bootstrap 组件使用示例

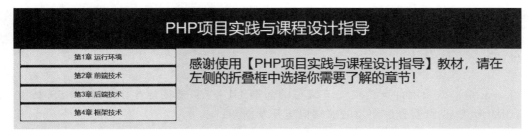

图 2.24 Bootstrap 页面效果 1

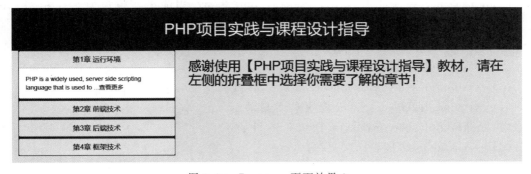

图 2.25 Bootstrap 页面效果 2

在项目 chap02 中新建 eg16.html 文件,并编写代码。由于篇幅的限制,下面只展示左侧折叠框的部分代码。

```
< div class = "container main">
    < div class = "row header">
        < h1 >PHP 项目实践与课程设计指导</h1 >
    </div >
    < div class = "row nav">
        < div class = "col – md – 4">
```

```
                <div class="panel-group" id="accordion" role="tablist" aria-multiselectable="true">
                    <div class="panel panel-default">
                        <div class="panel-heading" role="tab" id="headingOne">
                            <h4 class="panel-title">
                                <a role="button" data-toggle="collapse" data-parent="#accordion" href="#collapseOne" aria-expanded="true" aria-controls="collapseOne">第 1 章 运行环境</a></h4></div>
                            <div id="collapseOne" class="panel-collapse collapse in" role="tabpanel" aria-labelledby="headingOne">
                                <div class="panel-body">
              PHP is a widely used, server side scripting language that is used to ...<a href="examp15.php?page=php">查看更多</a>
                                </div>
                            </div>
                        </div>
...
```

上述代码中所使用的 CSS 类(class),均由 Bootstrap 框架提供,在实际开发过程中,只需要根据自己个性化特点进行少量的增加或修改即可。

2.4.3 Layui

Layui 是一款采用自身模块规范编写的前端 UI 框架,遵循原生 HTML/CSS/JS 的书写与组织形式,是目前普遍使用的前端快速开发框架。

1. Layui 的下载

Layui 的官方下载地址为 https://www.layui.com/,当前最新版本为 2.5.5。Layui 资源包中的主要内容如下。

(1) css：CSS 样式表文件目录。

(2) css\modules：模块 CSS 文件目录。

(3) css\modules\laydate：laydate 模块 CSS 目录。

(4) css\modules\layer：layer 模块 CSS 目录。

(5) css\modules\layim：layim 模块 CSS 目录。

(6) css\layui.css：核心样式文件。

(7) font：字体图标目录。

(8) Images：图片资源目录。

(9) lay：模块核心目录。

(10) lay\modules：各模块组件。

(11) layui.js：基础核心库。

(12) layui.all.js：包含 layui.js 和所有模块的合并文件。

2. Layui 基本模板

Layui 的使用非常简单,获取到 Layui 后,将其完整地部署到项目目录(或静态资源服务），只需要引入下面的两个文件即可。

```
./layui/css/layui.css
./layui/layui.js 或 ./layui/layui.all.js
```

Layui 的基本模板如下。

```html
<html>
<head>
  <meta charset="utf-8">
  <meta name="viewport" content="width=device-width, initial-scale=1, maximum-scale=1">
  <title>开始使用 Layui</title>
  <link rel="stylesheet" href="../layui/css/layui.css">
</head>
<body>
<!-- 你的 HTML 代码 -->
<script src="../layui/layui.js"></script>
<script>
//一般直接写在一个 JS 文件中
layui.use(['layer', 'form'], function(){
  var layer = layui.layer
  ,form = layui.form;
  layer.msg('Hello World');
});
</script>
</body>
</html>
```

注意：Layui 的有些 JS 脚本依赖 jQuery，所以使用时需要先加载 jQuery 库。在 Layui 中使用 jQuery，可以加载 Layui 内部的 jQuery 模块，也可以加载单独的 jQuery 库。

3. Layui 内置模块

Layui 拥有丰富的内置功能模块，能够很好地满足前端开发的需要，如图 2.26 所示。

在 Layui 的官方文档中，详细介绍了其内置模块的使用方法，并给出了示例代码，请读者自行参考练习。下面给出一个 Layui 的弹出框的示例。

【例 2.17】 Layui 弹出框应用示例。运行效果如图 2.27 所示。

单击页面左上角的按钮，会弹出内容窗口；单击弹出窗口中的"继续弹出"按钮会弹出第二个窗口。每个窗口上都有自己的"缩小""放大"和"关闭"按钮。

在项目 chap02 中新建 eg17.html 文件，并编写代码。由于篇幅的限制，下面只展示 JS 代码。

图 2.26　Layui 内置模块

图 2.27 Layui 弹出框

```
<script src="./layui/layui.js"></script>
<script>
    //加载 Layui 模块
    layui.use('layer', function() {
    var $ = layui.jquery, layer = layui.layer;

    //触发事件
    var active = {
        setTop: function(){
        var that = this;
        //多窗口模式,层叠置顶
        layer.open({
            type: 2 //iframe 窗口
            ,title: '当你选择该窗体时,即会在最顶端'
            ,area: ['390px', '260px']
            ,shade: 0
            ,maxmin: true
            ,offset: [ //演示用随机坐标
                Math.random() * ($(window).height() - 300)
                ,Math.random() * ($(window).width() - 390)
            ]
            ,content: 'examp17test.html'//窗口内容页面
            ,btn: ['继续弹出', '全部关闭']
            ,yes: function(){
                $(that).click();
            }
            ,btn2: function(){
                layer.closeAll();
            }
            ,zIndex: layer.zIndex
            ,success: function(layero){
```

```
                    layer.setTop(layero);
                }
            });
        }
    };
    $('.layui-btn').on('click', function(){
        var othis = $(this), method = othis.data('method');
        active[method] ? active[method].call(this, othis) : '';
    });
});
```

Layui 的弹出框有多种类型,这里使用 iframe 类型;弹出窗口中的内容来自项目中的 eg17test.html 文件。

4. 应用实例

使用 Layui 进行 Web 项目的前端开发,能够获得丰富的页面效果,尤其是使用其绚丽的弹窗,更能让用户获取到优质的应用体验。

【例 2.18】 使用 Layui 完成例 2.15 程序功能,如图 2.28～图 2.30 所示。

图 2.28 Layui 页面效果 1

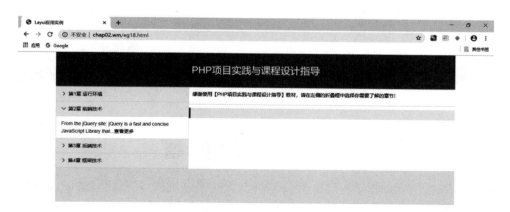

图 2.29 Layui 页面效果 2

单击页面左侧的折叠面板,可以展开内容区域。

单击页面左侧折叠面板中的"查看更多"链接,可以弹出信息框,并在页面右侧显示需要

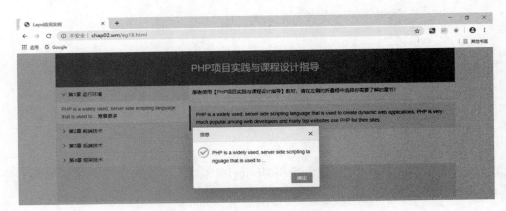

图 2.30　Layui 页面效果 3

查看的详细内容。

在项目 chap02 中新建 eg18.html 文件，并编写代码。由于篇幅的限制，下面只展示 JavaScript 代码。

```
<script src="./jquery/jquery-3.3.1.min.js"></script>
<script src="./layui/layui.js"></script>
<script>
    $(document).ready(function() {
        layui.use(['element','layer'], function(){
            var element = layui.element;
            var layer = layui.layer;
        });

        $('.layui-colla-content a').click(function(event) {
            event.preventDefault();
            var content = $(this).prev().text();
            layer.alert(content,{'icon':1});
            $.get( $(this).attr('href'), function(data) {
                $('.content').html(data);
            });
        });
    });
</script>
```

这里使用了 jQuery 的 .get() 方法来读取内容详情。页面中使用的 Layui 样式，请查看源码。

2.5　本章小结

本章介绍的这些前端框架，只是 Web 项目开发中最基础的，虽然比较老旧，但它们都是学习 Web 项目开发必须首先要掌握的基础技术。随着技术的进步，以及互联网产品需求的多样化，目前涌现出了像 React、Vue 以及 Angular 等一大批非常优秀的前端框架，并且它们已逐渐成为业界的主流。有关这些最新前端的框架技术，会在后续的中、高级教材中再详细地介绍。

第 3 章 后端技术

Web 应用的前端，包括 Web 页面的结构、Web 的外观视觉表现以及 Web 层面的交互实现，这些都是 Web 应用中用户看得见、碰得着的东西；而 Web 应用的后端，更多的是应用与数据库的交互，从而实现复杂的业务逻辑。所以，后端技术的重点在于，如何实现业务逻辑，如何存储数据，如何让应用具有优越的性能，如何提高应用运行的稳定性等。

本章介绍 PHP 项目开发的后端技术，包括 PHP 基本语法、面向过程程序设计、面向对象程序设计以及 PHP 应用扩展等内容。

3.1　PHP 语言基础

视频讲解

在使用任何一门程序设计语言进行编程之前，都需要详细了解该语言的词法结构和基本语法规则。例如，该语言有哪些数据类型，如何定义变量和常量，怎样控制程序的流程，如何处理程序的错误等。

PHP 的语法规则与大家熟悉的 C、C++ 和 Java 非常相似，所以这里只对 PHP 进行概要性的介绍。

3.1.1　语法基础

PHP 是一种嵌入式的程序设计语言，其代码的编写，除需要特定的语言标记之外，其他语法与 C、C++、Java 等程序设计语言基本相同。

1. PHP 语言标记与注释

PHP 代码常常被嵌入 HTML 页面中，因此，为了区分 HTML 与 PHP 代码，需要使用特定的标记将 PHP 代码进行界定。PHP 提供如下两种形式的语言标记。

1) 标准形式

开始标记：<? php ；结束标记：?>。例如：

```php
<?php
    echo "HelloWorld";
?>
```

PHP 的所有版本均支持该标记。当一个文件中只有 PHP 代码时，一般省略结束标记，且开始标记最好顶格书写。

2) 短风格形式

开始标记：<? ；结束标记：?>。例如：

```
<?
    echo "Hello World";
?>
```

使用 PHP 的短风格标记，需要开启 PHP 的 short_open_tag 指令。若要使用该标记进行快速输出，还可以采用如下形式。

```
<? = "Hello World" ?>
```

PHP 的所有版本均支持该输出形式的短风格标记，与 PHP 的 short_open_tag 指令是否开启无关。

在程序设计过程中，为了便于代码的阅读与维护，在编写某行代码或功能模块时，常常需要添加注释，来对代码进行解释或说明。PHP 的注释分为单行注释和多行注释。

1) 单行注释

PHP 的单行注释使用"//"或"#"两种格式。例如：

```php
<?php
    $str = 'PHP'; # 定义变量
    echo $str;            //输出变量的值
?>
```

2) 多行注释

PHP 的多行注释使用"/*   */"或"/**   */"两种格式。例如：

```php
<?php
    /*
     * 下面的代码用于测试 PHP 中的单行注释
     */
    $str = 'PHP'; # 定义变量
    echo $str;            //输出变量的值
?>
```

或

```php
<?php
/**
 * 获取参数的值
 * @param unknown $param
```

```
 *  @return unknown
 */
function get( $ param) {
    return $ param;
}
?>
```

在PHP中,多行注释可以嵌套单行注释,但不能再嵌套多行注释。

2. 标识符与关键字

在程序设计过程中,经常需要定义一些符号来标记一些名称,例如变量名、函数名、类名等,这些符号被称为标识符。

PHP中的标识符必须满足以下规定。

（1）标识符只能由字母、数字和下画线组成。

（2）标识符可以由一个或多个字符组成,且必须以字母或下画线开头。

（3）当标识符用作变量名时,区分大小写。

（4）标识符可以是任意长度。

（5）标识符不能与PHP预定义关键字相同。

与C、C++、Java等语言不同,在PHP中,变量名是可以使用其关键字的,但建议最好不要这样做,以避免产生不必要的麻烦。

PHP的关键字是预先定义好并赋予了特殊含义的单词,也称为保留字,包括关键词、预定义类、预定义常量,以及其他保留字。详情请参见PHP手册附录。

3. 变量与常量

变量是可以在不同时刻存储不同数据的符号,它实际上表示了某个内存单元。存放在内存单元中的数据,可以在程序执行期间进行处理。

PHP的变量由"$"符号和变量名组成,其中的变量名就是前述的标识符。例如:

```
$ str = "php";
```

在PHP中,变量名大小写敏感。

除普通变量之外,在PHP中还可以定义可变变量。所谓可变变量,就是变量名可以变化的变量。例如:

```
$ str = "php";
$ $ str = "PHP";
```

其中,"$ $ str"就是可变变量,它的名字由变量"$ str"的值确定。这里,可变变量"$ $ str"就是表示变量"$ php"。

由于PHP是弱类型语言,变量不需要事先声明,可以直接赋值使用。PHP中的变量赋值分为传值赋值和引用赋值两种形式。

1）传值赋值

定义两个变量,赋值并输出,如下。

```
$ str = "php";
$ php = $ str;              //传值赋值
$ str = 'java';
echo $ php;
```

示例输出变量"$php"的值"php",不会因为变量"$str"的值变化为"java"而改变。

2) 引用赋值

定义两个变量,赋值并输出,代码如下。

```
$ str = "php";
$ php = & $ str;            //引用赋值
$ str = 'java';
echo $ php;
```

示例输出变量"$php"的值"java",它随变量"$str"的值的变化而变化。

除变量之外,在 PHP 中还可以使用常量来存储数据。常量用于存储在程序运行过程中始终保持不变的数据。

PHP 中的常量通常使用函数 define()或关键字 const 来定义。例如:

```
define('PI',3.1416);
const PAI = 3.1415;
```

常量一旦被定义,就不能再修改它的值,也不能重新定义。

4. 数据类型

数据类型是具有一组相同属性的数据的统称。PHP 支持三大类的数据类型,分别为标量数据类型、复合数据类型和特殊数据类型。

1) 标量数据类型

PHP 的标量数据类型包括 4 种,分别是 boolean(布尔型)、integer(整型)、float(浮点型,也称为 double)和 string(字符串型)。例如:

```
$ boolean1 = true;              //布尔型
$ boolean2 = false;             //布尔型
$ boolean3 = (bool) - 10;       //布尔型
$ boolean4 = (bool)'';          //布尔型
$ int1 = 10;                    //十进制整型
$ int2 = 0b10;                  //二进制整型
$ int3 = 010;                   //八进制整型
$ int4 = 0x10;                  //十六进制整型
$ int_min = PHP_INT_MIN;        //最小整型值
$ int_max = PHP_INT_MAX;        //最大整型值
$ int_size = PHP_INT_SIZE;      //整型值的字长
$ float1 = 3.0;                 //浮点型
$ float2 = 3.1415926;           //浮点型
$ float3 = 3.14e - 2;           //浮点型
$ float4 = 3.14E + 2;           //浮点型
$ string1 = 'php';              //字符串
$ string2 = "java";             //字符串
```

```
$string3 = <<<HTML
    <h1>PHP 的数据类型</h1>
    <p>浮点型数据</p>
HTML;                                       //字符串
```

注意 PHP 的数据的不同表达方式。

2) 复合数据类型

PHP 的复合数据类型包括三种,分别是 array(数组)、object(对象)和 callable(可调用)。例如:

```
$array1 = array('php','java','c++');          //索引数组
$array2 = ['php','java','c++'];               //索引数组
$array3 = array('课程 1' => 'php', '课程 2' => 'java');   //关联数组
$array4 = $_SERVER;                           //预定义数组
$array5 = range(1,10);                        //索引数组
class Student {
    private $name;
    public function setName($name) {
        $this->name = $name;
    }
    public function getName(){
        return $this->name;
    }
}
$obj1 = new Student;                          //对象
$obj2 = (object)10;                           //对象
$double = function ($param) {
    return $param * 2;
};                                            //对象
$num = range(1, 5);
$result = array_map($double, $num);           //函数的第 1 个参数为 callable 类型
```

PHP 的"可调用"数据类型,就是指的"回调函数",其值表示回调函数的名称。

3) 特殊数据类型

PHP 的特殊数据类型包括两种,分别是 resource(资源)和 NULL(空或不存在)。例如:

```
$file = fopen('doc.txt','r');                 //资源类型
$name = NULL;                                 //NULL 类型
@var_dump($password);                         //此时的变量 $password 为 NULL 类型
$str = 'php';
settype($str,'NULL');                         //函数调用后变量 $str 为 NULL 类型
```

需要注意的是,PHP 中变量的数据类型,通常由该变量使用的上下文在运行时自动设定,程序设计者一般不会手动去设置。

5. 运算符

与其他高级语言一样,PHP 提供了丰富的运算符,用于处理各种类型的数据。PHP 的运算符分为算术运算符、字符串连接运算符、赋值运算符、比较运算符、逻辑运算符、条件运

算符、自增自减运算符、位运算符,以及错误抑制运算符等。

1) 算术运算符

PHP 的算术运算符有 7 种,分别是 -(取负)、+(加法)、-(减法)、*(乘法)、/(除法)、%(取模)、**(乘方)。例如:

```
$a = 10;
$b = 20;
$r1 = - $a;                    //取负
$r2 = $a + $b;                 //加法
$r3 = $a - $b;                 //减法
$r4 = $a * $b;                 //乘法
/* 两个数相除,运算结果通常为浮点型数据;只有当两个操作数均为整型且能整除时,运算结果才
为整型数据 */
$r5 = $a / $b;                 //除法,结果为浮点数
$r6 = $a / 5;                  //除法,结果为整数
/*取模运算符的操作数在运算之前都会自动转换成整数,取模运算符的结果和被除数的符号(正负
号)相同 */
$r7 = $a % 3;                  //取模,结果为 1
$r8 = $a % -3;                 //取模,结果为 1
$r9 = $r1 % 3;                 //取模,结果为 -1
$r10 = $r1 % -3;               //取模,结果为 -1
$r11 = $a ** 2;                //乘方,结果为整数
$r12 = $a ** -0.5;             //乘方,结果为浮点数
```

与 C、C++和 Java 等高级语言不同的是,PHP 的变量不需要预先定义,在程序的任何地方给一个新变量赋值,PHP 引擎都会自动定义该变量。

2) 字符串连接运算符

在 PHP 中,使用字符串连接运算符(.)将两个字符串拼接成一个字符串。例如:

```
$str1 = 'Hello ';
$str2 = 'PHP';
$str = $str1.$str2;
```

当然,也可以使用字符串连接函数。

3) 赋值运算符

PHP 中的赋值运算符,包括基本赋值运算符(=)和复合赋值运算符(如+=等)。复合赋值运算符也称为组合运算符,适合所有的二元运算符。例如:

```
$a = 10;                       //赋值
$b = 20;
$a += $b;                      //加等于,相当于 $a = ($a+ $b)
$a -= $b;                      //减等于
$a *= $b;                      //乘等于
$a /= $b;                      //除等于
$a %= $b;                      //模等于
$a **= $b;                     //乘方等于
$a .= $b;                      //连接等于
```

PHP 实质上是 HTML 代码生成器,在实际开发过程中,会频繁使用".="来拼接

HTML 代码,希望读者熟练掌握该运算符的使用方法。

4) 比较运算符

PHP 的比较运算符有 9 种,分别是＝＝(等于)、!＝(不等于)、<>(不等于)、＝＝＝(恒等于)、!＝＝(不恒等)、>(大于)、<(小于)、>＝(大于或等于)、<＝(小于或等于)。例如:

```
$a = 10;
$b = '10';
$r1 = ($a == $b);            //等于,结果为 true
$r2 = ($a != $b);            //不等于,结果为 false
$r3 = ($a <> $b);            //不等于,结果为 false
$r4 = ($a === $b);           //恒等于,结果为 false
$r5 = ($a !== $b);           //等于,结果为 true
$r6 = ($a == $b);            //等于,结果为 true
$r7 = ($a > $b);             //大于,结果为 false
$r8 = ($a < $b);             //小于,结果为 false
$r9 = ($a >= $b);            //大于或等于,结果为 true
$r10 = ($a <= $b);           //小于或等于,结果为 true
```

在 PHP 中,当两个数据类型不相同的数据进行比较时,会自动将其转换成相同类型的数据后再进行运算。在进行恒等与不恒等运算时,除比较操作数的数值是否相同外,还要判断它们的数据类型是否一样。

5) 逻辑运算符

PHP 的逻辑运算符有 4 种,分别是 &&(与)或 and(与)、||(或)或 or(或)、!(非)、xor(异或)。例如:

```
$a = true;
$b = false;
$r1 = $a && $b;              //逻辑与,结果为 false
$r2 = $a and $b;             //逻辑与
$r3 = $a || $b;              //逻辑或,结果为 true
$r4 = $a or $b;              //逻辑或
$r5 = !$a;                   //逻辑非,结果为 false
$r6 = $a xor $b;             //逻辑异或,结果为 true
```

在 PHP 中,尽管 &&、|| 与 and、or 功能相同,但前者的优先级别高于后者;对于"与"运算和"或"运算,在使用时需要注意以下两点。

(1) 进行逻辑"与"运算时,如果两个操作数均为表达式,当左边表达式的值为 false 时,右边表达式不会执行,逻辑运算结果为 false。例如:

```
$a = 1;
$r = (1 > 2) && ($a += 1);
```

由于表达式 1>2 的值为 false,则表达式 $a+=1 不会被执行,也就是变量 $a 的值仍为 1,此时变量 $r 的值为 false。

(2) 进行逻辑"或"运算时,如果两个操作数均为表达式,当左边表达式的值为 true 时,右边表达式不会执行,逻辑运算结果为 true。例如:

```
$a = 1;
```

```
$r = (1 < 2) || ($a += 1);
```

由于表达式 1 < 2 的值为 true,则表达式 $a+=1 不会被执行,也就是变量 $a 的值仍为 1,此时变量 $r 的值为 true。

6）条件运算符

条件运算符(?:)是 PHP 中唯一的一个三元运算符,其运算结果由第 1 个操作数(或表达式)的值确定。当第 1 个操作数的值为 true 时,运算结果为第 2 个操作数(或表达式)的值;否则,运算结果为第 3 个操作数(或表达式)的值。例如:

```
$a = 10;
$b = 20;
$r = ($a > $b) ? $a : $b;
```

上述代码中,由于表达式"$a > $b"的值为 false,则变量 $r 的值等于变量 $b 的值。

7）自增自减运算符

PHP 的自增(++)、自减(--)运算符,也称为递增、递减运算符,是一种特定形式的复合赋值运算符。例如:

```
$a = 10;
$r1 = $a++;              //后缀自增,执行后变量 $r1 的值为 10,变量 $a 的值为 11
$r2 = ++$a;              //前缀自增,执行后变量 $r1 的值为 11,变量 $a 的值为 11
$r3 = $a--;              //后缀自减,执行后变量 $r1 的值为 10,变量 $a 的值为 9
$r4 = --$a;              //前缀自减,执行后变量 $r1 的值为 9,变量 $a 的值为 9
```

在实际开发过程中,一般仅在循环结构中使用这些运算符,强烈不建议让它们参与混合运算。

8）位运算符

位运算符,就是对整型数据的各个位进行操作。这些操作分别为 &（按位与）、|（按位或）、~（取反）、<<（左移）、>>（右移）。例如:

```
$a = 0b1010;
$b = 0b1111;
$r1 = $a & $b;           //按位与,执行后变量 $r1 的值为 1010(二进制)或 10(十进制)
$r2 = $a | $b;           //按位或,执行后变量 $r2 的值为 1111(二进制)或 15(十进制)
$r3 = $a ^ $b;           //按位异或,执行后变量 $r3 的值为 0101(二进制)或 5(十进制)
$r4 = ~$a;               //按位取反
$r5 = $a << 1;           //左移,将 $a 的每个位都向左移动一位,即变量 $a 乘以 2
$r6 = $a >> 1;           //右移,将 $a 的每个位都向右移动一位,即变量 $a 除以 2
```

PHP 的位运算与其算术运算相比较,其执行效率高,运行速度快。

9）错误抑制运算符

PHP 支持一个错误控制运算符 @。当将其放置在一个 PHP 表达式之前,该表达式可能产生的任何错误信息都被忽略掉。例如:

```
$a = 10;
$r = @($a + $b); //由于变量 $b 没有定义,执行该语句时会出现错误,使用 @ 将其抑制
```

当然,也可以使用 PHP 的错误显示函数来控制页面中的错误显示级别。

10）类型运算符

instanceof 用于确定一个 PHP 变量是否属于某一个类的实例。例如：

```
$a = 10;
$r1 = $a instanceof stdClass;   //变量$r1的值为false
$a = (object)$a;
$r2 = $a instanceof stdClass;   //变量$r2的值为true
```

这里的 stdClass 为 PHP 预定义的标准类。

6. 数据类型转换

在 PHP 中，对两个变量进行操作时，若其数据类型不相同，则需要对其进行数据类型转换。通常情况下，数据类型转换分为自动类型转换和强制类型转换。

1）自动类型转换

自动类型转换也称为隐式转换，是指当运算需要或与期望的结果类型不匹配时，PHP 会将数据类型进行自动转换。例如：

```
$a = 10;
$b = "20";
$c = "3.14e2";
$r1 = $a + $b;              //变量$r1的值为30,变量$b被自动转换为整型数据
$r2 = $c * 2;               //变量$r2的值为624,变量$c被自动转换为浮点型数据
$r3 = $a ? $b : null;       //变量$r3的值为"20",变量$a被自动转换为布尔型数据
$r4 = $a . $b;              //变量$r4的值为"1020",变量$a被自动转换为字符串型数据
```

PHP 的自动类型转换规则与 C、C++ 和 Java 基本相同。

2）强制类型转换

强制类型转换也称为显式类型转换，是指在编写程序时，将一个变量强制转换为与原类型不同的另一种类型。其实现方法有两种，一是通过强制类型转换运算符，另一种就是通过调用 settype()、intval()、floatval() 等函数。

PHP 提供了 8 种强制类型转换运算符，它们是 bool 或 boolean、int 或 integer、float 或 double 或 real、string、array、object、binary 和 unset。例如：

```
$a = 10;
$b = "20PHP";
$c = "0";
$r1 = (bool)$a;             //强制转换为布尔型,变量$r1的值为true
$r2 = (boolean)$c;          //强制转换为布尔型,变量$r2的值为false
$r3 = (float)$b;            //强制转换为布尔型,变量$r3的值为true
$r4 = (string)$a;           //强制转换为字符串型,变量$r4的值为"10"
$r5 = (array)$a;            //强制转换为数组,变量$r5的值为array(0 => 10)
$r6 = (object)$a;           //强制转换为stdClass对象,变量$r5的scalar属性值为10
$r7 = (binary)$a;           //强制转换为二进制字符串,变量$r7的值为"0b10"
echo bindec($r7);           //输出十进制整数2
$r8 = (unset)$a;            //强制转换为NULL类型
```

需要注意的是，使用强制类型转换符将变量的类型转换为新类型，只是改变了其参与运算时的类型，变量本身的数据类型并没有发生变化。

使用函数实现数据类型的强制转换。例如：

```
$a = 10;
$b = 3.14;
$c = true;
settype($a,'float');        //将变量$a由整型强制转换为浮点型
var_dump($a);               //输出变量$a的数据类型为float
$r1 = intval($b);           //取整,变量$r1为整型数据3,变量$b仍为浮点数3.14
$r2 = strval($c);           //转换为字符串,变量$r2为字符串"1",变量$c仍为整数10
$r3 = floatval(20);         //转换为浮点型数据
```

注意区分变量本身的类型与其参与运算时的临时类型之间的差别。在PHP的高版本中，会更加强调变量的数据类型，尤其是在调用自定义函数的时候。在PHP的高版本中，在定义函数时，要求指定形参的数据类型以及返回值的数据类型。

3.1.2 流程控制

流程控制就是确定应用程序中的代码执行流程。例如，程序中的某代码块是否需要执行，是否需要执行多次；是否需要从主流程进入辅流程(函数流程等)；是否需要执行其他文件中的代码等。

1. 分支结构

PHP的分支结构分为单分支和多分支。
1) 单分支
使用if条件判断语句，来实现流程的单分支。例如：

```
$a = 10;
$b = 20;
if($a >= $b){
    echo $a;                //当条件为真时,执行该语句
}
```

2) 多分支
在PHP中，使用if…else…语句、if…elseif…else…语句和switch语句，实现流程的多分支。例如：

```
$a = 10;
$b = 20;
if($a > $b){
    echo $a;                //当条件为真时,执行该语句
}else{
    echo $b;                //当条件为假时,执行该语句
}
if($a%2 == 0){
    echo $a.'是偶数';
}elseif($a%3 == 0){
    echo $a.'是奇数,也是3的倍数';
```

```php
}else{
    echo $a.'是奇数,但不是3的倍数';
}
switch($a%3){
case 1:
    echo '变量$a除以3余1';
    break;                          //跳出switch结构
case 2:
    echo '变量$a除以3余2';
    break;
default:
    echo '变量$a是3的倍数';
    break;
}
```

这些结构与C、C++和Java语言几乎一样。

2．循环结构

PHP有4种形式的循环结构,分别是while、do…while、for和foreach。例如:

```php
$data = range(1, 100);
$i = 0;
$sum = 0;
while ($i<100){
    $sum += $data[$i];
    $i++;
}
$i = 0;
$sum = 0;
do{
    $sum += $data[$i];
    $i++;
}while ($i<100);
for ($i = 0, $sum = 0; $i<100; $i++) {
    $sum += $data[$i];
}
$sum = 0;
foreach ($data as $value) {
    $sum += $value;
}
$sum = 0;
foreach ($data as $key=>$value) {
    $sum += $value;
}
echo $sum;
```

在PHP的循环结构中,常常使用continue语句终止本次循环,而使用break语句终止循环。例如:

```php
$data = range(1, 100);
```

```
$i = 1;
$sum = 0;
while ($i++){
    if($i%2) continue;          //若为奇数,终止本次循环
    if($i>100) break;           //若变量$i的值大于100,终止循环
    $sum += $data[$i-1];
}
echo $sum;                      //输出1~100中所有偶数之和
```

循环结构一般用于对集合数据的遍历。

3. 函数

PHP 的函数分为自定义函数和内置函数。

1) 自定义函数

自定义 PHP 函数,可以采用如下示例中的两种格式。

```
//PHP 7 以下版本格式,PHP 7 兼容这种格式
function sum($data) {
    $sum = 0;
    foreach ($data as $value) {
        $sum += $value;
    }
    return $sum;
}
$data = range(1, 100);          //测试数据
echo sum($data);                //输出1~100所有自然数之和

//PHP 7 版本新增格式
function dataSum(array $data):float {
    $sum = 0;
    foreach ($data as $value) {
        $sum += $value;
    }
    return $sum;
}
$data = array(1.2, 2.3, 10, 20.5);   //测试数据
//$data = 2.5;                  //若将该变量作为实参传入dataSum()函数,会出现数据类型错误
var_dump(dataSum($data));       //输出的值为float数据类型
```

PHP 的高版本会逐渐加强对数据类型的检查,所以建议使用上述新格式来定义 PHP 函数。

2) 内置函数

内置函数是预先在 PHP 中定义的函数,可以直接使用。在 PHP 的核心库及扩展库中,预定义了丰富的函数,正是这些函数成就了 PHP 的强大功能。

在 PHP 的核心库中,常用的内置函数主要有以下几种。

(1) 字符串函数:strlen()、strrpos()、str_replace()、substr()等。

(2) 数组函数:is_array()、count()、range()、sort()、rsort()、ksort()、krsort()、array_

search()、array_unique()、array_column()、array_keys()、array_values()、array_unshift()、array_push()、array_shift()、array_pop()、in_array()、array_key_exists()等。

(3) 数学函数：abs()、ceil()、floor()、fmod()、is_nan()、max()、min()、pi()、pow()、sqrt()、round()、rand()等。

(4) 日期时间函数：checkdate()、date()、gettimeofday()、getdate()、time()、mktime()、setlocale()、strftime()、strtotime()、getlastmod()等。

PHP的内置函数的使用方法，请参考PHP手册或其他技术文档。

4. 文件包含

为了提高效率，在项目开发过程中需要特别注重代码的重用性以及功能的模块化。PHP提供了4种在应用程序中包含文件的语句，用于组装被隔离的单独的功能模块。

1) include 与 include_once

include 语句将在其被调用的位置处判断并包含一个文件；include_once 与 include 功能相同，不同的是，它会首先判断是否已经包含该文件。例如：

```php
if(file_exists('./inc.php') {
    include './inc.php';
})
```

或

```php
if(file_exists('./inc.php') {
    $data = include_once './inc.php';     //被包含的文件中有return语句
})
```

若被包含的文件不存在，使用上述包含语句时，PHP会给出错误信息，程序会继续运行。

2) require 与 require_once

require 和 require_once 语句的用法与 include、include_once 相同，区别在于，若被包含的文件不存在，使用 require 和 require_once 语句时，PHP会给出错误信息，并终止程序运行。

3.1.3 字符串

字符串是PHP的重要数据类型，也是PHP应用程序中使用最多的一种数据。

1. 字符串的定义

PHP提供了4种定义字符串的方法，分别是单引号(' ')、双引号(" ")和定界符(<<<TAG)与(<<<'TAG')。例如：

```php
$str1 = 'PHP';                    //单引号
$str2 = "学习{$str1}课程";         //双引号
$str3 = <<<HTML
    <h4>课程名称：$str1</h4>
```

```
        <p>课程简介：$ str2 </p>
HTML;                              //定界符:heredoc 结构,定界符可以为任意的 PHP 标识符
$ str4 = <<<'HTML'
    <h4>课程名称：$ str1 </h4>
    <p>课程简介：$ str2 </p>
HTML;                              //定界符:nowdoc 结构,开始标识符要用单引号引起来
echo $ str1.'< br >';
echo $ str2;
echo $ str3;
echo $ str4;
```

上述例程输出结果：

PHP
学习 PHP 课程
课程名称：PHP

课程简介：学习 PHP 课程

课程名称：$ str1

课程简介：$ str2

注意字符串的不同定义方式中，对 PHP 变量及转义字符的解析方法的差异。

2. 字符串操作

对字符串的操作一般使用 PHP 的内置函数来完成。
1）判断变量是否为字符串
使用 PHP 内置函数 is_string()来判断数据是否是字符串。例如：

```
$ str = " < a href = 'https://www.baidu.com'>百度搜索</a> ";    //测试字符串
$ r1 = is_string( $ str1);      //变量 $ r1 的值为 true
```

2）确定字符串长度
使用 PHP 内置函数 strlen()确定字符串的长度。例如：

```
$ r2 = strlen( $ str);          //$ str 为上述测试字符串,变量 $ r2 的值为 51
```

3）访问字符串中的字符
直接使用数组下标的方式来访问字符串中的字符,注意其下标值是从 0 开始的。例如：

```
$ r3 = $ str[0];                //变量 $ r3 的值为'',即空格
```

4）去除字符串两端的空格及特殊字符
使用 PHP 的 trim()等内置函数来去除字符串首尾的空格及特殊字符。例如：

```
$ r4 = trim( $ str);            //去除两端空格
Echo strlen( $ r4);             //输出 48
$ r41 = ltrim( $ str);          //变量 $ r41 的值为 50
$ r42 = rtrim( $ str);          //变量 $ r41 的值为 49
```

5）转义字符串中的特殊字符

使用 PHP 的 htmlentities()、nl2br()等内置函数来处理字符串中的一些特殊字符。例如：

```
$r5 = htmlentities($str);
Echo $r5;                              //输出<a href = 'https://www.baidu.com'>百度搜索</a>
$r51 = htmlspecialchars($str);         //变量$r51的值与$r5相同
$str1 = <<<'HTML'
if($a>$b)
    echo $a;
else
    echo $b;
HTML;
$r52 = nl2br($str1);                   //将字符串的\n换行转换为<br>换行
$table = array('<'=>'{','>'=>'}');
$r53 = strtr($str,$table);             //替换字符串中的"<"与">"字符
$r54 = strip_tags($str);               //将HTML转换为纯文本,$r54的值为"百度搜索"
```

为了保证项目数据的安全，必须对用户输入的数据进行无害化处理，上述这些函数是最基本的，必须熟练掌握它们的使用方法。

6）处理字符串大小写

使用 PHP 的 strtoupper()、strtolower()等内置函数将字符串中部分或全部字符进行大小写转换，它们只适用于英文字符。例如：

```
$r6 = strtoupper($str);                //将字符串中的字母全部转换成大写
$r61 = strtolower($str);               //将字符串中的字母全部转换成小写
$r62 = ucfirst('chinese deam');        //将字符串的首字母转换成大写
$r63 = ucwords('chinese deam');        //将字符串的每个单词的首字母转换成大写
```

7）确定字符串中子串的位置

使用 PHP 的 stripos()、strrpos()等内置函数确定子串在字符串中的位置。例如：

```
$r7  = stripos($str,'h');              //查找"h"在字符串中首次出现的位置,不区分大小写
$r71 = strpos($str,'h');               //查找"h"在字符串中首次出现的位置,区分大小写
$r72 = strrpos($str,'h');              //查找"h"在字符串中最后出现的位置,区分大小写
$r72 = strripos($str,'h');             //查找"h"在字符串中最后出现的位置,不区分大小写
```

8）查找并替换字符串中的子串

使用 PHP 的内置函数 str_replace()查找并替换字符串中的子串。例如：

```
$r8 = str_replace(array('<','>'),array('{','}'),$str);
```

如果只对单个的子串进行操作，函数的前面两个参数可以直接使用字符串。

9）将字符串转换成数组

使用 PHP 的 str_split()等内置函数可以将字符串转换为数组。例如：

```
$r9  = str_split('武汉欢迎你',3);       //将字符串转换成数组,每个汉字为一个元素
$r91 = explode(' ','武 汉 欢 迎 你');    //用' '字符串拆分字符串
```

注意函数返回的数组的维数。

10）将字符串解析成多个变量

使用 PHP 的 parse_str()等内置函数可以将字符串解析为多个变量，它们一般用于解析 URL 字符串。例如：

```
$str10 = 'page=1&id=10';
parse_str($str10);
echo $page;                    //输出 1
echo $id;                      //输出 10
$str11 = 'https://www.baidu.com?wd=php';
$r10 = parse_url($str11);      //解析 URL,返回其组成部分
```

注意这些函数返回的关联数组中的键和值。

3. 正则表达式

正则表达式是一个从左到右匹配目标字符串的模式，它表示了具有某些特征的一类字符串。正则表达式的结构与一般的数学表达式相似，由各个元素（操作符）或直接量（字面量）组合而成。下面简单介绍 Perl 风格的正则表达式语法。

1）分隔符

正则表达式需要由分隔符闭合包裹。分隔符可以是任意的非字母数字、非反斜线(\)、非空白 ASCII 字符。经常使用的分隔符有右斜线(/)、hash 符号(#)等。例如：

/wuhan China/、#^[^0-9]$#、+php+、%[a-zA-Z0-9_-]%

2）元字符

正则表达式中具有特殊含义的字符，称为元字符。例如：

\A、\b、\B、\d、\D、\s、\S、[ ]、( )、{ }、$、^、.、\、|、?、*、+、-、\w、\W

这些元字符的含义，请查询相关技术文献。

3）修饰符

修饰符是对正则表达式解释的调整。例如，要求匹配时不区分大小写，匹配成功一次后停止等。

常用的修饰符主要有：

i、m、s、x、e、A、D、S、U、X、u

修饰符直接放在正则表达式的后面。例如：

/china/i

该正则表达式匹配字符串"china"的任何大小写形式，如 China、CHINA、chiNA 等。

4）转义符

转义符(\)用来取消字符所代表的特殊含义。例如：

\?、\-、\.、\+

5）汉字的正则表达式

匹配一个汉字：

```
/[\x{4e00}-\x{9fa5}]/u
```

匹配多个汉字：

```
/[\x{4e00}-\x{9fa5}]+/u
```

4. 正则表达式函数

PHP 为使用 Perl 兼容的正则表达式搜索字符串，提供了一些功能函数，主要包括 preg_filter()、preg_match()、preg_grep()、preg_match_all()、preg_quote()、preg_replace()、preg_split()等。

1）preg_filter()

执行一个正则表达式搜索和替换。例如：

```
$pattern = '/\x{6b66}\x{6c49}/u';  //正则表达式为"/武汉/"
$subject = "湖北 武汉 中国";
echo preg_filter($pattern, 'Wuhan', $subject);
```

上述例程输出：

湖北 Wuhan 中国

2）preg_grep()

搜索字符串或数组，返回与模式匹配的所有元素组成的数组。例如：

```
$pattern = '/^\x{738b}/u';          //正则表达式为"/^王/u"
$subject = ['王一','李二','张三','王五'];
print_r(preg_grep($pattern, $subject));
```

上述例程输出：

```
Array([0] => 王一 [3] => 王五 )
```

3）preg_match()

在字符串中搜索模式，如果存在则返回整数 1，否则返回 0；如果出现错误，则返回 false。例如：

```
$pattern = '/\x{738b}/u';           //正则表达式为"/王/u"
$subject = '王一,李二,张三,王五';   //目标字符串
print_r(preg_match($pattern, $subject));
```

上述例程输出：

1

3.1.4 数组

PHP 的数组分为索引数组和关联数组，索引数组的键为数字，关联数组的键为字符串。例如：

```
array('PHP','C++','java');                      //索引数组
array('admin'=>['王一','李四'],'edit'=>['王二','赵五']);    //关联数组
```

1. 创建、检查数组

在 PHP 中,数组除了可以用赋值的方式创建外,还可以使用 array()语言结构,以及 range()等函数来创建。例如:

```
$ course = array('PHP','C++','java');
$ int_num = range(1,100,2);           //用预定义的值范围创建数组,第 3 个参数为步长
```

使用函数 is_array()判断变量是否为数组。例如:

```
if(is_array( $ course)){
    echo '变量 $ course 是数组'
}else{
    echo '变量 $ course 不是数组';
}
```

使用函数 in_array()检查数组中是否存在某个值。例如:

```
if(in_array('C', $ course)){
    echo '数组中有值为 C 的元素'
}else{
    echo '数组中没有值为 C 的元素';
}
```

使用函数 array_unique()将数组调整为没有重复值元素的数组。例如:

```
$ course = array('PHP','C++','java','PHP');
$ course = array_unique( $ course);
print_r( $ course);                   //输出 Array([0]=>PHP[1]=>C++[2]=>java
```

使用函数 count()或其别名 sizeof()确定数组元素个数。例如:

```
$ users = array('admin'=>['王一','李四'],'edit'=>['王二','赵五']);
print_r(count( $ users));             //输出 2
print_r(count( $ users,COUNT_RECURSIVE));  //输出 6
print_r(Sizeof( $ users,1));          //输出 6
```

2. 添加和删除数组元素

使用 array_unshift()和 array_push()函数分别在数组头和尾添加一个或多个元素。例如:

```
$ array = array(1,2,3);
$ r1 = array_unshift( $ array, 0);    //变量 $ r1 的值为 4,新数组长度
array_push( $ array, 4);              //变量 $ r2 的值为 5,新数组长度
print_r( $ array);                    //输出 Array([0]=>0[1]=>1[2]=>2[3]=>3[4]=>4)
$ r3 = array_shift( $ array);         //变量 $ r3 的值为 0,被删除的数组的第一个元素
$ r4 = array_pop( $ array);           //变量 $ r4 的值为 4,被删除的数组的最后一个元素
print_r( $ array);                    //输出 Array([0]=>1[1]=>2[2]=>3)
```

3. 定位数组元素

使用 in_array() 函数在数组中搜索一个特定的元素是否存在。例如：

```
$ array1 = array('武汉','北京','上海');
if (in_array('武汉', $ array1)) {
    echo '武汉位于其中';
}else{
    echo '武汉不在其中';
}
```

使用 array_search() 函数在数组中搜索一个指定的元素。例如：

```
$ array2 = array('a'=>'武汉','b'=>'北京','c'=>'上海');
$ r = array_search('上海', $ array2);    //搜索特定元素
print_r( $ r);                            //输出 c,搜索成功后返回元素的键
```

使用 array_key_exists() 函数在数组中搜索一个指定的键是否存在。例如：

```
$ r = array_key_exists('b', $ array2);    //搜索数组中是否存在键值为 b 的元素
var_dump( $ r);                            //输出 true
```

使用 array_keys() 函数获取数组的所有键。例如：

```
$ r = array_keys( $ array2);     // $ array2 为上述测试数组
print_r( $ r);                    //输出 Array([0]=>a[1]=>b[2]=>c)
```

使用 array_values() 函数获取数组的所有值。例如：

```
$ r = array_values( $ array2);
print_r( $ r);                    //输出 Array([0]=>武汉[1]=>北京[2]=>上海)
```

4. 遍历数组

使用函数 next()、prev()、end()、reset() 分别将数组指针移动到后一个元素、前一个元素、最后一个元素和第一个元素，并返回当前数组元素的值。例如：

```
$ r1 = next( $ array2);        // $ array2 为上述 3 种测试数组
echo $ r1;                      //输出"北京"
$ r2 = prev( $ array2);
echo $ r1;                      //输出"武汉"
$ r3 = end( $ array2);
echo $ r1;                      //输出"上海"
$ r4 = reset( $ array2);
echo $ r4;                      //输出"武汉"
```

使用 key() 和 current() 函数分别获取数组当前指针所指元素的键和值。例如：

```
while( $ key = key( $ array)){
    echo $ key;                 //当前元素的键
    next( $ array);
}
```

```
echo '< br >';
reset( $ array);
while ( $ value = current( $ array)) {
    echo $ value;                //当前元素的值
    next( $ array);
}
```

使用函数 array_walk()将数组中的各个元素传递到用户自定义的函数进行处理。例如：

```
$ array = array('username' = >'< script > alert("武汉")</script >');
print_r( $ array);                //页面中会出现一个弹窗,非正常输出

function input(& $ value, $ key) {
    $ value = htmlentities( $ value);
}
array_walk( $ array, 'input');    //对数组中的每个元素的值进行处理
//下面的语句输出 Array([username] = >< script > alert("武汉")</script >)
print_r( $ array);
```

5．数组排序

在 PHP 中,默认情况下按英语指定的规则进行排序。如果需要按另一种语言的约定进行排序,需要使用 setlocale()函数设置本地化环境。

常用的排序函数主要有 array_reverse()、array_flip()、sort()、asort()、rsort()、arsort()、natsort()、natcasesort()、ksort()、krsort()、usort()等。

这些函数的具体用法,请参考相关的技术文档。

6．合并数组、拆分、连接和分解数组

1) 合并数组

使用函数 array_merge()、array_merge_recursive(),将数组合并到一起,并返回一个联合的数组。例如：

```
$ array1 = array("color" = > "red", 2, 4);
$ array2 = array("a","b","color" = >"green","shape" = >"trapezoid",4);
$ result = array_merge( $ array1, $ array2);
print_r( $ result);
```

上述例程输出：

Array ([color] => green [0] => 2 [1] => 4 [2] => a [3] => b [shape] => trapezoid [4] => 4)

联合数组以第 1 个数组 $ array1 为基础,在其后面追加第 2 个数组 $ array2。具有相同的字符串键名的元素会被覆盖。

```
$ ar1 = array("color" = > array("favorite" = > "red"), 5);
$ ar2 = array(10, "color" = > array("favorite" = > "green", "blue"));
$ result = array_merge_recursive( $ ar1, $ ar2);
echo '< pre >';
```

```
print_r($result);
echo '</pre>';
```

上述例程输出：

```
Array
(
    [color] => Array
        (
            [favorite] => Array
                (
                    [0] => red
                    [1] => green
                )
            [0] => blue
        )
    [0] => 5
    [1] => 10
)
```

当某个输入数组中的某个键已经存在于结果数组中时，函数 array_merge_recursive() 把两个值合并在一起，形成一个新的数组，并以原有的键作为键名。

2）连接数组

使用函数 array_combine() 创建一个新数组，以一个数组的值作为其键名，另一个数组的值作为其值。例如：

```
$keys = array('username','password');
$values = array('王一','123456');
$user = array_combine($keys, $values);
print_r($user);                    //输出 Array([username]=>王一[password]=>123456)
```

3）拆分数组

使用函数 array_chunk() 将一个数组分割成多个。例如：

```
$array = range(1, 5);
$r = array_chunk($array, 2);        //将数组进行拆分，每个子数组包含两个元素
echo '<pre>';
print_r($r);
echo '</pre>';
```

上述例程输出：

```
Array
(
    [0] => Array
        (
            [0] => 1
            [1] => 2
        )
    [1] => Array
        (
```

```
            [0] => 3
            [1] => 4
        )
    [2] => Array
        (
            [0] => 5
        )
)
```

若使用如下函数调用形式:

```
$r = array_chunk($array, 2, true);
```

则会保留原数组中的键/值顺序,上述输出结果变成如下形式。

```
Array
(
    [0] => Array
        (
            [0] => 1
            [1] => 2
        )
    [1] => Array
        (
            [2] => 3
            [3] => 4
        )
    [2] => Array
        (
            [4] => 5
        )
)
```

使用函数 array_slice() 取出数组中的一部分。例如:

```
$array = range(1, 5);
$r = array_slice($array, 2, 2);
print_r($r);              //输出 Array([0]=>3[1]=>4)
```

使用函数 array_splice() 去掉数组中的某一部分,并用其他值取代。例如:

```
$array = range(1, 5);
$r = array_splice($array, 2, 2, array(10,20));
print_r($array);          //输出 Array([0]=>1[1]=>2[2]=>10[3]=>20[4]=>5)
print_r($r);              //输出 Array([0]=>3[1]=>4)
```

4) 获取数组的交集与差集

使用函数 array_intersect()、array_diff()、array_intersect_assoc()、array_diff_assoc() 获取数组的交集或差集。例如:

```
$array1 = array("a" => "green", "red", "blue");
$array2 = array("b" => "green", "yellow", "red");
$r1 = array_intersect($array1, $array2);
```

```
$r2 = array_diff( $array1, $array2);
$r3 = array_intersect_assoc( $array1, $array2);
$r4 = array_diff_assoc( $array1, $array2);
print_r( $r1);              //输出 Array ([a] => green[0] => red )
print_r( $r2);              //输出 Array ([1] => blue )
print_r( $r3);              //输出 Array ( )
print_r( $r4);              //输出 Array ([a] => green[0] => red[1] => blue )
```

5) 其他数组函数

除了上述介绍的数组函数之外,还有很多不同功能的数组处理函数。例如,从数组中随机取出一个或多个元素的函数 array_rand();对数组中所有值求和的函数 array_sum();随机以数组进行重排的函数 shuffle();获取数组中的指定列的函数 array_column()等,这些函数的使用方法请参考相关的技术文档。

3.1.5 错误处理

在运行 PHP 程序时,难免会出现各种各样的错误,需要对这些错误的显示进行控制。PHP 中的错误级别主要包括 E_ALL、E_COMPILE_ERROR、E_COMPILE_WARNING、E_CORE_ERROR、E_CORE_WARNING、E_ERROR、E_NOTICE、E_WARNING、E_PARSE、E_RECOVERABLE_ERROR、E_STRICT、E_USER_ERROR、E_USER_WARNING、E_USER_NOTICE、E_DEPRECATED、E_USER_DEPRECATED 等。

使用函数 error_reporting()设置应该报告哪一种级别的 PHP 错误。例如:

```
error_reporting(E_NOTICE);  //显示提示信息
echo $a;                    //这里会有运行提示信息
include 'doc.txt';          //假设 doc.txt 文件不存在,这里会有 E_WARNING 信息
```

当给函数 error_reporting()传递参数 E_ALL 时,会显示所有的错误信息;当给其传递参数 0 时,则不显示任何级别的错误。

PHP 中错误的显示除了使用上述函数外,还可以通过设置 php.ini 中的相关配置项来进行控制。这些配置项主要有 error_reporting、display_errors、display_startup_errors、log_errors、log_errors_max_len、ignore_repeated_errors、ignore_repeated_source 等。它们的含义请参考相关的技术文档。

3.2 面向过程编程

视频讲解

PHP 程序设计可以采用面向过程方法,也可以采用面向对象方法。使用面向过程的方法进行程序设计,主要是通过 PHP 的内置函数和用户自定义函数来实现程序功能,它涉及数据的输入与检验、会话处理、文件和数据库操作等相关技术。

3.2.1 数据输入

PHP 程序的数据输入方式有多种,包括 URL 查询字符串、Web 表单、文件以及数据库

等。为了保证输入数据的安全,需要对接收到的用户数据进行检验、过滤等相关处理。

1. 查询字符串

查询字符串是附加在 URL 后面的字符串,它一般以"?"符号开头,并以"参数名/值"对的形式传递参数。例如:

```
https://www.example.com?id = 1&page = 1
```

当有多个参数需要传递时,使用"&"符号进行连接。

通过查询字符串传递的参数,采用 GET 数据传送方式,它存储在 PHP 的预定义数组 $_GET 中,可以直接通过参数名来获取。例如:

```
$ id = $_GET['id'];
$ page = $_GET['page'];
```

接收到的 GET 数据一般要进行安全处理。例如:

```
$ id = isset( $_GET['id'])?trim( $_GET['id']):false;
if (!filter_var( $ id,FILTER_VALIDATE_INT)) {
    echo '数据类型错误';
}
```

这里采用 PHP 内置函数对用户输入数据进行处理。

2. Web 表单

Web 表单是 PHP 与用户交互的主要方式,通过表单提交的数据,可以采用 GET 方式或 POST 方式来传递数据,但一般都使用 POST 方式。例如:

```
< form action = "" method = "post">
< label for = "username">用户名: </label>
< input type = "text" name = "username">
< input type = "submit" value = "提交">
</form >
```

通过 POST 方式传递的数据,存储在 PHP 的预定义数组 $_POST 中,可以通过参数名来获取。例如:

```
$ username = $_POST['username'];
```

为了保证数据的安全,需要对用户输入的数据进行检查与处理。例如:

```
$ username = isset( $_POST['username'])?trim( $_POST['username']):'';
$ username = htmlentities( $ username);
```

这里采用 PHP 内置函数对用户输入数据进行处理。也可以使用自定义函数来检验用户输入的数据是否符合格式、类型等要求。例如:

```
function validateUsername( $ username) {
    $ pattern = '/^[\w\x{4E00} - \x{9FA5}]{2,10} $ /u';
    if (!preg_match( $ pattern, $ username)) {
```

```
        return '用户名只允许使用英文字母、数字、下画线和汉字,长度为 2~10';
    }
    return true;
}
```

采用正则表达式对用户输入数据进行验证。

3. 文件

文件是数据的常用存储方式,可以从文件中批量导入数据作为 PHP 程序的输入。

1) 配置文件

从配置文件中导入数据。例如:

```
//config.ini 配置文件
# 应用设置
appName = example

# 数据库配置
host = localhost
user = root
password = 123456
database = exampleDB
//导入 config.ini 中的数据
$filename = 'inc.ini';
$config = parse_ini_file($filename);
echo '<pre>';
print_r($config);
echo '</pre>';
```

示例代码输出:

```
Array
(
    [appName] => example
    [host] => localhost
    [user] => root
    [password] => 123456
    [database] => exampleDB
)
```

2) 其他文件

将数据以特定的格式存储在文件中,通过读取文件内容,将数据导入 PHP 程序中。具体操作方法见后续 3.2.3 节。

4. 数据库

数据的持久化,一般都是通过文件和数据库来实现的。因此,将数据库中的数据读取到 PHP 程序中,即可作为程序的输入数据来使用。具体操作方法见后续 3.2.4 节。

3.2.2 会话管理

HTTP(超文本传输协议)定义了通过万维网(WWW)传输文本、图形、视频和所有其他数据所用的规则。它是一种无状态的协议,也就是说,服务器对每次的处理都与之前或之后的请求无关。

在 PHP 中,解决 HTTP 的无状态问题可以使用两种技术,一种是 Cookie 技术,另一种是 Session 技术。Session 也被称为会话。

1. 配置

在 PHP 的配置文件 php.ini 中,有许多与 Session 或 Cookie 有关的配置项,它们负责确定 PHP 会话处理的功能行为。主要有 session.save_handler、session.save_path、session.use_strict_mode、session.use_cookies、session.use_only_cookies、session.name、session.auto_start、session.cookie_lifetime、session.cookie_path、session.cookie_domain、session.cookie_httponly、session.referer_check 等。

2. Cookie 技术

Cookie 是 Web 应用为了辨别用户而存储在客户端的数据。通过 Cookie,可以跟踪用户与服务器之间的会话状态,通常应用于保存浏览历史、保存用户登录状态等场景。

1) 创建 Cookie

使用函数 setcookie()创建或修改 Cookie。例如:

```
setcookie('username','李木子',time()+60);              //1 分钟后过期
setcookie('username','李木子',time()+24*60*60);        //1 天后过期
setcookie('username','李木子',time()-1);               //立即过期,删除 Cookie
```

2) 使用 Cookie

当浏览器向服务器发送请求时,会携带 GET、POST 和 Cookie 等数据,因此,可以通过 PHP 的预定义数组 $_COOKIE 来获取 Cookie 数据。例如:

```
If(isset($_COOKIE['username'])){
    $username = $_COOKIE['username'];                  //从 Cookie 中获取 username 数据
}
```

注意:当 PHP 第 1 次通过 setcookie()函数创建 Cookie 时,$_COOKIE 数组中没有这个数据,只有当浏览器再次请求并携带 Cookie 时,才能通过 $_COOKIE 数组获取到该数据。

3. Session 技术

Session 在 Web 应用中称为"会话",是指用户在访问某个 Web 应用时,从进入应用到离开应用所经过的时间。Session 技术是一种服务器端的技术,它的生命周期从用户访问应用开始,直到断开与应用的连接时结束。当 PHP 启动 Session 时,服务器为每个用户的浏

览器创建一个供其独享的 Session 文件,用于保存用户登录状态、验证码等。

当服务器创建 Session 时,每个 Session 文件都具有一个唯一的会话 ID,用于标识不同的用户。会话 ID 分别保存在客户端和服务器端两个位置。在客户端上通过浏览器 Cookie 来保存,在服务器端以文件的形式保存在指定的 Session 目录中。

1) 启动 Session

在使用 Session 之前必须先启动。使用 session_start()函数启动 Session。

2) 使用 Session

通过预定义数组 $_SESSION,来添加、读取或修改 Session 中的数据。例如:

```
Session_start();
$_SESSION['username'] = '李木子';          //添加 Session 数据
if(isset($_SESSION['password'])){
    $password = $_SESSION['password'];    //获取 Session 数据
}
```

3) 删除 Session 数据

可以删除 Session 中的单个数据,也可以销毁全部的 Session 数据。例如:

```
unset($_SESSION['username']);     //删除单个数据
$_SESSION = array();              //删除所有数据
Session_unset();                  //删除所有数据
Session_destroy();                //结束会话
```

4) 编码和解码 Session 数据

无论采用什么样的存储方式,PHP 都会以标准化格式存储 Session 数据。例如:

```
username|s:9:"李木子";password|s:32:"e10adc3949ba59abbe56e057f20f883e";
```

从示例可以看出,各个会话变量用分号隔开,每个会话变量由 3 部分组成,即名称、长度和值。

PHP 自动处理会话的编码和解码。若需要手工执行这些操作,可以使用 session_encode()和 session_decode()函数。例如:

```
session_start();
$_SESSION['username'] = '李木子';
$_SESSION['password'] = md5('123456');
$session = session_encode();             //会话编码
session_unset();                         //清空所有数据
echo $session;                           //输出格式化的所有会话数据
echo '<br>';
session_decode($session);                //解码会话数据
echo $_SESSION['username'];              //输出会话数据,如果没有前面的解码,这里会出错
```

Session 数据的编码与解码操作,常常用于需要在数据库中保存会话数据的情形。

3.2.3 文件操作

PHP 只能对位于 Web 服务器上的文件进行相关操作。

1. 获取文件信息

使用 PHP 的内置函数,来获取文件的一些基本信息。这些信息包括文件名、文件大小、文件的最后访问时间、文件的最后改变时间等。

常用的文件信息查询函数,主要有 file_exists()、basename()、dirname()、pathinfo()、realpath()、filesize()、fileatime()、filectime()、filemtime()、fileowner()、fileperms()、stat()等。这些函数的使用方法,请参考相关技术文献。

2. 打开和关闭文件

使用 PHP 的内置函数 fopen()和 fclose()来打开和关闭文件。例如:

```
$filename = __FILE__;
$file = fopen(filename,'r');           //以只读方式打开文件,变量$file为资源类型
fclose($file);                          //关闭由fopen()打开的文件
```

示例代码中的参数"r"为文件模式,表示只读。文件模式还有 r+(读写)、w(只写)、w+(读写)、a(只写)、a+(读写)、b(以二进制模式打开)、t(以文本模式打开)。

3. 读取文件

在 PHP 中,可以用不同的方式读取文件内容。

1)将文件读入数组

使用 file()函数将文件读入数组。例如:

```
//假设存在如下 config.ini 文件
# 应用设置
appName = example

# 数据库配置
host = localhost
user = root
password = 123456
database = exampleDB

//读取文件
$filename = 'inc.ini';
$file = file($filename,FILE_IGNORE_NEW_LINES|FILE_SKIP_EMPTY_LINES);
echo '<pre>';
print_r($file);
echo '</pre>';
```

示例代码输出:

```
Array
(
    [0] => # 应用设置
    [1] => appName = example
    [2] => # 数据库配置
```

```
    [3] => host = localhost
    [4] => user = root
    [5] => password = 123456
    [6] => database = exampleDB
)
```

2）将文件内容读入字符串变量

使用 file_get_contents() 函数将文件中的内容读到字符串中。例如：

```
$filename = 'inc.ini';                    //上述1)中的测试文件
$file = file_get_contents($filename);
$file = nl2br($file);
echo $file;
```

示例代码输出：

```
# 应用设置
appName = example

# 数据库配置
host = localhost
user = root
password = 123456
database = exampleDB
```

还可以使用 fread() 和 readfile() 函数，将文件中的内容读到字符串中。例如：

```
$filename = 'inc.ini';
$file = fopen($filename, 'r');
$fcontent = fread($file,filesize($filename));   //变量$fcontent为字符串
fclose($file);

$size = readfile($filename);              //将文件内容输出到缓存中,返回文件大小
$content = ob_get_contents();             //获取缓存数据
ob_clean();                               //清除缓存
echo '文件大小:'.$size.'<br>';            //输出文件大小
echo $content;                            //输出文件内容
```

3）读取一定数目的字符

使用函数 fgetc() 读取文件中的一个字符。例如：

```
$filename = 'inc.ini';
$file = fopen($filename, 'r');
$content = '';
while(!feof($file)){
    $content .= fgetc($file);             //获取文件中的所有字符,拼接成字符串
}
fclose($file);
echo nl2br($content);                     //输出
```

使用函数 fgets() 读取文件中的一行（默认大小为1KB）或指定大小的字符。例如：

```
while(!feof($file)){                      //变量$file与上述示例代码中的相同
```

```php
    $line = fgets($file,filesize($filename));   //获取一行
    $content .= $line;                           //拼接文件内容
    echo $line.'<br>';                           //输出一行
}
```

还可以使用函数 fgetss() 获取文件中的一行,并过滤掉其中的 HTML 和 PHP 标记;使用函数 fscanf() 获取文件中的一行,并按照预定义格式解析资源。

4) 读取 CSV 文件内容

CSV 是 Comma-Separated Values 的缩写,即逗号分隔值(有时也称为字符分隔值,因为分隔字符也可以不是逗号),CSV 文件以纯文本形式存储表格数据。Microsoft Excel 和 Access、MySQL 等都能导入和导出 CSV 数据。

在 PHP 中,使用 fgetcsv() 函数可以很方便地读取 CSV 文件内容。例如:

```php
//文件 users.csv 中用户数据
1514290335,金平,男,环境工程学院,1426_建筑环境与能源应用工程,2015,建环 11501
1514290306,张静,女,环境工程学院,1426_建筑环境与能源应用工程,2015,建环 11501
1514290302,燕子,女,环境工程学院,1426_建筑环境与能源应用工程,2015,建环 11501
1514290207,韩月,女,环境工程学院,1426_建筑环境与能源应用工程,2015,建环 11501
1514290134,李杰,男,环境工程学院,1426_建筑环境与能源应用工程,2015,建环 11501
1514290133,杨宇,男,环境工程学院,1426_建筑环境与能源应用工程,2015,建环 11501
//读取文件中的数据
$filename = "user.csv";
$file = fopen($filename, 'r');
while (!feof($file)) {
    $users[] = fgetcsv($file);          //读取文件中的数据,并以数组形式存储
}
```

4. 写入文件

使用函数 fwrite() 将字符串写入指定的文件中。例如:

```php
$filename = "user.txt";
$file = fopen($filename, 'a+');         //读写方式打开文件
$string = "李木子,女,计科 11901\n";
fwrite($file, $string);                  //在文件中追加内容,若文件不存在,则新建
fclose($file);
```

为了保持 PHP 变量的结构,在使用函数 fwrite() 保存数据时,常常使用 serialize() 和 unserialize() 函数来对数据进行预处理。例如:

```php
$users = array(
    ['name'=>'王一','gender'=>'男','birth'=>'1990-01-01'],
    ['name'=>'李二','gender'=>'男','birth'=>'1991-01-01'],
    ['name'=>'胡莹','gender'=>'女','birth'=>'1992-01-01'],
);                                       //测试数据
$filename = "data.txt";
$file = fopen($filename, 'w+');
$string = serialize($users);             //将 PHP 变量序列化
fwrite($file, $string);                  //将数据写入文件中
```

```
fclose($file);
$content = file_get_contents($filename);   //字符串数据
echo '<pre>';
print_r(unserialize($content));            //恢复到PHP的变量形式,这里为数组
echo '</pre>';
```

除 fwrite() 函数之外,还可以使用 file_put_contents() 函数将数据写入文件中。

5. 文件上传

在 PHP 中,通过适当的配置,利用上传表单可以将客户端的文件上传到服务器上。

1) 文件上传配置

若通过 PHP 上传文件,首先需要在 PHP 的文件中进行适当的配置。相关的配置项主要有 file_uploads、upload_tmp_dir、upload_max_filesize、max_file_uploads、post_max_size 等。

2) 文件上传表单

上传的文件数据通过 POST 方法传送,表单的 enctype 必须设置为 multipart/form-data。例如:

```
<form action="<?=$_SERVER['PHP_SELF']?>" method="post" enctype="multipart/form-data">
<input type="file" name="upload">
<input type="submit" value="上传">
</form>
```

3) 上传文件的接收

在 PHP 中,与上传文件有关的信息存储在预定义数组 $_FILES 中。例如:

```
<?php
    echo '<pre>';
    print_r($_FILES);                      //输出上述2)中的表单上传的文件信息
    echo '</pre>';
?>
//示例代码输出下面的数组
Array
(
    [upload] => Array
        (
            [name] => pic_htmltree.gif
            [type] => image/gif
            [tmp_name] => E:\wampserver3.0.6\tmp\php1B66.tmp
            [error] => 0
            [size] => 3051
        )
)
```

4) 上传文件的移动

PHP 上传文件存储在服务器上的临时目录中,需要将其移动到指定的目录下。使用函数 copy() 或 move_upload_file() 实现上传文件的移动。例如:

```
if (is_uploaded_file($_FILES['upload']['tmp_name'])) {
    copy($_FILES['upload']['tmp_name'],
    './upload/'.$_FILES['upload']['name']);
}
```

将上传文件复制到当前目录下的 upload 子目录中，文件名不变。

```
$ext = explode('.', $_FILES['upload']['name']);
    move_uploaded_file($_FILES['upload']['tmp_name'], './upload/'.time().".$ext[1]");
```

将上传文件移动到当前目录下的 upload 子目录中，并更改文件名。

3.2.4 数据库操作

PHP 支持多种数据库的操作，下面以 MySQL 为例简单介绍。

1. 使用 mysqli 扩展

PHP 对数据的支持，是通过扩展来实现的。打开 PHP 的配置文件 php.ini，开启相应的数据库扩展。例如：

```
extension = php_mysqli.dll
```

启用该配置，开启 mysqli 扩展。

2. 连接数据库

使用 mysqli_connect() 函数连接 MySQL 数据库。例如：

```
$link = @mysqli_connect('localhost','root','123456','exampleDB');
```

该函数其实是函数 mysqli::__construct() 的别名。

若连接时出现错误，可以使用 mysqli_connect_errno() 和 mysqli_connect_error() 函数判断并显示错误信息。

3. 执行查询

可以使用 mysqli_query() 函数执行查询。例如：

```
$query = 'show databases';              //查询语句
$result = mysqli_query($link, $query);  //执行查询
```

该函数为 mysqli::query() 函数别名。

4. 处理结果集

执行查询后得到的结果集的类型，与查询的种类有关。例如，成功执行 select 查询后返回的是 mysqli_result 对象；而执行 insert 后，返回的是受影响的行数。所以，要根据不同的结果类型，进行不同的处理。

下面是执行 select 查询后的示例。

```
$ query = 'select * from users';
$ result = mysqli_query( $ link, $ query);
mysqli_close( $ link);                      //断开连接
$ data = mysqli_fetch_all( $ result);       //从结果集中取出所有记录(数组形式)
mysqli_free_result( $ result);              //释放资源
```

除了以数组的形式保存数据之外，也可以使用对象形式；数组可以使用索引数组，也可以使用关联数组；可以从结果集中取出所有的数据，也可以只取出一条数据。不同的情况使用不同的函数进行操作，请参考相关的技术文档。

3.3 面向对象编程

视频讲解

目前，Web 应用开发普遍采用面向对象的程序设计方法，该方法允许开发人员把相似的任务组织在类中，这有助于编写出遵守"不重复自己"(Don't Repeat Yourself，DRY)原则，并且易于维护的程序代码。

3.3.1 类与对象

类是用户自定义的数据类型，是用于生成对象的代码模板；对象是根据类中定义的模板所构造的数据，也称为类的实例，它是由类定义的数据类型。

1. 类的定义

在 PHP 中，类由关键字 class 来声明。例如：

```
class Employee {
    private $ name;
    public function setName( $ name){
        $ this -> name = $ name;
    }
    public function printInfo() {
        echo $ this -> name;
    }
}
```

声明了一个名为 Employee 的类。其中，$ name 为属性，setName()和 printInfo()为方法。

PHP 7 开始支持匿名类，使用匿名类可以创建一次性的简单对象。例如：

```
var_dump(new class{
    public function __construct(){
        echo '****';
}});
```

这里的 class{…}为匿名类。

2. 对象的创建

对象是类的实例。通过 new 关键字创建类的对象。例如：

```
$staff = new Employee;                //Employee 为 1 中定义的类
$staff = new Employee();
```

类的方法中还可以使用一个名为 $this 的内部变量，它表示对象本身。该对象默认存在，不需要创建。

3. 对象的使用

对象创建完成后，就可以用它访问对象的属性和方法了。例如：

```
$staff->setName('李木子');             //$staff 为 2 中定义的对象
$staff->printInfo();                  //输出字符串"李木子"
```

注意对象的属性和方法具有访问权限，外部对象只能访问 public 权限的属性和方法；内部对象可以访问对象本身的所有权限的属性和方法，以及父类的 public、protected 权限的属性和方法。例如：

```
$staff->name;                         //会出现错误
```

4. 对象方法

对象方法，也就是对象中的函数，用于定义对象的行为。在 PHP 的类中定义方法，除了必须使用关键字 function 外，还可以用 public、private、protected、abstract、final 和 static 关键字进行修饰。

1) 构造方法

对象的构造方法用于初始化对象，例如给属性赋值、调用方法等。构造方法由 PHP 自动调用，并且具有特定的名称"__construct"。例如：

```
class Employee {
    private $name;
    public function __construct($name = ''){
        $this->name = $name;
    }
    public function printInfo() {
        echo $this->name;
    }
}
$staff = new Employee('李木子');       //自动调用构造方法,初始化 name 属性
$staff->printInfo();                  //输出字符串"李木子"
```

2) 析构方法

PHP 的程序执行完毕后，对象会被自动销毁。也可以在类中定义析构方法，来完成对象的清除工作。例如：

```
class Employee {
```

```php
        private $name;
        public function __construct($name = ''){
            $this->name = $name;
        }
        public function __destruct(){
            echo get_class($this).'的对象被销毁!';
        }
    }
    $staff = new Employee('李木子');
```

运行上述程序,会输出字符串"Employee 的对象被销毁!"。

3) 魔术方法

在 PHP 中,将所有以__(双下画线)开头的类方法,称为魔术方法。主要有__construct()、__destruct()、__call()、__callStatic()、__get()、__set()、__isset()、__unset()、__sleep()、__wakeup()、__toString()、__invoke()、__set_state()、__clone()和__debugInfo()等。例如:

```php
    class Employee {
        private $name;
        public function __set($name, $value){
            $this->$name = $value;
        }
        public function __get($name) {
            return $this->$name;
        }
    }
    $staff = new Employee;
    $staff->name = '李木子';           //给不可访问属性赋值,自动调用__set()方法
    echo $staff->name;                 //获取不可访问属性值,自动调用__get()方法
```

若没有在类中定义__set()和__get()魔术方法,用对象 $staff 访问 name 属性会出现错误。使用__set()魔术方法,还可以给对象增加属性。例如:

```php
    $staff = new Employee;
    $staff->age = 20;                  //添加新属性
    echo $staff->age;                  //输出 20
```

4) 静态方法

在 PHP 中,用 static 关键字定义的方法称为静态方法。静态方法既可以通过类的实例访问,也可以通过类名直接访问。例如:

```php
    class Employee{
        private static $name = '';
        public static function init($name) {
            self::$name = $name;
        }
        public static function printInfo(){
            echo self::$name;
        }
    }
```

```php
//通过类名直接调用
Employee::init('李木子');
Employee::printInfo();
//通过类的对象调用
$staff = new Employee;
$staff->init('aa');
$staff->printInfo();
```

5. 对象属性

对象属性，也就是对象中的变量或常量，用于定义对象的静态特性。属性的定义与普通的 PHP 变量或常量基本相同，唯一不同的是，它的前面会有 public、private、protected、var 或 static、const 关键字修饰。例如：

```php
class Employee{
    var $name = 'a';              //var 相当于 public,是对低版本 PHP 的兼容,最好不使用
    private $age;
    protected $gender;
    public static $depart = 'b';  //静态属性
    const COMPANY = 'WUHAN';      //常量
}
```

1）普通属性

普通属性在定义时可以初始化，也可以只声明。如上述示例代码中的 $name、$age 和 $gender。它只能用对象访问。

2）静态属性

用 static 关键字修饰的属性，称为静态属性。在类的内部，使用 self 来对其进行访问；在类的外部，只能使用类名对其进行访问。例如：

```php
echo Employee::$depart;    //输出 b
```

需要注意的是，类的静态属性的任何改变，都会反映到该类的所有实例化对象中。例如：

```php
class Visitor {
    private static $visitors = 0;
    public function __construct() {
        self::$visitors++;
    }
    public static function getVisitors() {
        return self::$visitors;
    }
}
$visits1 = new Visitor();
echo Visitor::getVisitors();    //输出 1
echo '<br>';
$visits2 = new Visitor();
echo Visitor::getVisitors();    //输出 2
```

3）常量属性

类中的常量既可以用 const 定义,也可以用 define()函数定义。前者定义的常量需要通过类名来访问;而后者定义的常量可以直接访问。例如:

```
class MathConstant {
    const PI = 3.1415926;
    const E = 2.7182818284;
    public function __construct(){
        define('M_C', 'math_constant');
    }
}
$C = new MathConstant();
echo M_C;                    //可以直接使用常量 M_C
//echo PI;                   //不能直接使用常量 PI
echo MathConstant::PI;       //通过类名访问常量 PI
```

4）属性初始化

在 PHP 中,类属性的初始化可以通过声明时直接赋值来实现,也可以通过类的构造方法来实现。在项目开发过程中更多的是使用构造方法来初始化类的属性。

直接初始化属性示例:

```
class Employee{
    private $name = '';
    private $hello = <<<'EOD'
        Hello PHP
EOD;
}
```

在构造方法中初始化属性示例:

```
class Employee{
    private $name;
    public function __construct($name = ''){
        $this->name = $name;
    }
}
```

3.3.2　继承与多态

面向对象程序设计有三大特征,即封装性、继承性和多态性。封装性通过访问控制修饰符 public、protected 和 private 来实现,它们可以控制类中成员的可见性;继承是一种在现有类的基础上构建新类的机制;多态则是类中的成员方法在不同的情形下会呈现出不同的特性,也就是同一操作作用于不同的对象,会产生不同的执行结果。

1. 继承

在 PHP 中,可以在一个现有的类的基础上创建一个新的类,新类拥有原有类的全部或部分属性及方法,这种创建新类的机制就是继承。其中,原有的类被称为基类或父类;新类被称为子类或派生类。

1) 继承的实现

在 PHP 中，类的继承通过关键字 extends 来实现。例如：

```php
class Employee{
    private $name;
    public function setName($name){
        if(empty($name)){
            echo '姓名不能为空！';
        }else{
            $this->name = $name;
        }
    }
    public function getName(){
        return $this->name;
    }
}
class Executive extends Employee{
    public function Notice(){
        echo "通知:明天上午 8:00 例会".'【'.$this->getName().'】';
    }
}
```

代码中的 Executive 类继承于类 Employee，它除了自己特有的 Notice()方法外，还拥有 Employee 类的两个公有成员方法 setName()和 getName()。Executive 类也被称为派生类或子类，Employee 被称为基类或父类。

PHP 不支持多继承，类似 C++中多继承的功能，由接口来实现。PHP 可以多重继承，也就是说，可以用子类再派生出新的类。例如：

```php
class CEO extends Executive{        //基类 Executive 声明见上述示例代码
    public function verify(){
        echo '同意'.'【'.$this->getName().'】';
    }
}
$exc = new Executive();
$exc->setName('李木');
echo $exc->notice();
echo '<br>';
$ceo = new CEO;
$ceo->setName('李木子');
echo $ceo->verify();
```

示例代码输出：

通知:明天上午 8:00 例会【李木】
同意【李木子】

2) 继承中的构造方法

在类的继承中，父类和子类中的构造方法的调用，与它们是否存在有关。若父类有构造方法而子类没有，在子类实例化时，自动调用父类的构造方法。例如：

```php
class Employee{
    private $name;
    public function __construct( $name){    //在 Employee 类中增加构造方法
        $this->setName( $name);
    }
    …
}

$exec = new Executive('李木');         //给父类的构造方法传递参数
// $exec = new Executive();            //这里会出错,子类实例化时自动调用父类的构造方法
echo $exec->getName();                 //输出字符串"李木"
```

若子类定义了构造方法,则自动调用子类自己的构造方法,而不管父类的构造方法是否存在。例如:

```php
class Executive extends Employee{
    public function __construct( $name){
        echo get_class().'类的构造方法';
    }
    …
}
$exec = new Executive('李木');          //输出字符串"Executive 类的构造方法"
var_dump( $exec->getName());           //输出 null
```

若要在子类的构造方法中调用父类的构造方法,可以使用 parent 关键字实现。例如:

```php
class Executive extends Employee{
    public function __construct( $name){
        parent::__construct( $name);    //调用父类的构造方法
        //echo get_class().'类的构造方法';
    }
    …
}
$exc = new Executive('李木');
echo $exc->getName();                   //输出字符串"李木"
```

3) 方法覆盖

方法覆盖也称为方法重写,是指子类和父类中存在同名的方法,子类方法是对父类方法的重新定义。无论是静态方法还是非静态方法都可以被覆盖。在进行方法覆盖操作时,应该注意以下两点。

(1) 方法的参数数量必须一致。

(2) 子类方法的访问级别应该等于或弱于父类中被覆盖的方法的访问级别。

例如:

```php
class Employee {
    public function show() {
        self::introduce();          //优先访问父类方法
        static::introduce();        //优先访问子类方法
    }
    public static function introduce() {
```

```
            echo '职员';
        }
    }
    class Executive extends Employee{
        public function show() {
            parent::show();                      //调用父类的方法
        }
        public static function introduce() {
            echo '经理';
        }
    }
    $executive = new Executive();
    $executive->show();                          //输出字符串"职员经理"
```

在上述示例代码中，子类 Executive 重写了父类 Employee 的 show()和 introduce()方法，当调用 Executive 对象的 show()方法时，调用 Employee 类的 show()方法。从输出结果可以看出，父类 Employee 的 show()方法，分别调用了父类和子类的 introduce()方法。

2. 多态

与 C++不同，PHP 不支持通过函数重载实现多态，它只能通过函数的覆盖来实现。即通过在继承关系中的不同层次的类中，定义同名的方法来实现。例如：

```
class Animal {
    public function shout() {}
}
class Cat extends Animal{
    public function shout() {
        echo '喵喵';
    }
}
class Dog extends Animal{
    public function shout() {
        echo '汪汪';
    }
}
function animalShout(Animal $obj) {
    $obj->shout();                       //同一个方法的调用，会出现不同的输出结果
}
animalShout(new Cat);                    //输出字符串"喵喵"
animalShout(new Dog);                    //输出字符串"汪汪"
```

从示例代码的输出结果可以看出，当传入的对象不同时，调用同一个函数 shout()输出的结果是不一样的。注意函数的形参类型是父类，调用时的实参对象为子类。

3.3.3 辅助函数

在 PHP 中，内置了一些函数用于帮助开发人员管理和使用类库，主要有 class_exits()、get_class()、get_class_methods()、get_class_vars()、get_declared_classes()、get_object_ vars()、get_parent_class()、interface_exists()、is_a()、is_subclass_of()、method_exists()等。

例如：

```
…        //这里是第3.3.2节(2)中类声明代码
$cat = new Cat();
echo 'Cat 的父类是：'.get_parent_class($cat).'<br>';
echo 'Animal 类的方法有：'.implode(',',get_class_methods('Animal'));
echo is_a($cat, 'Dog')?'<br>$cat 是 Dog 对象':'<br>$cat 不是 Dog 对象';
echo is_subclass_of($cat, 'Animal')?'<br>该对象是 Animal 子类':'<br>该对象不是 Animal 子类';
```

上述示例代码输出：

```
Cat 的父类是：Animal
Animal 类的方法有：shout
$cat 不是 Dog 对象
该对象是 Animal 子类
```

除上述辅助函数之外，PHP 还提供了一个重要的魔术方法 __autoload()，使用这个方法可以非常轻松地加载类的声明文件，而不需要使用文件包含语句。例如：

```
//假设类的声明文件存放在子目录 class 中，文件名格式为"类名.class.php"
Animal.class.php
Cat.class.php
Dog.class.php
//假设自定义函数库文件 function.php 存放在子目录 lib 中，文件内容如下
function __autoload($class) {
    require_once './class/'.$class.'.class.php';
}
//使用类创建对象并调用方法
require_once './lib/function.php';
$cat = new Cat();              //使用类时会自动加载 Cat 类的声明文件
$cat->shout();                 //输出"喵喵"
```

3.3.4 高级特性

随着版本的不断更新，PHP 的面向对象功能越来越强大。下面简单介绍几个 PHP 的面向对象高级特性。

1. 对象复制

对象复制，也称为对象克隆，就是创建已有对象的一个副本。在程序设计过程中，一般情况下并不需要完全复制一个对象来获得其中的属性，但有些情况下，采用对象复制会大大提高设计效率。例如，对于同一公司的员工，他们的很多属性是相同的，这时就可以采用复制的方式来得到不同的员工对象。

对象的复制使用关键字 clone 来实现。示例如下：

```php
<?php
class Employee {
    private $name;
    private $department;
    private $company;
    public function getDepartment()
    {
        return $this->department;
    }
    public function getCompany()
    {
        return $this->company;
    }
    public function setDepartment($department)
    {
        $this->department = $department;
    }
    public function setCompany($company)
    {
        $this->company = $company;
    }
    public function getName()
    {
        return $this->name;
    }
    public function setName($name)
    {
        $this->name = $name;
    }
}
$e1 = new Employee();                    //员工对象1
$e1->setCompany('捷晨科技');
$e1->setDepartment('设计部');
$e1->setName('张三');
$e2 = clone $e1;                         //员工对象2
$e2->setName('李四');
print_r($e1);
echo '<hr>';
print_r($e2);
```

上述代码输出：

Employee Object ([name:Employee:private] => 张三 [department:Employee:private] => 设计部 [company:Employee:private] => 捷晨科技)
Employee Object ([name:Employee:private] => 李四 [department:Employee:private] => 设计部 [company:Employee:private] => 捷晨科技)

这里，员工"张三"和"李四"属于同一公司的同一部门，他们具有很多共同的属性，所以可以通过复制的方式，将这些共同属性从一个员工对象复制到另外一个员工对象。

还可以在对象类中定义一个魔术方法(__clone())来调整对象的克隆行为。例如：

```
class Employee {
    …
    public function __clone(){
        $this->department = '产品部';//克隆后新对象的department属性
    }
    …
}
```

增加__clone()方法后,对于上述示例代码,克隆到的员工"李四"对象的部门属性为"产品部"。注意,该方法在进行对象的克隆操作时自动调用。

2. 抽象类

用 abstract 关键字修饰的类,称为抽象类,它不能被实例化,只能被继承。抽象类可以确保子类的一致性。例如:

```
abstract class Animal {                     //抽象类
    public abstract function shout();       //抽象方法
}
class Cat extends Animal{
    public function shout() {               //必须实现基类中的抽象方法
        echo '喵喵';
    }
}
class Dog extends Animal{
    public function shout() {
        echo '汪汪';
    }
}
// $animal = new Animal;                    //实例化抽象类错误
(new Cat())->shout();                       //输出"喵喵"
```

3. 接口

接口(interface)定义了实现某种服务的一般规范,声明了所需要的函数和常量,但不指定如何实现。之所以不给出实现的细节,是因为不同的实体可以需要用不同的方式来实现公共的方法定义。关键是要建立必须实现的一组原则,只有满足了这些原则才能说实现了这个接口。

接口通过 interface 关键字来定义,就像定义一个标准的类一样,但其中定义的所有方法都是没有函数体的。接口中定义的所有方法都必须是公有访问权限。例如:

```
interface Animal{
    CONST TYPE = '动物';
    public function shout();
}
class Cat implements Animal{
    private $name = 'Cat';
    public function shout()
    {
```

```
            return '"喵喵"';
        }
        public function getName() {
            return $this->name;
        }
    }
    $cat = new Cat;
    echo '这是一种'.CAT::TYPE;
    echo '它的叫声为'.$cat->shout();
```

上述代码输出：

这是一种动物它的叫声为"喵喵"

4. trait 结构

从 PHP 5.4.0 开始，PHP 实现了一种代码重用的方法，这种方法称为 trait。它是为类似 PHP 的单继承语言而准备的一种代码重用机制。通过 trait，开发人员能够在不同结构的类中重用某些方法（函数）。

trait 和 class 相似，但它仅仅是用某种一致的方式来组合功能函数，trait 不能被实例化。trait 结构为传统的继承增加了水平特性的组合，也就是说，应用的几个 class 之间不需要继承，就可以使用某些相同的方法。trait 的功能与 C++ 中的友元函数有点儿类似。

例如：

```
trait log{                              //trait 结构
    function print_log($data) {
        $log_file = fopen('log.txt', 'a+');
        $log_txt = 'log_time:'.date('Y-m-d H:i:s')."\t";
        $log_txt .= 'user:'.$data['user']."\t";
        $log_txt .= 'operate:'.$data['operate']."\n";
        fwrite($log_file, $log_txt);
        fclose($log_file);
    }
}
class AdminModel{
    use log;                            //在类中使用 trait
    public function insert() {
        $log_data = array('user'=>'admin','operate'=>'insert');
        $this->print_log($log_data);//直接使用 trait 中的方法
        //echo '增加新用户操作';
    }
    public function delete() {
        $log_data = array('user'=>'admin','operate'=>'delete');
        $this->print_log($log_data);
        //echo '删除用户操作';
    }
    public function update() {
        $log_data = array('user'=>'admin','operate'=>'update');
        $this->print_log($log_data);
```

```
        //echo '修改用户信息操作';
    }
}
class UserModel{
    use log;                                    //在类中使用 trait
    public function update() {
        $log_data = array('user'=>'wwp','operate'=>'insert');
        $this->print_log($log_data);//直接使用 trait 中的方法
        //echo '修改用户信息操作';
    }
}
$admin = new AdminModel();
$admin->delete();
$user = new UserModel();
$user->update();
```

上述代码输出：

```
log_time:2019-10-26 09:36:45    user:admin    operate:delete
log_time:2019-10-26 09:36:45    user:wwp      operate:insert
```

在 Web 应用开发中，对数据库的操作往往关系到数据的安全，因此，需要对每次操作进行记录。使用 PHP 的 trait，能够非常方便地实现操作日志的生成。

在类中使用 trait 结构，实际上就是将其中的方法导入类中当成类的成员方法。若当前类中存在与 trait 同名的方法，类中的方法会覆盖 trait 中的同名方法。在继承结构中，若基类中存在与 trait 同名的方法，trait 中的方法会覆盖基类中的同名方法。

5．反射 API

PHP 中的反射 API 就像 Java 中的 java.lang.reflect 包一样。它由一系列可以分析属性、方法和类的内置类组成。它在某些方面和前述的辅助函数功能相似，但更加灵活。

PHP 的反射 API 类主要有 Reflection、ReflectionClass、ReflectionMethod、ReflectionParameter、ReflectionProperty、ReflectionFunction、ReflectionExtension 和 ReflectionException 等。

1）查询类信息

使用 Reflection 类的静态方法 export() 查询类的相关信息。例如：

```
class Employee {
    private $name;
    public function __construct($name = ''){
        $this->name = $name;
    }
    public function getName()
    {
        return $this->name;
    }
    public function setName($name)
    {
        $this->name = $name;
    }
```

```
}
$reflector = new ReflectionClass('Employee');
echo '<pre>';
Reflection::export($reflector);            //输出类的详细信息
```

代码输出:

```
Class [ class Employee ] {
  @@ F:\wtu_php_course\test\index.php 2 - 15
  - Constants [0] {
  }
  - Static properties [0] {
  }
  - Static methods [0] {
  }
  - Properties [1] {
    Property [ private $name ]
  }
  - Methods [3] {
    Method [ public method __construct ] {
      @@ F:\wtu_php_course\test\index.php 4 - 6
      - Parameters [1] {
        Parameter #0 [ $name = '' ]
      }
    }
    Method [ public method getName ] {
      @@ F:\wtu_php_course\test\index.php 7 - 10
    }
    Method [ public method setName ] {
      @@ F:\wtu_php_course\test\index.php 11 - 14
      - Parameters [1] {
        Parameter #0 [ $name ]
      }
    }
  }
}
```

从输出结果可以看出,Reflection::export()可以提供类的大量信息,包括属性和方法的访问控制方式、每个方法需要的参数以及每个方法在代码文件中的位置等。

2) 检查类

除了使用Reflection类的静态方法export()查询类信息外,还可以使用反射类中的方法,获取特定的类信息。例如:

```
$class_name = $reflector->getName();              //类名
$isUserDefined = $reflector->isUserDefined();     //是否是用户自定义类
$isInternal = $reflector->isInternal();           //是否是内置类
$isInterface = $reflector->isInterface();         //是否是接口
$isAbstract = $reflector->isAbstract();           //是否是抽象类
$isFinal = $reflector->isFinal();                 //是否是最终类
$isInstantiable = $reflector->isInstantiable();   //是否可以实例化
```

除了以上代码中的方法外,还有很多其他的方法,请参考相关的技术文档。
3)检查方法
使用 ReflectionMethod 类的对象检查类中的方法。例如：

```
$reflector = new ReflectionClass('Employee');     //上述 1)中 Employee 类
$methods = $reflector->getMethods();
foreach ($methods as $m) {
    $method_name[] = $m->name;                    //变量$m 为 ReflectionMethod 对象
}
echo '<pre>';
print_r($method_name);                            //输出 Employee 类的方法名数组
```

获取到类的某个方法的 ReflectionMethod 对象后,就可以使用 ReflectionMethod 类的成员函数对该方法进行检查了。

ReflectionMethod 类的成员函数主要有 getDeclaringClass()、isAbstract()、isConstructor()、isPublic()、isStatic()等。这些成员函数的含义及使用,请参考相关的技术文档。

4)检查属性
使用 ReflectionProperty 类的成员方法,查询类属性的相关信息。例如：

```
$e = new Employee('李木子');                      //上述 1)中 Employee 类
$reflector = new ReflectionClass($e);
$properties = $reflector->getProperties();
echo $p[0]->getName();                            //输出 name
var_dump($p[0]->isPrivate());                     //输出 true
$p[0]->setAccessible(true);                       //设置可返回属性
echo $p[0]->getValue($e);                         //输出"李木子"
```

5)反射 API 的使用
使用 PHP 的反射 API 可以动态地调用对象中的方法。
例如,假设需要根据用户的请求来调用控制器的不同方法,可以使用如下的示例代码。

```
class Controller{                                 //测试用控制器
    public function index() {
        echo 'index';
    }
    public function login() {
        echo 'login';
    }
    public function register() {
        echo 'register';
    }
}
$action = 'login';                                //用户请求的控制器方法
$class = new ReflectionClass('Controller');
$controller = $class->newInstance();
if ($class->hasMethod($action)) {
```

```
//若请求的方法存在,则执行该方法
$class->getMethod($action)->invoke($controller);
}else{
    //若请求的方法不存在,则执行控制器的 index 方法
    $class->getMethod('index')->invoke($controller);
}
```

3.3.5 数据库操作

在 PHP 中,使用面向对象的方法与 MySQL 数据库进行交互,既可以使用 mysqli 扩展,也可以使用 PDO 扩展。

1. 使用 mysqli 扩展

打开 PHP 的配置文件 php.ini,开启 mysqli 数据库扩展。

extension = php_mysqli.dll

1) 连接数据库

使用面向对象方法连接 MySQL,需要实例化 mysqli 扩展中的 mysqli 类,该类的对象表示了 PHP 和 MySQL 数据库之间的一个连接。

使用 mysqli 类的对象连接 MySQL,可以使用以下两种形式。

(1) 构造方法。其语法格式为:

$link = new mysqli($host = null, $username = null, $passwd = null, $dbname = null, $port = null, $socket = null));

(2) 成员方法。其语法格式为:

$objLink = new mysqli();
$link = $objLink->connect($host = null, $user = null, $password = null, $database = null, $port = null, $socket = null);

从上述面向对象的两种格式可以看出,不管是使用构造方法,还是使用 connect()成员方法,需要的参数都是一样的,这些参数也都与 mysqli_connect()函数参数相同。其实,mysqli_connect()只是 mysqli 类的 connect 对象方法的别名而已。

例如,假设需要连接本地 MySQL 的 mydatabase 数据库,登录用户名为 root,密码为 123456,则连接代码为:

$link = new mysqli('localhost', 'root', '123456', 'mydatabase');

或

$link = new mysqli();
$link->connect('localhost', 'root', '123456', 'mydatabase');

2) 执行查询

使用 mysqli 类成员函数 query()来执行一个 SQL 查询。该函数原型如下。

```
mixed mysqli::query ( string $query [, int $resultmode = MYSQLI_STORE_RESULT ] )
```

其中，参数 query 为必选项，指定查询字符串，也就是 SQL 语句；参数 resultmode 为可选常量，可以是 MYSQLI_USE_RESULT 与 MYSQLI_STORE_RESULT 中的任意一个。前者在需要检索大量数据时使用，后者一般情况下使用，为默认值。

该函数的返回结果分为两种情况，针对成功的 SELECT、SHOW、DESCRIBE 或 EXPLAIN 查询，将返回一个 mysqli_result 类的对象，如果查询执行不正确则返回 FALSE；针对其他成功的查询，则返回 TRUE，如果失败，返回 FALSE。非 FALSE 的返回值意味着查询是合法的，并能够被服务器执行。

例如，需要查询 mydatabase 数据库的数据表信息，可以使用如下的代码。

```
$link = new mysqli('localhost', 'root', '123456', 'mydatabase');
$query = 'show tables';
$result = $link->query($query);
```

3）处理结果集

PHP 查询语句执行成功以后，若返回的是 mysqli_result 结果集对象，则需要使用函数对结果集进行处理。例如，获取结果集中记录的总条数，获取一条或多条记录等。

例如，若需要获取上述 2）代码结果集中的全部记录，并以数组的形式表示，可以使用下面的代码。

```
$data = $result->fetch_all(MYSQLI_ASSOC);
```

或者

```
$data = mysqli_fetch_all($result, MYSQLI_ASSOC);
```

若需要从结果集中获取一行，并以对象的形式表示，则代码为：

```
$row = $result->fetch_object();
```

或者

```
$row = mysqli_fetch_object($result);
```

在 PHP 中，处理结果集的方法还有很多，限于教材篇幅，这里只简单介绍这些，其他方法请参考相关的技术文档。

4）使用准备语句查询

在 PHP 与 MySQL 的交互过程中，通常会重复执行一个查询，但每次使用的参数会有所不同。此时，若采用上述 query() 方法及传统的循环机制来实现操作，不仅系统开销大，而且编写代码也不方便。解决重复执行查询带来的问题，可以使用 PHP 对 MySQL 数据库准备（Prepared）语句的扩展支持。

MySQL 数据库准备语句的基本思想是，可以向 MySQL 发送一个需要执行的查询模板，然后再单独发送数据。因此，可以向一个相同的准备语句发送大量的数据，大大提高了查询执行速度。这个特性对批处理的插入操作来说是非常方便的。

下面是使用准备语句实现多条数据插入，并进行数据查询的示例代码。

```php
$link = new mysqli('localhost', 'root', '123456', 'demo');
$stmt = $link->stmt_init();
$query = 'insert into tb_user (username, password) values (?, ?)';
$stmt->prepare($query);
$data = array(
    ['username'=>'aa','password'=>'11'],
    ['username'=>'bb','password'=>'22'],
    ['username'=>'cc','password'=>'33']
);
//插入数据
foreach ($data as $v){
    $stmt->bind_param('ss', $v['username'], $v['password']);
    $stmt->execute();
}
//查询数据
$query = 'select * from tb_user';
$stmt->prepare($query);
$stmt->execute();
$stmt->bind_result($id, $username, $password);
//输出查询数据
while ($stmt->fetch()) {
    printf('%s - %s - %s<br>', $id, $username, $password);
}
//释放资源
$stmt->close();
```

关于准备语句应用的其他知识,请参考相关的技术文档。

2. 使用 PDO 扩展

PHP 的 PDO 扩展,就是为 PHP 访问数据库定义的一个轻量级的一致接口。通过这个接口,PHP 可以与各种不同的数据库进行交互。

打开 PHP 的配置文件 php.ini,开启 PDO 扩展。

```
extension = php_pdo_mysql.dll
```

1) 创建 PDO 对象

使用 PDO 与不同数据库之间交互时,使用的操作函数都是相同的,都是 PDO 对象中的成员方法,所以在使用 PDO 与数据库交互之前,首先要创建一个 PDO 对象。

PDO 类位于 PDO.php 文件中,与其相关的类还有 PDOException、PDOStatement 以及 PDORow。

示例代码如下。

```php
<?php
    $dsn = "mysql:dbname=mydatabase;host=localhost";
    $user = 'root';
    $pwd = '123456';
    try {
        $pdo = new PDO($dsn, $user, $pwd);
    } catch (PDOException $e) {
        echo '数据库连接失败: '.$e->getMessage();
```

```
        exit();
    }
?>
```

这里创建了一个名为 pdo 的 PDO 对象,同时也创建了一个与 MySQL 数据库 mydatabase 的连接。

2) 执行查询

使用 PDO 对象的 query() 和 exec() 成员函数执行 SQL 查询。示例如下。

```
//数据插入
$statement = "insert into tb_user (username,password) values ('wp','888888')";
$pdo->exec($statement);
//数据查询
$statement = 'select * from tb_user';
$result = $pdo->query($statement);
```

3) 获取数据

PDO 的数据获取方法与前面介绍的 mysqli 数据库扩展中使用的方法非常相似,只是获取数据的函数都来自 PDOStatement 类的成员,如 fetch() 方法、fetchAll() 方法等。

例如,对于上述 2) 中的 select 查询结果,可以通过下面的语句获取到全部数据。

```
//获取所有数据
$data = $result->fetchAll();
```

4) 使用准备语句

PDO 扩展中对数据库准备语句的支持,是通过 PDOStatement 类的对象来实现的。所以,首先必须创建 PDOStatement 类的对象,然后通过对象调用其成员方法,实现查询模板的导入、参数的绑定、查询的执行以及对结果集的处理等。

示例代码如下。

```
$statement = "insert into tb_user (username,password) values (?,?)";
$stmt = $pdo->prepare($statement);
$data = array('wp','666666');
$result = $stmt->execute($data);
...
$statement = "insert into tb_user (username,password) values (:username, :password)";
$stmt = $pdo->prepare($statement);
$stmt->bindParam(':username', $username);
$stmt->bindParam(':password', $password);
$username = 'wp';
$password = '888888';
$result = $stmt->execute();
```

上述代码用两种方法,完成了单行数据的插入,注意它们数据绑定方式的区别。

3.4 PHP 扩展与应用

视频讲解

在 PHP 项目开发过程中,除了使用 PHP 的内置函数及类外,还经常使用由第三方开发的 PHP 扩展及应用。

3.4.1 PEAR 扩展库

PEAR(PHP Extension and Application Repository)是一个 PHP 扩展及应用的代码仓库,在 PHP 4 和 PHP 5 的应用项目开发中被广泛使用。

若要在项目开发中使用 PEAR,需要先安装它。在 Windows 环境下,PHP 默认情况是没有 PEAR 的,需要运行 go-pear.bat 或 go-pear.phar 文件进行安装。检查自己的 PHP 安装目录中是否存在上述文件,若不存在,到 PEAR 官网(https://pear.php.net/)下载,并将其存放在 PHP 的安装目录下。

安装了 PEAR 包以后,就可以在程序中使用包中的文件了。下面是使用 PEAR DB 包中的类,实现数据库查询的示例代码。

```php
<?php
//加载 PEAR 的 DB 包
require 'db.php';
//数据库连接数据
$userName = 'root';
$password = '123456';
$hostName = 'localhost';
$dbName = 'demo';
//连接数据库
$dsn = "mysqli://$userName:$password@$hostName/$dbName";
$dbCon = DB::connect($dsn);
//检测是否有连接错误
if (DB::isError($dbCon)) {
    die($dbCon->getMessage());
}
//设置查询结果以关联数组形式表示
$dbCon->setFetchMode(DB_FETCHMODE_ASSOC);
//执行查询
$sql = "select * from tb_user";
$result = $dbCon->query($sql);
if (DB::isError($result)) {
    die($result->getMessage());
}
//输出查询结果
for($i=0; $i<$result->numRows(); $i++)
{
    $info = &$result->fetchRow();
    echo "username:".$info['username'].' / ';
    echo "password:".$info['password']."<br>";
}
//释放资源,断开连接
$result->free();
$dbCon->disconnect();
```

3.4.2 PDF 扩展

在 PHP 中,有很多用于支持 PDF 文档的库,比如 FPDF、TPDF、TCPDF 等。这里使用较为流行且相对简单的 FPDF 库,该库是一个 PHP 的代码集,可以用包含的方式直接将其导入 PHP 代码文件中,不需要进行任何服务器端配置或支持。FPDF 库的下载地址为 http://www.fpdf.org。

下面是使用 FPDF 1.81 库进行 PDF 文档输出的示例代码。代码中的第 1 列为行号,是为了方便程序中语句的功能说明而设置的。

```
1  <?php
2    define('FPDF_FONTPATH','fpdf/font');
3    require_once 'fpdf/fpdf.php';
4    $pdf = new FPDF('p','mm','A4');
5    $pdf->AddPage();
6    $pdf->Image('images/fpdf_logo.jpg',5,5,30,10);
7    $pdf->SetFont('helvetica','',10);
8    $pdf->SetXY(160, 15);
9    $pdf->Cell(50,20,'by Mashian, Weiwping');
10    $pdf->SetFont('courier','B',16);
11    $pdf->SetXY(70, 10);
12    $pdf->Cell(100,20,'FPDF Example 001');
13    $pdf->Line(5, 30, 200, 30);
14    $pdf->SetFont('times','',12);
15    $pdf->SetXY(10, 35);
16    $content = <<< EOD
17  FPDF 1.81 Reference Manual
18    __construct - constructor
19  AcceptPageBreak - accept or not automatic page break
20  AddFont - add a new font
21  EOD;
22    $pdf->Write(8, $content);
23    $width = $pdf->GetPageWidth();
24    $height = $pdf->GetPageHeight();
25    $pdf->Line(5, $height-20, $width-10, $height-20);
26    $pdf->Output();
27  ?>
```

在上述代码中:第 2 行,定义字体文件路径;第 3 行,包含 FPDF 库文件;第 4 行,创建一个 PDF 文档对象,该 PDF 文档为纵向页面方向、A4 幅面,页面度量单位为 mm;第 5 行,在 PDF 文档中增加一个页面;第 6 行,在页面中添加图像;第 7 行,设置字体为 helvetica 体、普通字体、大小为 10;第 8 行,设置后续文本起始位置;第 9 行,在页面中添加单元格,显示文本;第 10~12 行,在页面中添加另一个单元格,显示文本;第 13 行,绘制一条水平线;第 14~22 行,添加文档正文到页面中;第 23~25 行,为页面添加页脚分隔线,其中获取了文档页面尺寸;第 26 行,将 PDF 文档输出到浏览器中。

使用第三方开发的库,是 PHP 项目开发中经常使用的方法。大家平时可以多收集一些优秀的资源,以提高项目打开的效率,提升项目性能及运行的稳定性。

3.5 本章小结

本章只是简单地总结了一下 PHP 程序设计语言的基本用法,更多详情请参见作者的另外一部教材《PHP Web 程序设计与项目案例开发(微课版)》或其他的技术文档。

PHP框架

PHP项目开发一般采用两种方式,一种是使用原生 PHP,另一种是使用开发框架。由于 Web 应用开发的复杂性,使用原生的 PHP 从零开始编写代码,会极大地增加项目开发的难度,从而延长项目开发周期、增加开发成本。所以,目前 PHP 项目的开发都是以某种成熟的框架为基础的。

开发框架就是可重用代码的集合,它提供了一个开发 Web 应用的基本软件架构,相当于把 Web 项目的开发摆到了一条固定的生产线上。使用 PHP 开发框架,既降低了 PHP 项目的开发难度与成本,也有助于创建性能更为完善,运行更为稳定的应用程序,同时,也使项目的维护与扩展变得非常容易。

本章介绍 PHP 的两款常用框架,即 CI(CodeIgniter)和 TP(ThinkPHP),以及 PHP 的开源应用程序 WordPress。

视频讲解

4.1 PHP 框架简介

目前,业界使用的 PHP 项目框架主要有以下几种。

1. ZendFramework

ZendFramework 简称 ZF,是 Zend 公司推出的一套 PHP 开发框架。它完全使用面向对象程序设计方法编程实现,功能强大,属于企业级的 PHP 项目开源框架。

ZF 框架最主要的特点是,其组件结构独一无二,每个组件几乎不依靠其他组件。这样的松耦合结构,可以让开发者独立使用组件,轻松实现所谓的"use-at-will"设计开发。

2. Yii

Yii 框架是我国技术人员开发的、基于组件的、高性能的、重量级 PHP 框架,这个框架把代码的可重用性发挥到了极致,是最有效率的 PHP 框架之一,常用于大型 Web 应用开发。

Yii 采用严格的 OOP 编写，并有着完善的库引用和全面的教程。从 MVC、DAO/ActiveRecord、widgets、caching、等级式 RBAC 和 Web 服务，到主题化、I18N 和 L10N 等，Yii 都提供了当今 Web 2.0 应用开发所需要的几乎全部功能。

3. CakePHP

CakePHP 是由国外技术人员开发的，运用了诸如 ActiveRecord、Association Data Mapping、Front Controller 和 MVC 等著名设计模式的、快速 PHP 项目开发框架。

该框架的主要目标是，提供一个可以让各种层次的 PHP 开发人员，都能够快速而又不失灵活性地开发出健壮 Web 应用的开源平台。

4. Symfony

Symfony 是一组可复用的 PHP 组件，也是一个用于 Web 项目开发的开源框架。它由国外技术人员开发，其目的是加速 Web 应用的创建与维护。

Symfony 的特点是：缓存管理、自定义 URLs、搭建了一些基础模块、多语言与 I18N 支持、采用对象模型与 MVC 分离，以及 AJAX 支持等，适用于企业级 PHP Web 应用开发。

5. CodeIgniter

CodeIgniter 简称 CI，是一个简单、快速、轻量级的 PHP MVC 框架，具有较高的运行速度。该框架为开发者提供了足够的自由支持，允许开发人员更迅速地实施项目开发工作。

CodeIgniter 推崇"简单就是美"的基本原则。没有花哨的设计模式、没有华丽的对象结构，一切都是极其的简单。在框架中添加几行简单代码，项目就能运行与输出，可谓是"大道至简"的典范。

该框架配置简单，所有配置使用 PHP 脚本，执行效率高；具有基本的路由功能，能够进行一定程度的路由；具有初步的 Layout 功能，能够制作一定程度的界面外观；数据库层封装较为完美，具有基本的 MVC 功能；框架文档详细，学习成本低。另外，该框架还自带了很多简单好用的库文件，特别适合小型的 PHP Web 应用开发。

6. CanPHP

CanPHP 是一个简洁、实用、高效、遵循 Apache 协议的 PHP 开源框架。它既可以完美地支持 MVC 模式，又可以不受限制地支持传统设计模式。

CanPHP 属于轻量级的 PHP Web 应用开发框架，同时也是一个实用的 PHP 工具包。它以面向应用为主，它既不纠结于 OOP，也不纠结于 MVC 等设计模式，不拘一格，力求简单快速优质地完成项目开发。因此，它是中小型 PHP Web 项目开发的首选框架之一。

7. Laravel

Laravel 是一个简单优雅的 PHP Web 应用项目开发框架，它将开发人员从意大利面条式的代码中解放出来，通过简单的、表达式语法就能够轻松开发出健壮的 Web 应用程序。

在 Laravel 中已经具有了一套高级的 PHP ActiveRecord 实现，即 Eloquent ORM。

Laravel 能方便地将"约束（constraints）"应用到数据关系的双方，这样，开发人员就具有了对数据的完全控制，而且还可以享受到 ActiveRecord 的所有便利。

Laravel 具有较为先进的设计思想，非常适合应用各种软件开发模式，例如 TDD、DDD 和 BDD。作为一个应用开发框架，它使用 composer 为开发者准备好了一切项目开发资源。composer 是 PHP 的未来，没有 composer，PHP 是一定会走向没落的。

Laravel 最大的特点和优秀之处就是，它集合了 PHP 比较新的特性，以及各种各样的设计模式、IoC 容器和依赖注入等。

8. Slim Framework

Slim 是一个微型的 PHP 项目开发框架，可以帮助开发人员快速编写简单但功能强大的 Web 应用程序和 API。

Slim 的核心概念包括 IoC 容器、中间件和路由匹配等。Slim 的中间件分为两种，即应用级中间件和路由级中间件。应用中间件基于 Rack 协议实现，可以在应用对象调用之前或之后检查、分析，或修改应用环境变量、请求对象、响应对象。

Slim 的每个中间件类都继承自抽象类 Middleware，且需要实现其抽象方法 call。所有注册的中间件组成一个中间件栈，其结构类似于一个洋葱，先注册的中间件在里层，后注册的在外层，最里层的是应用对象自身，请求从外到里逐层进行处理，任何一层都可以根据条件直接响应请求或递归调用往里一层或者下一个中间件。

9. ThinkPHP

ThinkPHP 是一个由我国技术人员开发的、快速、简单、面向对象的轻量级 PHP 开发框架。该框架遵循 Apache2 开源协议，它从 Struts 结构移植过来，并做了改进和完善。同时，ThinkPHP 还借鉴了国外很多优秀的框架和模式，它使用面向对象的开发结构和 MVC 模式，融合了 Struts 的思想和 TagLib（标签库）、RoR 的 ORM 映射和 ActiveRecord 模式。

ThinkPHP 是一个轻量级的中型框架，它模拟实现了 Struts 的标签库，各方面都比较人性化，熟悉 J2EE 的开发人员相对比较容易上手，适合 PHP 框架初学者。

ThinkPHP 的宗旨是简化开发、提高效率、易于扩展，其在对数据库的支持方面已经包括 MySQL、MS SQL、SQLite、PgSQL、Oracle，以及 PDO 的支持。ThinkPHP 有着丰富的文档和示例，框架的兼容性较强，但是其功能有限，因此，更适合用于中小项目的开发。

10. PHPUnit

PHPUnit 是一个轻量级的 PHP 测试框架。它是在 PHP 5 下面对 JUnit3 系列版本的完整移植。这个工具也可以被 Xdebug 扩展用来生成代码覆盖率报告，并且可以与 phing 集成来自动测试；也可以和 Selenium 整合，从而完成大型的自动化集成测试。

11. initPHP

initPHP 是一个轻量级的 PHP 开发框架。该框架采用分层体系架构，适合大中型 Web 应用项目开发。

initPHP 实现了抽象 DB 层、分层体系架构、缓存无缝切换机制、简单模板机制、多模型部署机制和强大的安全体系,同时,initPHP 还提供了丰富的 library 类库,以及简单的框架扩展机制,是快速开发 PHP Web 应用的利器。

12. SpeedPHP

SpeedPHP 是一个全功能的国产 PHP 应用框架系统。该框架是从实际运行的商业系统中取其精华而开发的,在稳定性和运行速度上都非常出色;同时它具有清晰的架构,更有利于提高团队开发效率。

SpeedPHP 框架学习资源丰富,入门容易,非常适合 PHP 框架的初学者。

4.2 CodeIgniter 框架

视频讲解

CodeIgniter 简称 CI,是一个 PHP 应用程序开发工具包,也称为 PHP 应用程序开发框架。CI 框架体积小,但功能强大。

4.2.1 下载与测试

CI 框架的官方网站为 http://codeigniter.org.cn/,在其页面上下载所需要的 CI 框架版本。作者下载的是 CodeIgniter-3.1.10,解压后的目录结构如图 4.1 所示。

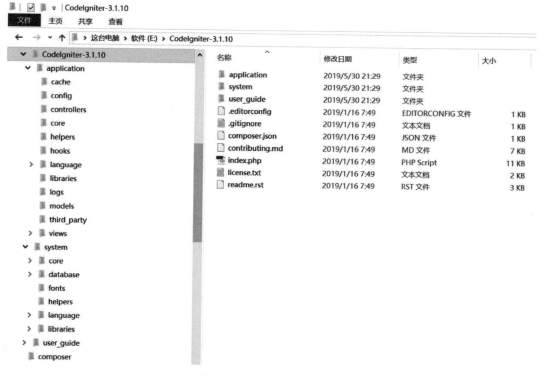

图 4.1 CI 框架目录结构

在如图 4.1 所示的 CI 框架目录中，application、system 分别为框架的功能模块和系统资源目录，存放框架的核心代码文件，以及正在开发的项目代码文件；index.php 为框架的入口文件。

下面测试下载的框架是否能够正常运行。为了测试的方便，首先创建一个名为 chap04CI 的本地 PHP 项目，并为该项目创建虚拟主机 chap04ci.wm。

将如图 4.1 所示 CI 目录中的 application、system 两个文件夹，以及 index.php 文件复制到 chap04CI 项目根目录下。

打开 WampServer 集成开发环境，并确认所有服务器均启动成功。打开浏览器，在其地址栏中输入"http://chap04ci.wm"并回车。运行效果如图 4.2 所示。

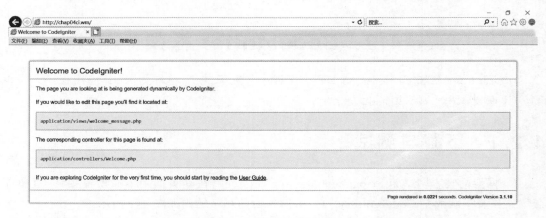

图 4.2　CI 框架运行效果

该页面是 CI 框架的欢迎界面，它实际上是运行了 CI 框架的 Welcome 控制器的 index 方法，如图 4.3 所示。

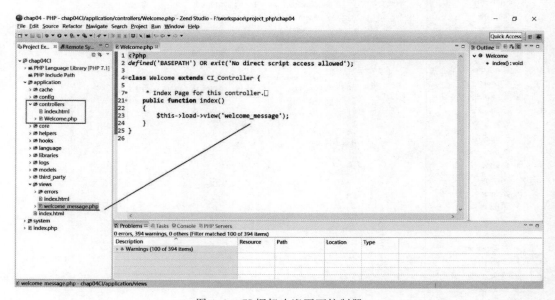

图 4.3　CI 框架欢迎页面控制器

修改 CI 框架 Welcome 控制器中的 index 方法代码：

```
public function index()
{
    echo '<h2 style = "color:red;">这是 CI 框架的欢迎页面!</h2>';
    //$this->load->view('welcome_message');
}
```

并在浏览器地址栏中输入如下 URL 地址：

http://chap04ci.wm/index.php/welcome/index

访问到的 CI 框架欢迎界面如图 4.4 所示。

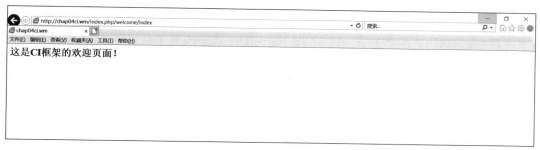

图 4.4　修改后的 CI 框架欢迎页面效果

在上述 URL 中，index.php 是入口文件，welcome 是控制器，index 是控制器方法。这个 URL 表示需要访问 CI 项目的 welcome 控制器的 index 方法。

当然，直接刷新如图 4.2 所示的浏览器窗口，同样可以得到如图 4.4 所示的页面效果。

4.2.2　工作原理

使用 CI 框架开发的 PHP Web 应用项目的数据流程如图 4.5 所示。此图来自 CI 框架的官方技术文档，其详细说明请参见文档中的相关内容。

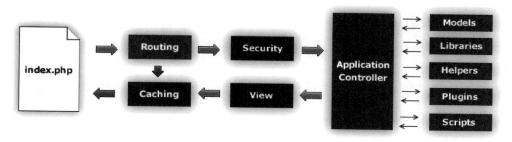

图 4.5　CI 应用项目数据流程

1. 工作流程

从上面展示的 CI 应用项目数据流程不难看出，系统运行分为六个步骤。

（1）使用 index.php 入口文件作为前端控制器，初始化运行 CI 框架所需的基本资源。

（2）通过 Router 检查 HTTP 请求，以确定如何处理该请求。

（3）判断是否启用了缓存，如果是，直接将缓存结果输出到浏览器，不再走下面的正常系统流程。

（4）如果没有启用缓存，则接着对 HTTP 请求以及任何用户提交的数据进行安全检查。

（5）使用控制器加载模型、核心类库、辅助函数以及其他所有处理请求所需的资源。

（6）渲染视图并发送至浏览器，如果开启了缓存，视图会被先缓存起来用于后续的请求。

2．控制器

所谓控制器，就是存放于 application\Controllers 目录或其子目录下的类，它继承于 CI 框架的 CI_Controller 控制器基类。

例如，下面的代码：

```php
<?php
defined('BASEPATH') OR exit('No direct script access allowed');
/**
 * 测试控制器
 * @author weiwenping *
 */
class Test extends CI_Controller
{
    public function index() {
        echo '这是'.__CLASS__.'控制器的'.__METHOD__.'方法<br>';
        echo '该控制器位于'.__FILE__.'文件中';
    }
}
```

定义了一个名为 Test 的 CI 控制器。注意，其文件名必须为 Test.php。

1）控制器存放位置

在实际开发过程中，为了使项目结构清晰，常常需要将系统分为不同的功能模块。这样，不同模块的控制器也要分别存放在不同的子目录下。控制器存放的位置不同，访问该控制器的 URL 也略有差异。

第 1 种情况。若将文件 Test.php 存放在 Controllers 目录下，则使用如下 URL 地址：

http://chap04ci.wm/index.php/test

或者：

http://chap04ci.wm/index.php/test/index

页面效果如图 4.6 所示。

第 2 种情况。若将文件 Test.php 存放在 Controllers 目录下的 admin 子目录中，则需要在 URL 中加上子目录的名称。

图 4.6　Test 控制器运行效果 1

```
http://chap04ci/index.php/admin/test/index
```

页面效果如图 4.7 所示。

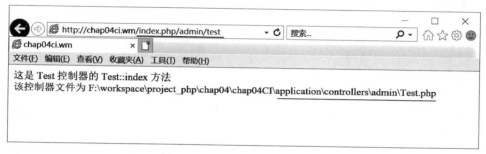

图 4.7　Test 控制器运行效果 2

2）默认控制器设置

可以通过修改配置文件 application\config\routes.php 中的相关配置项，来设置默认控制器。

```
//$route['default_controller'] = 'welcome';
$route['default_controller'] = 'test';
$route['404_override'] = '';
$route['translate_uri_dashes'] = FALSE;
```

可以看到，CI 框架的原始默认控制器为 welcome，可以将其修改为"test"。此后，若再访问下面的 URL 资源：

```
http://chap04ci.wm
```

则访问到的就会是 Test 控制器的 index 方法，其页面效果与图 4.6 相同。

3．视图

CI 框架的视图，就是一个普通的 PHP 文件，默认存放在 application\views 子目录中。CI 框架的视图文件，不能单独访问，必须通过控制器进行加载。

1）加载 application\views 目录中的视图

在 chap04ci 项目的 application\views 目录中，新建一个名为 test_demo1.php 文件，并编写如下测试代码。

```
<?php
    echo '这是 Test 控制器的 demo1 方法视图';
?>
```

为 Test 控制器创建一个名为 demo1 的新方法,代码如下。

```
public function demo1() {
    //加载视图文件
    $this->load->view('test_demo1');          //视图文件为 PHP 时省略其扩展名
}
```

打开浏览器,在其地址栏中输入"http://chap04ci.wm/index.php/test/demo1",并回车。页面效果如图 4.8 所示。

图 4.8　Test 控制器的 demo1 方法视图

需要注意的是,如果视图文件不是 PHP 文件,而是其他类型的文件,如 HTML 文件,则需要在 view() 方法中指定其视图文件的扩展名。

2) 加载 application\views 子目录中的视图

在上面的示例中,视图文件 test_demo1.php 是直接存放在 views 目录中的。如果要加载的视图文件存放在 views 目录的子目录中,则需要在控制器方法加载视图文件时,在视图文件名前面带上子目录名称。

在 chap04ci 项目的 application\views 目录中,新建一个名为 test 的子目录,在该子目录中新建 test_demo2.php 视图文件,并编写如下测试代码。

```
<?php
    echo '这是 Test 控制器的 demo2 方法视图';
?>
```

为 Test 控制器创建一个名为 demo2 的新方法,代码如下。

```
public function demo2() {
    //加载视图文件
    $this->load->view('test/demo2');          //视图文件为 PHP 时省略其扩展名
}
```

打开浏览器,在其地址栏中输入"http://chap04ci.wm/index.php/test/demo2",并回车。页面效果如图 4.9 所示。

3) 加载多个视图

CI 框架允许一次加载多个视图文件。这些视图可以在控制器方法中加载,也可以在视

第4章 PHP框架

图 4.9 Test 控制器加载子目录中的视图

图文件中加载。

在 chap04ci 项目的 application\views 目录中，新建一个名为 common 的子目录，在该子目录中新建 header.php 和 footer.php 视图文件，并编写测试代码。

文件 application\views\common\header.php 代码如下。

```
<!DOCTYPE html>
<html lang = "en">
<head>
    <meta charset = "UTF-8">
    <title>CI 框架 - 加载多个视图</title>
</head>
<body>
    <header>
        <h1>PHP 项目实践与课程设计指导</h1>
    </header>
```

文件 application\views\common\footer.php 代码如下：

```
<footer>
        <p>清华大学出版社 2020 年 9 月</p>
    </footer>
</body>
</html>
```

在 chap04ci 项目的 application\views\test 目录中新建 demo3.php 视图文件，并编写测试代码，代码如下。

```
<section style = "height: 30px;">
    <p>作者：马石安 魏文平</p>
</section>
```

为 Test 控制器创建一个名为 demo3 的新方法，代码如下。

```php
public function demo3() {
    //加载视图文件
    $this -> load -> view('common/header');      //加载 common 中的 header.php 视图
    $this -> load -> view('test/demo3');         //加载 test 中的 demo3.php 视图
    $this -> load -> view('common/footer');      //加载 common 中的 footer.php 视图
}
```

127

打开浏览器,在其地址栏中输入"http://chap04ci.wm/index.php/test/demo3",并回车。页面效果如图 4.10 所示。

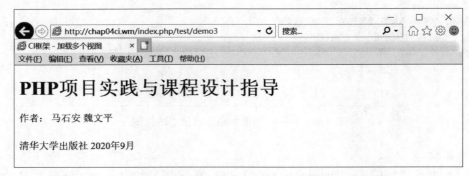

图 4.10　Test 控制器方法加载多个视图测试

若只在 Test 控制器的 demo3 方法中加载 demo3.php 视图文件:

```
$this->load->view('test/demo3');            //加载 test 中的 demo3.php 视图
```

则需要在 demo3.php 视图文件中加载 header.php 和 footer.php 视图文件。即:

```
<!-- 加载视图页面头部 -->
<?php $this->load->view('common/header');?>
<!-- 视图页面主体内容 -->
<section style = "height: 30px;">
    <p>作者: 马石安 魏文平</p>
</section>
<!-- 加载视图页面底部 -->
<?php $this->load->view('common/footer');?>
```

在实际的开发过程中,常常采用上述方法将视图文件的公共部分与内容部分分离,以减少页面代码的冗余,维持项目页面样式风格的统一,并方便后期项目维护。

4. 参数传递

可以通过关联数组向 CI 框架项目的视图中传递数据。下面让如图 4.10 所示的页面内容动态变化。

为 Test 控制器创建一个名为 demo4 的新方法,代码如下。

```
public function demo4() {
    //准备数据
    $data['content'] = '本教材是…';
    //加载视图文件
    $this->load->view('common/header', $data);//传递参数
    $this->load->view('test/demo4');
    $this->load->view('common/footer');
}
```

编写视图文件 application\views\common\footer.php 代码:

```
<section style = "height: 50px;">
```

```
    <p>作者：马石安 魏文平</p>
    <p><?php echo $content;?></p>
</section>
```

页面运行效果如图4.11所示。

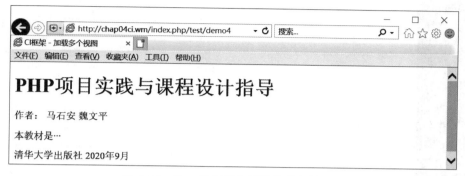

图4.11　Test控制器向视图传递参数测试

注意图中文本"本教材是…"的数据传递及获取方法。

5. 模型

所谓模型，就是和数据库进行交互的类，它封装了对数据库进行增、删、改、查等操作的方法。CI框架的模型存放在application\models目录或其子目录中。

CI框架中的模型并不是必需的，没有模型同样可以进行数据库的操作。但在项目开发过程中，建议使用CI框架的模型，以使开发的Web项目更符合MVC设计规范。

CI框架中的模型示例如下。

```
class TestModel extends CI_Model
{
    public function fetch() {
        $this->load->database('default');      //加载数据库配置
        $this->db->from('tb_test');            //设置数据表
        $this->db->select('*');                //设置查询字段
        $query = $this->db->get();             //执行查询
        //return $query->row_array();          //获取一条记录
        return $query->result_array();         //获取所有记录
    }
}
```

注意，CI框架中的模型类继承于CI_Model。该模型的使用请参见4.2.3节。

4.2.3　简单案例

使用4.2.2节CodeIgniter项目中的Test控制器、TestModel模型，读取数据库中的数据，并在页面中使用表格输出。运行效果如图4.12所示。

这里，页面样式使用Layui前端框架，测试数据来自案例数据库bookDB中的tb_test数据表。

图 4.12 案例运行效果

1. 创建数据库

创建 MySQL 数据库 bookDB，并新建数据表 tb_test，插入测试数据，如图 4.13 所示。

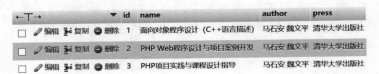

图 4.13 案例数据库

上述数据库操作使用的是 phpMyAdmin 数据库管理工具，也可以使用命令窗口或其他数据库操作工具。

2. 配置数据库

打开项目的数据库配置文件 application\config\database.php，设置数据库连接参数、数据库名称等配置项，代码如下：

```
…
$ active_group = 'default';
$ query_builder = TRUE;
$ db['default'] = array(
    'dsn' => '',
    'hostname' => 'localhost',
    'username' => 'root',
    'password' => '123456',
    'database' => 'bookDB',
    'dbdriver' => 'mysqli',
```

…
);

这里直接使用框架的数据库配置文件，注意数据库驱动为 mysqli。

3. 导入静态资源

在项目的页面设计中，需要使用一些静态资源，例如 CSS 样式表、JavaScript 库、图片等，这些资源常常存放在项目根目录下的 public 目录中，当然也可以存放在项目的 views 视图目录下。

本案例资源文件请参见源码。

4. 配置项目

在项目页面中引入静态资源文件，需要找到这些文件的存放地址。为了寻址方便，在项目的 config.php 配置文件中配置项目的 Web 根目录，代码如下。

```
//配置文件 application/config/config.php
$config['base_url'] = 'http://chap04ci.wm/';
```

这里是作者的项目目录，请读者根据自己的实际情况进行更改。

5. 创建 TestModel 模型

在项目的 application/models 目录下新建一个名为 TestModel 的模型，用来对数据库 bookDB 中的数据进行操作。代码如上面的 4.2.2 节所示，或参见源码。

6. 创建 Test 控制器方法

在 Test 控制器中添加 demo5 方法，代码如下。

```
…
public function demo5() {
//获取项目根地址
$base_url = $this->config->item('base_url');
$data['base_url'] = $base_url;
//加载 TestModel 模型
$this->load->model('testmodel');
//获取数据库的数据
$data['books'] = $this->testmodel->fetch();
//加载视图，并传递参数
$this->load->view('test/demo5', $data);
}
…
```

上述代码中用到了 CI 框架的一些超级对象，读者可以先根据源码制作出效果，待以后慢慢理解代码的含义。

7. 设计方法视图

为 Test 控制器的 demo5 方法设计对应的视图文件 application\views\test\demo5.

php,代码参见源码。

8. 页面测试

打开浏览器,访问项目 Test 控制器的 demo5 方法,页面效果如图 4.12 所示。从上述页面输出的数据可以看出,数据库中的数据被成功呈现到了视图页面中。这说明 CI 框架的运行是顺畅的。

关于 CI 框架本章就介绍这些内容,在第 9 章中,会使用该框架开发一个简单的电子商务系统,届时再继续学习它的一些较为复杂的功能。

4.3 ThinkPHP 框架

视频讲解

ThinkPHP 是一个免费开源的、轻量级的面向对象 PHP 开发框架。利用该框架可以快速地进行较为复杂的企业级 PHP Web 应用项目开发。

4.3.1 安装与测试

严格来说,ThinkPHP 是不需要安装的,这里所说的安装,其实就是把 ThinkPHP 框架放入 Web 运行环境。

1. 安装

可以通过以下 3 种方式,获取和安装 ThinkPHP 框架。

1) 官网下载

若要安装 5.1 以前的版本,可以到 ThinkPHP 官方网站上下载,地址为 http://www.thinkphp.cn/down.html。

从 5.1 版开始,官网不再提供下载版本。若要安装 5.1 及以后的版本,请使用以下的两种安装及更新方式。

2) composer 方式

composer 是 PHP 的一个依赖管理工具,它允许我们申明项目所依赖的代码库,并在项目中安装它们。有关 composer 的安装与使用,请参考其官网中的技术文档。

ThinkPHP 框架的 composer 命令如下。

```
composer create-project topthink/think
```

注意:运行该命令时需要将目录切换到项目目录下。该命令安装的是目前 ThinkPHP 的最新版本。

如果需要安装特定的版本,使用下面的命令。

```
composer create-project topthink/think=5.1.* tp5
```

这里安装的是 ThinkPHP 的 5.1 版,其中,tp5 是应用根目录名称。tp5 目录可以任意更改,命令执行完毕后,会在当前目录下的 tp5 子目录中安装 5.1 版的 ThinkPHP。

3）git 方式

可以使用 git 版本库安装和更新。对于 ThinkPHP 5.1 版本，分为应用和核心两个仓库。

应用项目：https://github.com/top-think/think。

核心框架：https://github.com/top-think/framework。

作者使用 composer 方式，下载安装 ThinkPHP 5.1 版本，项目名称为 chap04TP，如图 4.14 所示。

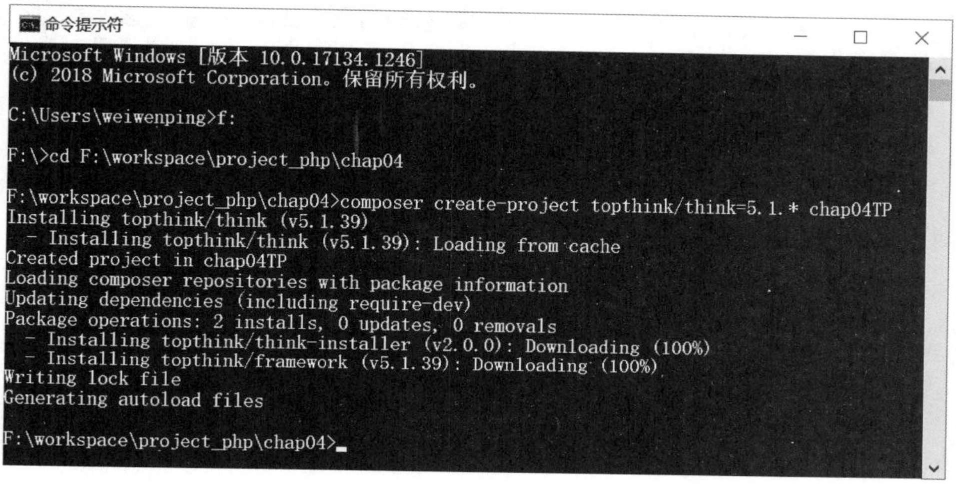

图 4.14　创建 ThinkPHP 5.1 框架项目

该项目目录结构如图 4.15 所示。

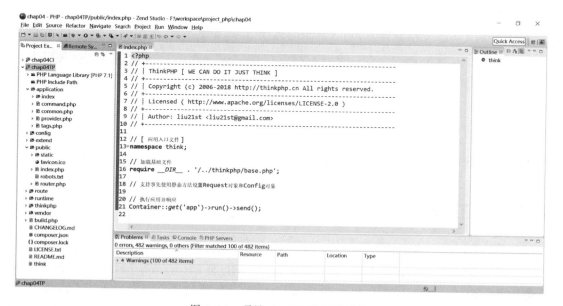

图 4.15　项目 chap04TP 目录结构

注意：thinkPHP框架的入口文件index.php位于项目根目录下的public子目录中。所以，运行时需要为项目设置虚拟主机。

2. 测试

首先，给项目设置虚拟主机，名称为chap04tp.wm，目录指向项目的public目录。关于虚拟主机的设置，请参考第1章的相关章节。

然后，打开浏览器，输入"http://chap04tp.wm"，并回车，运行效果如图4.16所示。

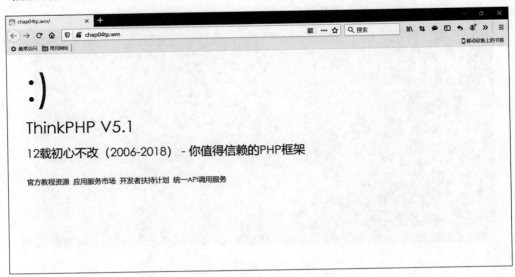

图4.16　ThinkPHP 5.1主页效果

接着，在浏览器地址栏中输入"http://chap04tp.wm/index/index/hello"，并回车，会输出index模块中index控制器的hello方法的执行结果，如图4.17所示。

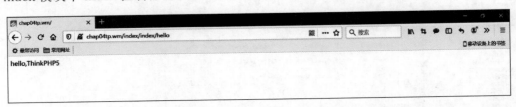

图4.17　ThinkPHP 5.1运行效果

4.3.2　工作原理

ThinkPHP框架采用MVC设计模式。其运行流程如图4.18所示。

上面访问如图4.16所示的项目主页，使用的URL是http://chap04tp.wm，它的完整形式其实是http://chap04tp.wm/index/index/index，这里的3个index分别表示index模块、index控制器、index方法。也就是说，图4.16页面中的内容是index模块中的index控制器的index方法的执行结果，如图4.19所示。

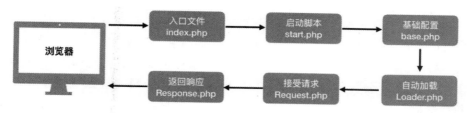

图 4.18　ThinkPHP 5.1 运行流程

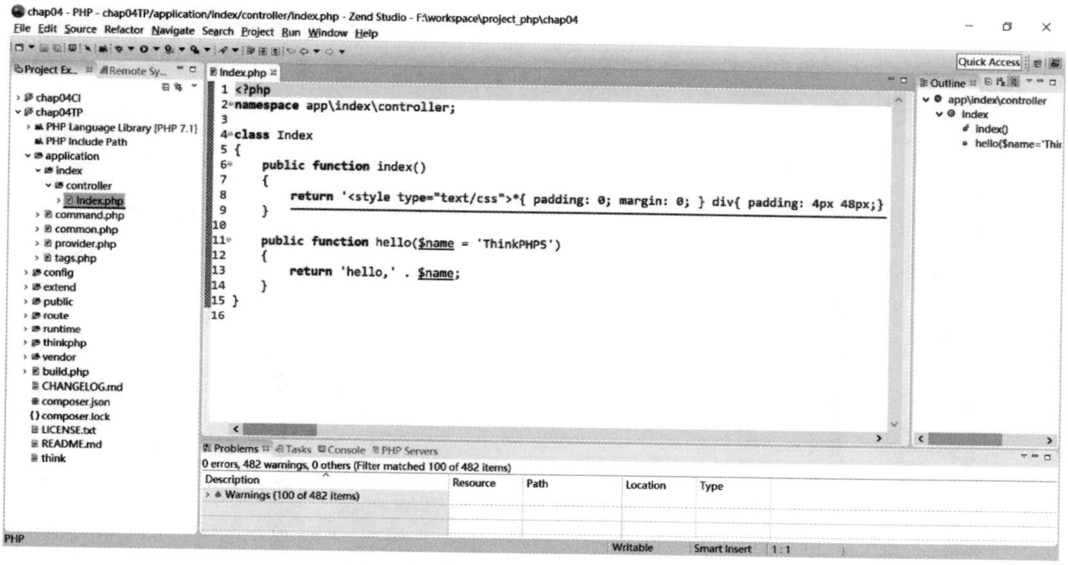

图 4.19　ThinkPHP 5.1 项目 index 模块的 index 控制器代码

从上述代码可以看出,在如图 4.16 所示的视图页面中输出的内容,实际上就是一个 PHP 的字符串。

1. URL

ThinkPHP 5.1 的 URL 访问受路由决定,如果在没有定义或匹配路由的情况下(并且没有开启强制路由模式的话),则是基于如下形式。

http://serverName/index.php(或者其他入口文件)/模块/控制器/操作/参数/值…

例如,如果在如图 4.17 所示的 URL 中传递 name 参数,则页面刷新后会是如图 4.20 所示的运行效果。

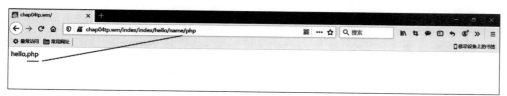

图 4.20　ThinkPHP 5.1 中参数传递

2. 控制器

按照 ThinkPHP 的架构设计，所有的 URL 请求（无论是否采用了路由），最终都会定位到控制器（也许实际的类不一定是控制器类，但也属于广义范畴的控制器）。控制器的层可能有很多，为了便于区分就把通过 URL 访问的控制器称为访问控制器（通常意义上我们所说的控制器就是指访问控制器）。

ThinkPHP 5.1 的控制器定义比较灵活，可以无须继承任何的基础类，也可以继承官方封装的 \think\Controller 类或者其他的控制器类，或者根据业务需求封装自己的基础控制器类。

例如，在项目中增加 admin 模块的 index 控制器，目录结构及代码如图 4.21 所示。

图 4.21　在项目中添加模块及控制器

访问该控制器的 index 方法，页面效果如图 4.22 所示。

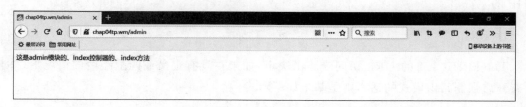

图 4.22　项目 admin 模块的 index 控制器执行效果

这里以继承方式创建 admin 模块的 Index 控制器。注意代码中命名空间的使用方法。

3. 视图

在上面的运行演示中，没有使用到视图文件。ThinkPHP 框架中的视图并非必需的，尤其当使用接口模式开发的时候。当然也可以在控制器中使用第三方的视图组件。

ThinkPHP 框架的视图功能，由 think\View 类配合视图驱动（也即模板引擎驱动）类一起完成，目前的内置模板引擎包含 PHP 原生模板和 Think 模板引擎。

ThinkPHP 系统会按照默认规则自动定位视图模板文件,其规则是:

当前模块/view/当前控制器名(小写)/当前操作(小写).html

注意:ThinkPHP 从 5.1.6 版本开始,默认的模板文件名规则改为实际操作方法名的小写+下画线写法。格式如下。

当前模块/view/当前控制器(小写)_当前操作(小写).html

当然,可以配置 template.auto_rule 的值为 2,恢复之前的全小写规则。

例如,为上述项目的 admin 模块的 index 控制器的 index 方法增加视图模板,则首先需要在 admin/view/index 目录下新建 index.html 文件,代码如下:

```html
<!DOCTYPE html>
<html>
<head>
    <meta charset="UTF-8">
    <title>视图测试</title>
</head>
<body>
    <h4>这是admin模块的、index控制器的、index方法</h4>
</body>
</html>
```

然后,在 admin 模块的 index 控制器的 index 方法中渲染视图,代码如下:

```php
namespace app\admin\controller;
use think\Controller;
class Index extends Controller
{
    public function index() {
        //return '这是admin模块的、index控制器的、index方法';
        return $this->fetch();                    //渲染视图
    }
}
```

刷新如图 4.22 所示的浏览器页面,则得到如图 4.23 所示的运行效果。

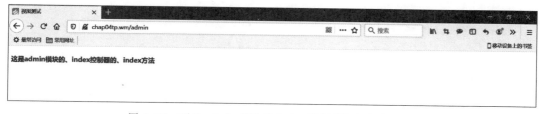

图 4.23 项目 admin 模块的 index 控制器视图加载效果

注意:图 2.23 与图 2.22 页面中输出的文本虽然是相同的,但它们来自不同的文件。

4. 模型

MVC 设计模式中的 M 表示模型,它是用于与数据库交互的类。在使用模型之前,需要对项目数据库进行配置。

打开项目配置文件 application\config\database.php，设置下面的配置项。

```
return [
    //数据库类型
    'type'        => 'mysql',
    //服务器地址
    'hostname'    => '127.0.0.1',
    //数据库名
    'database'    => 'bookdb',
    //用户名
    'username'    => 'root',
    //密码
    'password'    => '123456',
    //端口
    'hostport'    => '',
    //连接dsn
    'dsn'         => '',
    //数据库连接参数
    'params'      => [],
    //数据库编码默认采用utf8
    'charset'     => 'utf8',
    //数据库表前缀
    'prefix'      => 'tb_',
    ...
];
```

这里，设置数据库为 MySQL 的 bookDB，该数据库中的数据表采用"tb_"前缀，所以其中的 test 数据表的表名为 tb_test。

数据库配置完成后，就可以在程序中使用模型了。ThinkPHP 的模型定义非常简单，直接从其 Model 类继承即可。例如，为上述项目的 admin 模块添加一个名为 Test 的模型，代码如下。

```
namespace app\admin\model;
use think\Model;

class Test extends Model
{

}
```

按照默认约定，该模型对应数据库中的 tb_test 数据表；若数据库数据表名不符合默认约定，则需要在模型中设置数据表名，如下：

```
namespace app\admin\model;
use think\Model;

class Test extends Model
{
    //设置当前模型对应的完整数据表名称
```

```
    protected $ table = 'tb_test';
}
```

针对上面 4.2.3 节中的数据库 bookDB 中的 tb_test 数据表，在 admin\index 控制器中添加如下代码：

```
namespace app\admin\controller;
use think\Controller;
use app\admin\model\Test;

class Index extends Controller
{
    public function index() {
        //return '这是 admin 模块的、index 控制器的、index 方法';
        $ data = Test::all();                    //获取数据表中的数据
        $ this->assign('data', $ data);          //将数据传递给视图模板

        return $ this->fetch();
    }

}
```

在视图文件 admin/view/index/index.html 中添加代码，输出数据表中的数据。

```
<table border = '1'>
    <tr><th>序号</th><th>名称</th><th>作者</th><th>出版社</th></tr>
    {volist name = "data" id = "v"}
    <tr><td>{$ v.id}</td><td>{$ v.name}</td>
<td>{$ v.author}</td><td>{$ v.press}</td></tr>
    {/volist}
</table>
```

刷新如图 4.23 所示的页面，效果如图 4.24 所示。

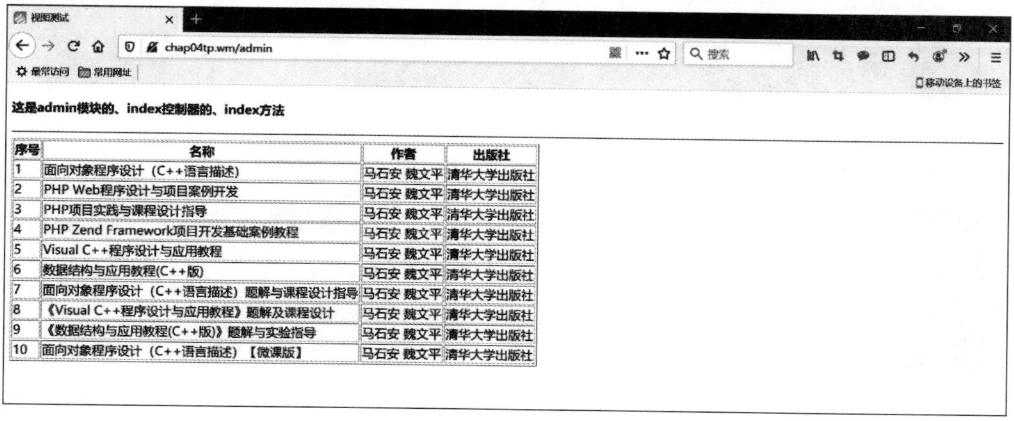

序号	名称	作者	出版社
1	面向对象程序设计（C++语言描述）	马石安 魏文平	清华大学出版社
2	PHP Web程序设计与项目案例开发	马石安 魏文平	清华大学出版社
3	PHP项目实践与课程设计指导	马石安 魏文平	清华大学出版社
4	PHP Zend Framework项目开发基础案例教程	马石安 魏文平	清华大学出版社
5	Visual C++程序设计与应用教程	马石安 魏文平	清华大学出版社
6	数据结构与应用教程(C++版)	马石安 魏文平	清华大学出版社
7	面向对象程序设计（C++语言描述）题解与课程设计指导	马石安 魏文平	清华大学出版社
8	《Visual C++程序设计与应用教程》题解及课程设计	马石安 魏文平	清华大学出版社
9	《数据结构与应用教程(C++版)》题解与实验指导	马石安 魏文平	清华大学出版社
10	面向对象程序设计（C++语言描述）【微课版】	马石安 魏文平	清华大学出版社

图 4.24　模型使用效果

从图中可以看出，页面中输出的内容与数据表 tb_test 中的内容是一致的，这说明添加的所有代码均是正确的。

4.3.3 简单实例

通过上面的学习,我们对 thinkPHP 框架有了一个大概的了解,下面给出一个稍微复杂一点儿的实例。实例项目名称为 chap04tp_demo,虚拟主机为 chap04tp.demo.wm。

项目运行效果如图 4.25～图 4.28 所示。

项目首页通过在浏览器中输入"http://chap04tp.demo.wm"访问,也可以通过页面导航菜单中的"首页"菜单访问。

图 4.25 案例项目首页

图 4.26 案例项目文章分类查询

如图 4.26 所示的页面效果是用户单击"ThinkPHP"菜单后,查询到的所有关于"ThinkPHP"的文章内容。

如图 4.27 所示的页面效果是用户单击某篇文章的标题后显示的文章详情。

图 4.27　案例项目文章详情

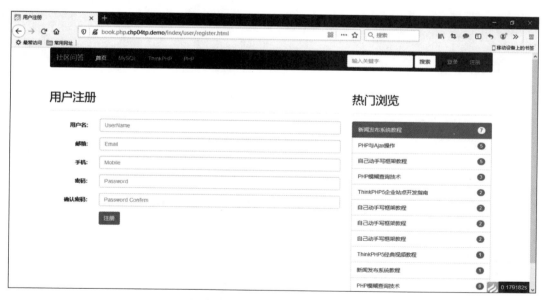

图 4.28　案例项目用户注册

如图 4.28 所示的页面效果是用户单击"注册"菜单后,打开的用户注册表单页面。其他运行效果请读者运行源码。

由于篇幅的限制,下面只展示部分重要代码,其他详情请参见教材源码。

项目基础控制器文件:

```php
<?php
namespace app\common\controller;
use think\Controller;
use think\Facade\Session;
use think\facade\Request;
use app\common\model\ArtCate;
use app\common\model\Article;
use app\admin\common\model\Site;
/**
 * 该控制器继承自 Controller.php
 */
class Base extends Controller
{
    /**
     * 初始化方法
     */
    protected function initialize()
    {
        //检测站点是否已关闭
        $this->is_open();
        //显示分类导航,在初始化中调用,可以确保所有页面都可以使用分类信息变量
        $this->showNav();
        //按点击数排序,将文章标题显示在右边栏中
        $this->getHotArt();
    }
    //检查是否已登录,防止重复登录,放在登录验证方法中调用
    protected function logined()
    {
        if(Session::has('user_id')){
            $this->error('你已经登录','index/index');
        }
    }
    //检查是否未登录
    protected function isLogin()
    {
        if (!Session::has('user_id')) {
            $this->error('您还没有登录','user/login');
        }
    }
    //显示分类导航
    protected function showNav()
    {
        $cateList = ArtCate::all(function( $query){
            $query->where('status',1)->order('sort','asc');
        });
        $this->view->assign('cateList', $cateList);
    }
    //检测站点是否已关闭
    public function is_open()
    {
        $isOpen = Site::where('status',1)->value('is_open');
```

```php
            if ($isOpen == 0 && Request::module() == 'index') {
                $info = <<<'INFO'
<body style="background-color:#333">
<h1 style="color:#eee;text-align:center;margin:200px">站点维护中...</h1>
</body>
INFO;
                exit($info);
            }
        }
        //检测注册是否关闭
        public function is_reg()
        {
            $isReg = Site::where('status',1)->value('is_reg');
            if ($isReg == 0) {
                $this->error('注册已关闭','index/index');
            }
        }
        public function getHotArt()
        {
            $hotArtList = Article::where('status',1)->order('pv','desc')->limit(12)->select();
            $this->view->assign('hotArtList', $hotArtList);
        }
}
```

项目前台首页控制器方法如下。

```php
public function index()
{
//设置全局查询条件
$map = [];                    //将当前页面的全部查询条件封装到一个条件数组中
//条件1:显示状态必须为1
$map[] = ['status','=',1]; //等号必须要有,不允许省略

//实现搜索功能
$keywords = Request::param('keywords');
if (!empty($keywords)){
//条件2:模糊匹配查询条件
$map[] = ['title','like','%'.$keywords.'%'];
}

//分类信息显示
$cateId = Request::param('cate_id');
//如果当前存在分类ID,再进行查询获取到分类名称
if (isset($cateId)){
//条件3:当前列表与当前栏目id对应,此时$map[]条件数组生成完毕
$map[] = ['cate_id','=', $cateId];
$res = ArtCate::get($cateId);
//文章列表分页显示,分页仅显示三条
$artList = Db::table('zh_article')
->where($map)
```

```
        ->order('create_time','desc')->paginate(4);
        $this->view->assign('cateName',$res->name);

    } else {
        //如果当前没有分类 ID,就是首页
        $this->view->assign('cateName','全部文章');
        $artList = Db::table('zh_article')
        //->where('status',1)
        ->where($map)
        ->order('create_time','desc')->paginate(4);
    }
    $this->view->assign('empty','<h3>没有文章</h3>');
    $this->view->assign('artList', $artList);

    //渲染首页模板
    return $this->fetch('index',['title'=>'案例项目 - 首页']);
}
```

本节只是 ThinkPHP 框架的一个概述,在第 10 章中会结合一个完整的项目案例详细讲解。

4.4 WordPress 开源软件

WordPress 是一款使用原生 PHP 编写的开源软件,也可以把它看成是一个针对 CMS (内容管理系统)的框架,即可以把 WordPress 当作一个内容管理系统(CMS)来使用。

WordPress 使用 PHP 语言和 MySQL 数据库开发,用户可以在支持 PHP 和 MySQL 数据库的服务器上,快速构建属于自己的内容管理系统,例如博客、网站等。

4.4.1 下载与安装

使用 WordPress 进行项目开发之前,首先在其官方网站上获取最新版本的源文件,然后在本地开发环境中进行安装。WordPress 的安装,其实就是通过安装程序创建项目数据库的数据表,并对项目进行简单的配置。

1. 下载

WordPress 是开源免费软件,可以到其官网上下载最新版本。英文版下载地址为 https://wordpress.org,简体中文版下载地址为 https://cn.wordpress.org。

2. 安装

在使用 WordPress 进行项目开发之前,还需要安装一下这个软件。WordPress 的安装,主要是要将它部署到 Web 服务器上,并创建项目配置文件以及项目数据库中的数据表。下面创建一个名为 chap04WP 的 WordPress 开源项目。

(1) 新建项目文件夹 chap04WP,将解压后的 WordPress 源文件复制到该文件夹下。

（2）启动 WampServer 集成开发环境，并为新项目创建一个名为 chap04wp.wm 的虚拟主机。

（3）打开 phpMyAdmin 或 MySQL 控制台，创建项目数据库。假设数据库名称为 chap04wp_db。

（4）打开浏览器并在其地址栏中输入"http://chap04wp.wm"，打开 WordPress 项目安装页面，如图 4.29 所示。

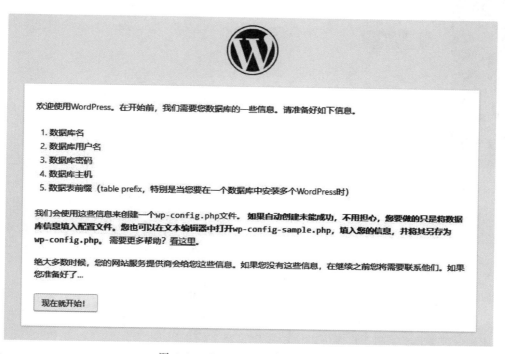

图 4.29　WordPress 项目安装首页

（5）单击页面中的"现在开始"按钮，根据后续的页面提示，输入相应内容即可。

WordPress 项目安装成功后，会在项目的根目录下创建一个名为 wp-config.php 的配置文件，该文件记录了安装过程中用户输入的配置信息。可以对这些配置信息进行修改，当然也可以添加一些新配置信息。

4.4.2　简单应用

WordPress 其实是一个完整的 PHP Web 项目，它拥有一个功能强大的后台管理系统，只需要通过这个后台系统，将自己的项目内容添加进去就可以了。所以，使用 WordPress 进行项目开发，主要是要熟练掌握 WordPress 后台管理系统的使用方法。

1．登录系统

启动服务器，打开浏览器并访问系统登录页面 wp-login.php，输入用户名及密码即可登录到系统后台主页，如图 4.30 所示。

图 4.30　项目后台管理系统首页

从上述页面左侧的功能菜单可以看出，WordPress 已经为我们提供了丰富的项目后台管理功能，包括项目的设置、数据的管理、页面样式管理等。

2. 主题设计

Web 应用一般都分为前台系统与后台系统，使用 WordPress 开发的项目，其前台所呈现出来的视觉效果是由"主题"决定的。WordPress 项目既可以使用其自带的主题，或者是 WordPress 主题库中的主题，也可以使用用户自定义的主题。

1) 使用 WordPress 主题

单击如图 4.30 所示页面左侧中的菜单"外观"|"主题"，打开 WordPress 自带的主题列表。选择某一种主题，单击"启用"按钮，即可使用该主题，如图 4.31 所示。

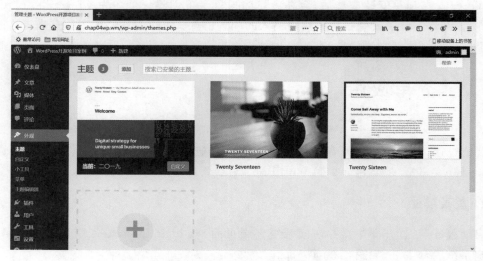

图 4.31　WordPress 主题

若要使用 WordPress 主题库中的其他主题，单击图 4.31 页面中的"添加"按钮，将主题添加到项目中，然后启用即可。

2) 使用自定义主题

WordPress 项目的主题文件存储在其根目录下的 wp-content\themes 子目录中，可以在该目录下添加自定义主题文件，从而使用这些主题。关于 WordPress 的主题开发，将在 4.4.3 节中详细介绍，这里给出一个简单的示例。

（1）打开项目的 wp-content\themes 目录，新建主题文件夹 themes_demo。

（2）在 themes_demo 中新建 3 个文件，分别为 index.php、style.css 和 screenshot.jpg。

（3）编写 PHP 和 CSS 文件代码，并准备图片文件，如下：

```
//index.php
<?php
    echo '这是自定义主题 themes_demo';
//style.css
@CHARSET "UTF-8";
/*
Theme Name: themes_demo
*/
```

（4）打开 WordPress 后台系统，导航到"外观"|"主题"菜单页面，如图 4.32 所示。

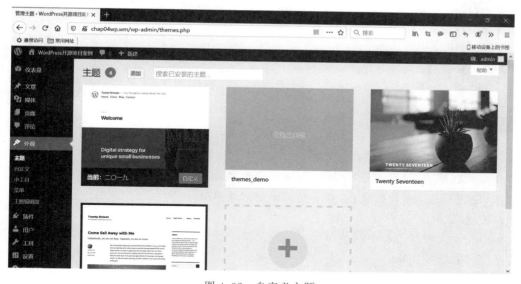

图 4.32　自定义主题

可以看到，自定义的 themes_demo 主题出现到了项目的可选主题列表中。单击该主题中的"启用"按钮，即可使用该自定义主题，此时项目主页如图 4.33 所示。

从页面输出的内容可以看出，这里访问的就是自定义主题中的 index.php 文件。

3．菜单设计

菜单是 Web 页面中的重要元素，WordPress 项目中的菜单是通过后台系统的"外观"|"菜单"来创建的。菜单的显示依赖于项目所用的主题。

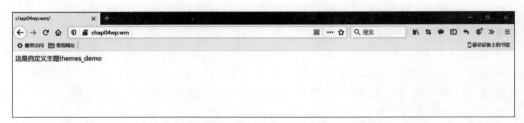

图 4.33 使用自定义主题的项目前台首页

下面简单示例 WordPress 项目主菜单的设计。

1)添加新菜单

单击 WordPress 后台的"外观"|"菜单"菜单项,打开菜单添加与编辑页面,如图 4.34 所示。

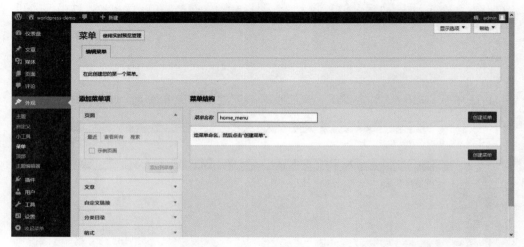

图 4.34 菜单设计

在页面右侧的"菜单名称"文本框中输入菜单名称,并单击"创建菜单"按钮。这里的菜单名称,是指新菜单模块的名称,并不是菜单中的菜单项。

2)添加菜单项

WordPress 项目菜单中的菜单项,是通过"菜单设计"页面左侧的"添加菜单项"面板来完成的,如图 4.35 所示。

WordPress 项目的菜单项可以是页面、文章、自定义链接和分类目录等各种类型。单击菜单项右侧的下拉按钮,还可以对其进行编辑。

3)添加子菜单项

子菜单项的添加分为两步,首先将菜单项添加到菜单模块中,然后将子菜单项向右拖动即可,如图 4.36 所示。

可以用鼠标左键按住某个菜单项,调整其顺序;还可以单击菜单项右侧的箭头进行详细设置。

4)设置菜单位置

菜单项的设计完成后,勾选图 4.36 页面中"菜单设置"版块中的"顶部菜单"选项,指定新添加菜单的位置。保存菜单后，切换到项目前台主页，如图4.37所示。

从图4.37中页面效果可以看出，自定义主菜单已经被成功添加到了项目页面的指定位置。

图4.35 添加菜单项

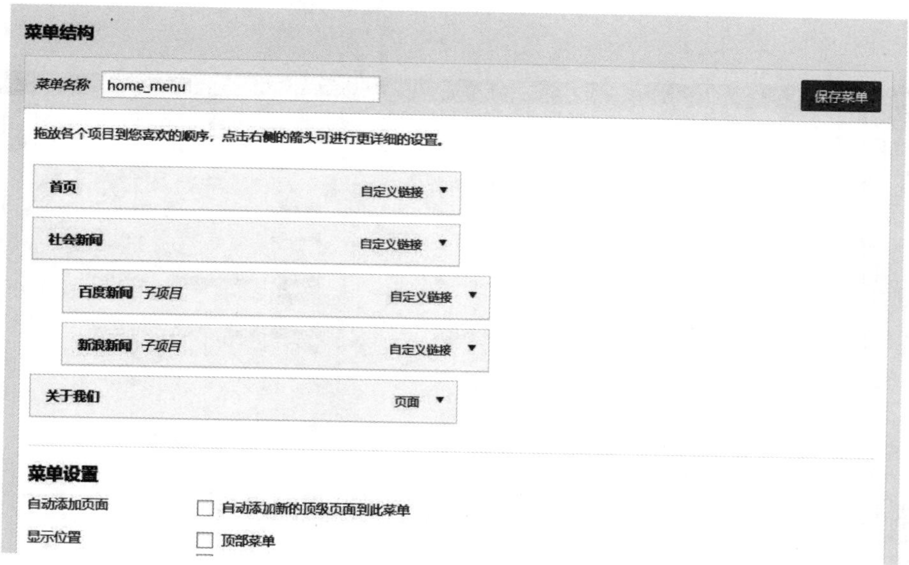

图4.36 添加子菜单项

4．内容添加

WordPress项目的内容，主要包括页面、文章、分类和标签等。它们的添加是通过项目后台管理系统的"文章""页面"等菜单项来完成的。

1）添加分类目录

为了更好地维护、管理项目中的"内容"，也是为了让使用项目的用户获得最佳的体验，有必要将数量众多的"内容"进行分门别类、归纳整理。WordPress使用"分类目录"来定义项目中"内容"的具体类别。

图 4.37 菜单显示效果

单击 WordPress 后台系统中的"文章"|"分类目录"菜单项,打开分类目录的添加与编辑页面,如图 4.38 所示。

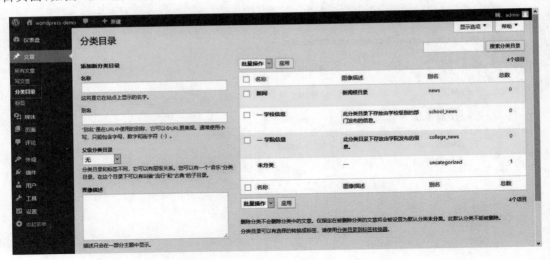

图 4.38 添加分类目录

在该页面中分别填写分类目录的名称、别名等信息后,单击页面下部的"添加新分类目录"按钮,就可以在页面的右侧列表中看到新添加的分类目录。将鼠标移动到某个分类目录上,会出现"编辑""删除"等按钮,可以用这些按钮对该分类目录进行编辑等操作。

2)添加标签

标签就是一种标记。通过给 WordPress 项目中的"文章"添加标记,来实现快速筛选具有某种特性的"文章"。

单击 WordPress 后台系统中的"文章"|"标签"菜单项,通过打开的页面完成标签的添加、编辑等操作。操作方法与上述"添加分类目录"相似。

3）添加文章

WordPress 项目的"文章"，就是指项目的主要内容，例如，新闻类项目中的"新闻"、商城类项目中的"商品"等。

单击 WordPress 后台系统中的"文章"|"写文章"菜单项，打开文章添加及设置页面，如图 4.39 所示。

图 4.39　添加文章

通过该页面，可以添加文章内容，并对该文章进行设置。例如，文章是否立即发布、是否对所有人可见、是否置顶、是否允许讨论等。

文章添加完毕后，可以通过 WordPress 后台系统中的"文章"|"所有文章"菜单项，来对其编辑或查看。

4）添加页面

WordPress 项目中的"页面"，就是指项目中除主要内容之外的其他内容。例如，新闻类项目中的"服务协议""广告信息"，商城类项目中的"优惠活动""纠纷解决方式"等。

单击 WordPress 后台系统中的"页面"|"新建页面"菜单项，打开"新建页面"页面，如图 4.40 所示。

页面新建完成后，可以通过 WordPress 后台系统中的"页面"|"所有页面"菜单项，来对其编辑或查看。

5．使用插件

使用 WordPress 插件，可以为项目增加新的功能，也可以对原有功能进行修改与删除。WordPress 项目中插件的安装与启用，通过其后台系统中的"插件"菜单来完成，如图 4.41 所示。

通过该页面，可以查看项目中已安装的插件、启用或删除插件、安装插件等。插件的安装分为在线安装与离线安装两种方式，单击图 4.41 页面中的"安装插件"按钮，即可打开 WordPress 的插件安装页面，如图 4.42 所示。

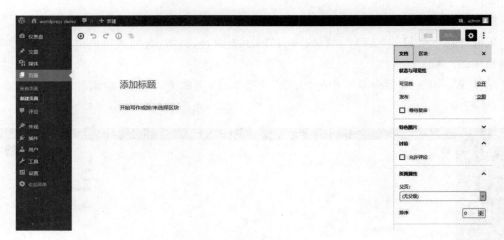

图 4.40 新建页面

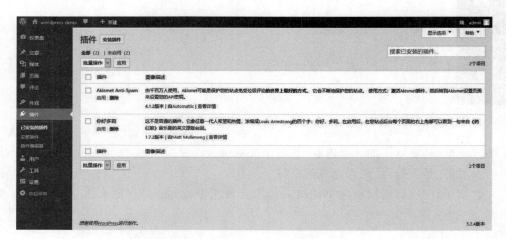

图 4.41 插件页面

图 4.42 插件安装

该页面上显示了 WordPress 的各种插件,可以在此查看、安装自己所需要的插件。单击页面中各插件信息框中的"现在安装",可以在线安装 WordPress 的插件;单击页面上部的"上传插件"按钮,可以离线安装下载到本地的插件。

插件安装成功后,就可以单击如图 4.41 所示页面中的"启用"按钮,在项目中使用该插件所提供的功能了。例如,安装图 4.42 页面中的"经典编辑器"后,图 4.39 页面所示的添加文章编辑器就会被替换,如图 4.43 所示。

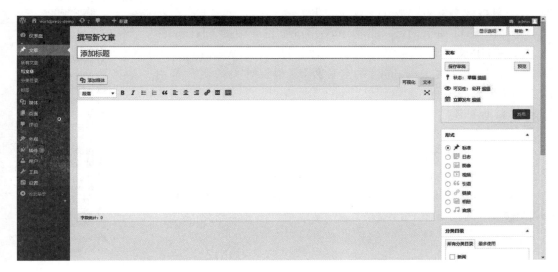

图 4.43 使用插件

注意:插件的安装一般采用在线方式,所以需要连接网络;当然也可以采用离线的方式,此时需要先将插件下载到本地。

4.4.3 主题开发

WordPress 项目的主题,实际上就是项目的外观,包括布局、配色、功能模块等。更改主题会改变项目的外观设计,即用户在使用项目时看到的内容和版式。

WordPress 安装成功后,会自带几款默认的主题,如图 4.31 所示,当然也可以在线安装 WordPress 提供的其他主题。对于一般的用户,这些由 WordPress 或第三方开发的主题基本上都能够很好地满足他们的需要,但对于一些个性化用户,还必须开发自己的项目主题。

1. 开发基础

从本质上说,WordPress 主题是一些模板文件的集合,这些模板文件相互协同,创建了用户所看到的项目内容,它控制着项目的外观和交互方式。WordPress 项目的主题文件存放在项目根目录下的 wp-content 子目录的 themes 文件夹中。

1)目录结构

WordPress 主题文件的目录结构没有强制性的规定,但一个良好的文件组织架构,会使主题层次更加清晰,也有利于后期更新与维护。如图 4.44 所示,展示了 WordPress 默认的 twentyseventeen 主题的文件类型及结构。

从这里可以看到,WordPress 主题由 PHP 文件、CSS 文件、JavaScript 文件、图像文件、本地化文件,以及文本文件等构成。

需要说明的是,WordPress 默认主题文件夹 languages 存放在 wp-content 目录中,而不是存放在主题目录中。但我们自己开发主题时,一般将该文件夹存放在主题目录下。

在如图 4.44 所示的目录结构中,除了 inc 目录中的 PHP 文件外,其他 PHP 文件都是主题的模板文件。目前,在 WordPress 主题中,除语言文件夹 languages 的名称外,其他文件夹的名称都由用户自定义。

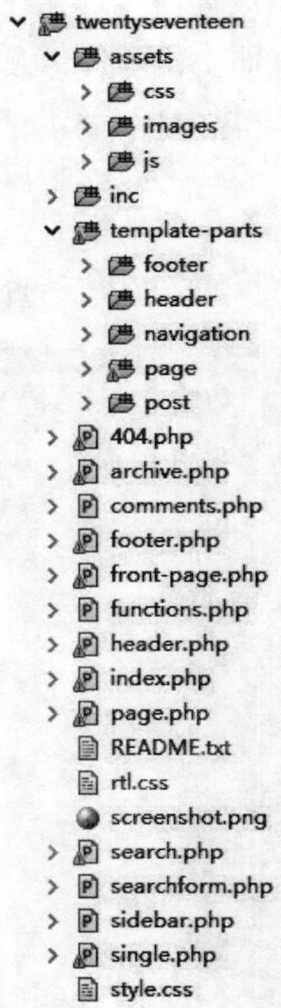

2)核心文件

在最基本的 WordPress 主题中,其实只有两个文件是必需的。一个是 index.php 文件,另一个是 style.css 文件;前者是默认的主模板文件,后者是主样式文件。它们均存放在主题的根目录下。

style.css 文件是主题的样式文件,该文件最重要的部分是它的头部注释,示例代码如下。

```
/*
Theme Name: Twenty Seventeen
Theme URI: https://wordpress.org/themes/twentyseventeen/
Author: the WordPress team
Author URI: https://wordpress.org/
Description: Twenty Seventeen brings your site to life with header video and immersive featured
images. With a focus on business sites, it features multiple sections on the front page as well
as widgets, navigation and social menus, a logo, and more. Personalize its asymmetrical grid
with a custom color scheme and showcase your multimedia content with post formats. Our default
theme for 2017 works great in many languages, for any abilities, and on any device.
Version: 2.2
...
*/
```

图 4.44 主题目录结构

可以看出,该注释块提供了一些主题信息,包括主题名称、作者、描述等。WordPress 正是从这里提取有关主题信息的。

主题信息名称常见的有以下几种。

(1) Theme Name(*):主题名称。

(2) Theme URI:主题介绍 URL,用户可以在其中找到有关主题的更多信息。

(3) Author(*):开发主题的个人或组织名称,建议使用主题作者在 wordpress.org 网站上注册的用户名。

(4) Author URI:创作个人或组织的 URL。

(5) Description(*):主题的简短描述。

(6) Version(*):版本,以××或×××格式编写。

(7) Licence(*):主题的许可证。

（8）Licence URI（＊）：主题许可证的 URL。

（9）Text Domain（＊）：用于 textdomain 的字符串转换。

（10）Tags：允许用户使用标签过滤器查找主题单词或短语，完整标签列表位于主题评审手册中。

（11）Domain Path：用来在主题被禁用时，指定在何处查找翻译，默认为 /languages 目录。

除了 index.php 和 style.css 文件外，在主题的根目录下还有一个名为 screenshot 的图像文件，它是主题的缩略图文件，用于在 WordPress 的后台中显示主题。该文件不是必需的。

如果开发的主题需要上传到 WordPress 的官方主题库中，必须编写 readme 文本文件，并且需要遵守一定的规范。该文件主要用于保存主题的更新日志。

在如图 4.44 所示的目录结构中，还可以看到一个名为 functions.php 的文件，用于定义主题功能，由 WordPress 自动加载。该文件只提供与主题有关的功能，如果需要提供一些通用的功能，建议用插件来代替。对于主题来说，该文件并不是必需的。

为了让使用其他语言的用户，也可以使用我们开发的主题，需要将主题国际化。主题默认都会包含一个名为 languages 的文件夹，其中有一个用于翻译的 po 文件和已翻译好的 mo 文件。虽然 languages 是此文件夹的默认名称，但是如果需要，可以使用 load_theme_textdomain() 函数对其进行修改。关于 WordPress 主题开发中的国际化问题，将在后续章节中详细介绍。

3）核心功能支持

WordPress 实现了很多与主题相关的核心功能，例如导航、小工具等，在进行主题开发时，可以根据实际情况，有选择地让主题支持这些功能。

如图 4.45 和图 4.46 所示，分别是 WordPress 默认主题 twentyseventeen 和自定义主题 themes_demo 的功能。

图 4.45　twentyseventeen 主题功能

图 4.46　themes_demo 主题功能

从图中可以看出，自定义的 themes_demo 主题当前并不支持 WordPress 的导航功能，也就是说，在该主题中不能进行菜单的添加、编辑等操作。

下面在 themes_demo 主题文件中编写代码，为其添加 WordPress 的导航功能。

首先，打开 themes_demo 主题文件夹，添加一个名为 functions.php 的文件，并编写如下代码。

```
function wm_register_nav() {
```

```
    register_nav_menus(
        array(
            'primary' => __('主导航'),
            'secondary' => __('副导航')
        )
    );
}
add_action('init', 'wm_register_nav');
```

然后，进入 WordPress 项目后台，启用 themes_demo 主题并添加菜单，如图 4.47 所示。

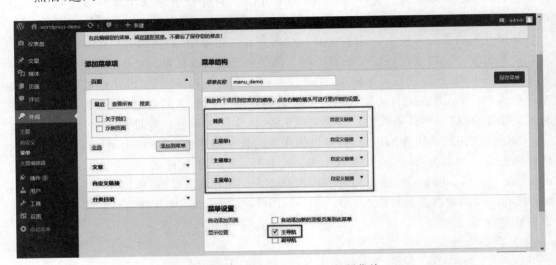

图 4.47 添加 themes_demo 主题菜单

最后，在项目页面中加载菜单。打开主题的 index.php 文件，添加如下代码。

```
<?php
    wp_nav_menu();
```

切换到项目前台，菜单效果如图 4.48 所示。

- 首页
- 主菜单1
- 主菜单2
- 主菜单3

图 4.48 显示 themes_demo 主题菜单

从图中可以看出，主题菜单是以 HTML 的原始无序列表样式显示的，在实际开发中还需要对其样式进行调整。

从上面的示例可以看出，要让自定义主题支持 WordPress 核心功能，最重要的是要使用 PHP 代码注册该功能。关于这一知识点的详情，请参考第 8 章的项目实践。

2. 模板文件

在 WordPress 主题中，混合了 HTML 代码的 PHP 文件称为模板文件。其作用简单地说，就是控制 WordPress 项目页面显示哪些内容，以及如何显示这些内容。

在上面的示例中,定义了一个名为 themes_demo 的主题,该主题中的 index.php 文件就是主题的模板文件。由于 WordPress 项目中的内容具有不同的类型,因此,主题中也需要定义不同类型的模板文件来与之相适应。当用户访问项目中的某个页面时,WordPress 会根据请求内容,调用不同的模板文件,来对用户的请求进行响应。

1) 文件类型

模板文件可以分成两种类型,一种是子模板或局部模板,另一种是通用模板。

所谓子模板,就是可以在其他模板中使用的模板。WordPress 默认的子模板有三个,分别是 header.php、sidebar.php 和 footer.php,用来显示页面的页头、侧边栏和页脚。当然,可以创建任意数量的子模板,并将其包含在其他模板文件中。

在 WordPress 主题中,除子模板之外的模板,统称为通用模板。根据显示内容类型的不同,通用模板可以分为:文章模板 single.php、single-{post-type}.php、archive-{post-type}.php;页面模板 page.php、page-{slug}.php、index.php、home.php;评论模板 comments.php;附件模板 attachment.php;分类模板 category.php;标签模板 tag.php;搜索模板 search.php;图像模板 image.php;错误模板 404.php 等类型。

根据模板的层次结构,通用模板又可以分为"主模板""二级模板"和"可变模板"等。

主模板主要包括 index.php、home.php、single.php、page.php、archive.php、search.php、404.php、comments.php 等。

二级模板主要包括 front-page.php、category.php、tag.php、date.php、author.php、taxonomy.php、attachment.php、single-post.php 等。

2) 文件引用

可以在主题的主模板中引用子模板。例如,在 index.php 模板文件中添加如下代码,引用页头、侧边栏和页脚。

```php
<?php
    get_header();        //引用 header.php 模板
    get_sidebar();       //引用 sidebar.php 模板
    get_footer();        //引用 footer.php 模板
```

切换到项目前台首页,页面效果如图 4.49 所示。

从显示的页面效果可以看出,在主题中没有定义 header.php、sidebar.php 和 footer.php 子模板的情况下,WordPress 调用相应的默认子模板。WordPress 的默认子模板存放在 wp-includes 下的 theme-compat 子目录中,读者可以自行打开查看。

如果在主题中自定义这些文件,则 WordPress 会优先调用自定义的子模板。文件及测试代码如下:

```
//header.php
<!DOCTYPE html>
<html lang = "en">
<head>
    <meta charset = "UTF-8">
    <title>wordpress</title>
    <style>
        body{
            margin: 0;
```

图 4.49 引用默认子模板

```
        padding: 0;
    }
    #head{
        width: 100%;
        height: 100px;
        background-color: orange;
    }
    #sidebar{
        width: 20%;
        height: 300px;
        background-color: skyblue;
        float: left;
    }
    #foot{
        width: 100%;
        height: 100px;
        background-color: gray;
        float: left;
    }
    </style>
</head>
<body>
    <div id="head">页头</div>

//sidebar.php
    <div id="sidebar">侧边栏</div>

//footer.php
    <div id="foot">页脚</div>
</body>
</html>
```

```
//index.php
<?php
    get_header();
    get_sidebar();
?>
<div>这里是 index.php 中的内容</div>
<?php
    get_footer();
```

刷新如图 4.49 所示的页面，输出效果如图 4.50 所示。

图 4.50　引用自定义默认子模板

WordPress 的其他子模板，例如搜索模板、评论模板等，引用方式与上述示例相似，读者可自行练习。下面介绍如何引用自定义的模板。

在主题的根目录下，新建一个名为 template-parts 的子目录，在其中添加一个名为 custom-template.php 的自定义模板文件，并编写测试代码，如下。

```
//template-parts/custom-template.php 文件
<p>这是自定义的模板文件 custom-template.php</p>
```

修改 index.php 模板代码，引用自定义的模板文件。

```
…
<div>这里是 index.php 中的内容</div>
<!-- 下面的代码引用自定义模板文件 -->
<div><?php get_template_part('template-parts/custom','template');?></div>
…
```

引用自定义的模板文件，也可以使用如下格式。

```
get_template_part('template-parts/custom-template')
```

需要注意的是，WordPress 的模板文件本身就是 PHP 文件，所以它们的引用是可以使用 PHP 的包含语句来实现的。但在实际开发中，建议还是像上面演示的那样，使用 WordPress 提供的函数来实现模板的引用。

3）层次结构

WordPress 有一套调用模板文件的规则，在不同的情况下，用户的请求会用不同的模板来显示。WordPress 一般使用用户请求的 URL 中的查询字符串，来决定应该使用哪个模板来显示响应页面。

WordPress 在调用模板文件时，向下搜索模板层次结构，直到找到匹配的模板文件为止。在确定模板文件的过程中，WordPress 会做以下 3 个方面的工作。

（1）将每个查询字符串与查询类型匹配，来确定用户请求的是哪种类型的页面（例如，搜索页面、类别页面等）。

（2）按模板层次结构确定使用哪个模板文件来显示这个页面。

（3）在当前主题的目录中，查找具有特定名称的模板文件，并使用层次结构指定的第一个匹配模板文件。

从 WordPress 模板层次可知，除了基本的 index.php 模板文件外，还可以自定义许多其他模板文件。如果 WordPress 找不到名称匹配的具体模板文件，它将跳转到模板层次结构中的下一个文件；如果 WordPress 还是找不到任何匹配的模板文件，最终将使用 index.php 模板来显示页面。

例如，用户访问某个 WordPress 项目的分类目录存档页面，假设该页面的 URL 地址为 http://example.com/category/php/，WordPress 会在当前主题的目录中查找与该类别的 ID 匹配的模板文件，以生成正确的页面。更具体地说，WordPress 遵循以下过程。

（1）在当前主题的目录中查找与分类 slug 匹配的模板文件。若分类 slug 是"php"，则 WordPress 会查找名为 category-php.php 的模板文件。

（2）如果 category-php.php 不存在，并且分类的 ID 为 4，则 WordPress 将查找名为 category-4.php 的模板文件。

（3）如果 category-4.php 不存在，WordPress 将寻找通用分类模板文件 category.php。

（4）如果 category.php 不存在，WordPress 将寻找通用存档模板 archive.php。

（5）如果 archive.php 仍然缺少，WordPress 将会使用主题 index.php 模板文件。

4）主页模板

默认情况下，WordPress 会在网站首页显示网站的最新文章，这个页面称为文章索引。除此之外，选择一个静态页面作为网站首页。模板文件 home.php 用于显示文章索引，无论选择最新文章还是静态页面作为首页。如果 home.php 不存在，WordPress 将使用 index.php。

关于 WordPress 开源软件的使用，本节就介绍到这里。在第 8 章会给出一个完整的项目案例，详细讲解使用 WordPress 进行 PHP Web 项目开发的方法。

4.5 本章小结

本章介绍了 PHP 的 CodeIgniter 框架、ThinkPHP 框架以及开源项目 WordPress 的下载、安装及其简单应用，旨在为后续第 8～10 章的项目开发做好技术准备。在 PHP 项目开发中，常常会使用各种各样的开发框架，这些开发框架各有千秋，读者要根据项目特点及自己对框架掌握的熟练程度进行选择。

第二篇

项目案例

在"PHP 程序设计"课程中,除了需要掌握 PHP 的基本语法等理论知识外,还需要结合已经学过的计算机网络、数据库原理等其他课程知识,以及自己学习的一些相关软件开发工具,把理论知识和实践结合起来,完成 PHP 项目开发的课程设计任务。

PHP 的项目开发一般采用三种方式,即一次开发、二次开发与框架开发。一次开发,就是使用 PHP 从零开始的项目开发,所有代码均由开发者手工编写;二次开发,是指利用已有的 PHP 项目(一般都是 PHP 开源项目),通过修改原项目中的内容来实现新项目功能;框架开发,则是指利用成熟的 PHP 应用框架来进行的项目开发。

PHP 的项目开发是一项综合性的软件工程,它不仅涉及众多的开发技术,而且还涉及开发周期、开发成本、软件升级、后期维护等方方面面。若采用一次开发方式,虽然灵活性比较强,但项目开发周期长、成本高;采用二次开发方式,尽管可以大大缩短开发周期、降低开发成本,但项目功能会受到所使用的开源项目的限制,不能很好地满足用户的需求;但若是利用成熟的框架来进行项目开发,则可以很好地弥补上述两种开发方式的不足,既可以较大地缩短开发周期、降低开发成本,还可以提升项目的整体性能及运行的稳定性,并且还可以让开发者把主要精力聚集在解决用户的业务逻辑问题上。所以,目前业界普遍采用 PHP 框架来进行实际的 PHP Web 应用项目开发。

第 5~7 章介绍三个采用一次开发方式开发的 PHP 案例项目,分别为第 5 章的"内容管理系统"、第 6 章的"日程管理系统"以及第 7 章的"在线课程系统"。它们分别采用面向过程、面向对象以及 Smarty 模板+面向对象的程序设计方法。

第 8~10 章介绍了 PHP 项目开发的另外两种方式,我们使用 PHP 的开源项目 WordPress,以及 CodeIgniter 和 ThinkPHP 框架来开发三个简单的 PHP 项目,以此全面熟悉和掌握 PHP 的项目开发技术。分别为第 8 章的"校园信息平台"、第 9 章的"电子商务系统"以及第 10 章的"在线办公系统"。它们分别采用 WordPress 开源软件、CodeIgniter 框架以及 ThinkPHP 6 框架技术。

内容管理系统

内容管理系统(Content Management System,CMS)是互联网上对信息进行分类管理,并快捷更新的 Web 应用系统。它能够将杂乱无章的信息,及时、准确、有序地呈现在网络用户面前,使信息的共享更加快捷和方便。

本章通过一个简单的内容管理系统的开发,向读者介绍 PHP Web 应用程序开发的基本方法、技术规范,以及相关的开发技术。

5.1 项目简介

视频讲解

CMS 应用非常广泛,例如企业网站、政府信息平台等。在网络中,常见的门户、新闻、博客、文章等类型的网站,以及各类信息、数据查询系统,都可以利用 CMS 进行开发。

5.1.1 功能描述

作为第一个项目,通过该项目的开发,熟悉 PHP Web 应用项目开发的各项技术,进一步巩固 PHP 程序设计语言的语法及编程规范并能综合应用基础理论知识,解决实际的工程、技术或应用问题。鉴于此目的,本项目采用面向过程的程序设计方法,实现内容管理系统的基本功能,包括前台展示功能与后台管理功能。

前台功能包括内容的列表展示、内容的分类展示、内容的详情展示、内容的搜索,以及用户的注册与登录等。

后台功能包括用户管理、内容管理、分类管理等。

5.1.2　运行预览

本章项目的完整运行效果,请读者自行运行本书提供的源码,项目目录名称为chap05。这里只展示前台首页、内容详情、分类查询、后台主页、后台用户管理页面的运行效果,如图5.1~图5.5所示。

图5.1　前台主页

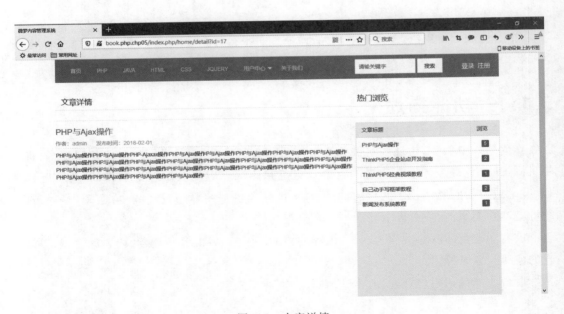

图5.2　内容详情

第5章 内容管理系统

图 5.3　分类查询

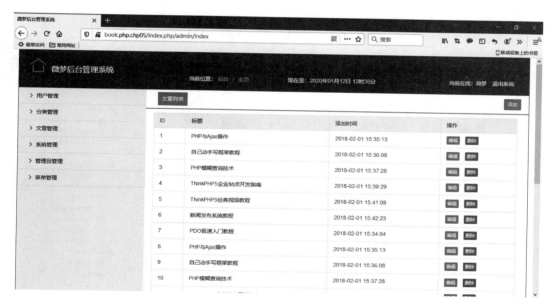

图 5.4　后台主页

其他页面效果请运行源码，本章项目源码目录为 chap05。运行时请先阅读案例项目运行说明。

图 5.5　用户管理

视频讲解

5.2　项目准备

Web 项目的开发是一项复杂的系统工程，一般包括系统分析、系统设计、系统实现，以及系统测试等诸多环节，其中，系统分析与系统设计需要在项目的准备阶段完成。

由于篇幅的限制，这里只简单地介绍一下系统设计，项目的系统分析，例如需求分析、可行性分析、项目计划书的编写等工作，读者可自行参考其他技术文档学习完成。

5.2.1　系统初步设计

系统初始设计包括确定系统目标、系统功能、数据库类型，以及系统开发框架等内容。下面简单介绍项目的创建、静态资源的准备以及初始化文件设计等内容。

1. 创建 PHP 项目

创建一个 PHP 本地项目，项目名称为"微梦内容管理系统"，项目目录为 chap05，对应的虚拟主机为 book.php.chp05。项目目录结构如图 5.6 所示。

该项目分为前台与后台两个模块，其中，前台文件存放在项目根目录下的 home 子目录中，后台模块文件存放在 admin 目录下。项目根目录下的 common 与 public 子目录中存放前后台模块的公

图 5.6　项目目录结构

用文件。项目结构中的目录及文件说明如表 5.1 所示。

表 5.1 项目目录及文件说明

属　　性	说　　明
admin	后台模块目录
admin/	后台模块中的页面文件目录
admin/view	后台模块视图文件目录
common	前后台公共文件目录
common/captcha/	图形验证码文件目录
common/lib/	自定义库文件目录
error	错误页面文件目录
frame	系统配置与初始化目录
home	前台模块目录
public	系统公共静态资源目录
Index.php	系统入口文件

这里只介绍了主要目录与文件,详情请参见源码。

2. 准备公共资源

项目的公共资源,主要包括项目前后台模块使用的公共 CSS 样式文件、JavaScript 脚本文件、图像文件,以及共同使用的自定义和第三方开发的库文件等。

1) 引入 CSS 和 JS 文件

本项目前端使用 Layui 及 jQuery 前端框架。下载 Layui 和 jQuery 资源,并将其复制到项目根目录下的 public\static 子目录中。

2) 加载自定义函数库

在项目根目录下的 common 目录中创建子目录 lib,并在其中新建一个名为 function.php 的 PHP 文件。该文件是自定义库文件,存放项目模块的公共函数。

函数库文件 function.php 的加载,一般在项目的初始化文件中完成。下面创建项目的初始化文件 init.php。

3. 创建初始化文件

项目的初始化文件主要用于完成定义常量、加载资源,以及启动 SESSION 等工作。在项目根目录下的 frame 子目录中,新建 init.php 文件并编写如下代码。

```php
<?php
/**
 * 项目初始化文件
 * 定义常量、加载资源、启动 SESSION
 * @author weiwenping
 */
define('APP_NAME', '微梦内容管理系统');
define('ADMIN_NAME', '微梦后台管理系统');

define('DOC_ROOT', $_SERVER['DOCUMENT_ROOT']);
```

```php
define('DOC_COMMON', DOC_ROOT.'/common/');
define('DOC_LIB', DOC_COMMON.'lib/');
define('CAPTCHA_FONT_PATH', DOC_COMMON.'captcha/');
define('CONFIG_PATH', DOC_ROOT.'/frame/');
//前台文件目录常量
define('HOME_ROOT', DOC_ROOT.'/home/');
define('HOME_VIEW_PATH', HOME_ROOT.'/view/');
//后台文件目录常量
define('ADMIN_ROOT', DOC_ROOT.'/admin/');
define('ADMIN_VIEW_PATH', ADMIN_ROOT.'/view/');
//公共资源引用目录常量
define('WEB_ROOT', 'http://book.php.chp05/');
define('WEB_STATIC', WEB_ROOT.'public/static/');
define('LAYUI_PATH', WEB_STATIC.'layui/');
define('LAYUI_CSS_PATH', LAYUI_PATH.'css/');
define('LAYUI_JS_PATH', LAYUI_PATH);
define('JQUERY_PATH', WEB_STATIC.'jquery/');
define('CSS_PATH', WEB_STATIC.'css/');
define('JS_PATH', WEB_STATIC.'js/');
define('UPLOAD_PATH', WEB_ROOT.'public/upload/');
//后台模块目录常量
define('WEB_ADMIN', WEB_ROOT.'admin/');
//加载公共资源函数库
require DOC_LIB.'function.php';
//开启 SESSION
session_start();

/**
 * 项目启动函数
 * @return string[]|unknown[]
 */
function run(){
    //获取请求的 URI
    $request_uri = $_SERVER['REQUEST_URI'];
    //获取请求的入口文件
    $script_name = $_SERVER['SCRIPT_NAME'];
    //获取 URL 中的模块、方法和查询字符串
    $request = str_replace($script_name, '', $request_uri);
    $request = ltrim($request, '/');
    //将查询字符串分离
    $request_array = explode('?', $request);
    //将模块和方法存放在数组中
    $module_action = $request_array[0];
    if (empty($module_action)) {
        $module = 'home';
        $action = 'index';
    }else{
        $module_action = explode('/', $module_action);
        //获取模块
        if (isset($module_action[0]) && !empty($module_action[0])) {
            $module = $module_action[0];
```

```php
        }else{
            $module = 'home';
        }
        //获取方法
        if (isset($module_action[1]) && !empty($module_action[1])) {
            $action = $module_action[1];
        }else{
            $action = 'index';
        }
    }
    //请求的文件
    $require = DOC_ROOT.'/'.$module.'/'.$action.'.php';
    if (file_exists($require)) {
        require_once $require;
    }else{
        require_once DOC_ROOT.'/error/error.html';
    }
}
```

在系统初始化文件中,除定义一些必要的常量外,还定义了一个名为run()的函数,该函数是系统的启动函数,起着一个简单的路由作用。

5.2.2 系统流程设计

系统功能确定以后,需要设计系统架构,也就是系统的整体框架。本系统是一个简单的PHP设计项目,所以项目功能不复杂。本项目系统架构模拟MVC设计模式。

下面通过测试页面,对项目前台模块执行流程进行设计。首先设计系统入口文件。在项目根目录下创建index.php文件,代码如下。

```php
<?php
/**
 * 系统入口文件
 * @author weiwenping
 */
//加载项目初始化文件
require './frame/init.php';
//启动项目
run();
```

接着,在前台模块home目录中新建测试文件,分别为test.php和view\test.php,代码如下。

```php
<?php
defined('APP_NAME') or exit('非法访问');
/**
 * 前台测试文件test.php
 */
$data['test'] = array(
    [
```

```php
            'id' => '1',
            'name' => '面向对象程序设计(C++语言描述)',
            'author' => '马石安 魏文平',
            'press' => '清华大学出版社'
        ],
        …
    );
    //加载视图
    require HOME_VIEW_PATH.'v_test.php';
```

```html
<!-- 前台测试视图文件 home\view\test.php -->
<!DOCTYPE html>
<html lang="en">
<head>
    <meta charset="UTF-8">
    <title>前台测试页面</title>
    <link rel="stylesheet" href="<?php echo LAYUI_CSS_PATH;?>layui.css" />
</head>
<body class="layui-body">
    <h2>前台测试页面</h2>
    <hr>
    <div class="layui-table">
    <table>
        <thead>
            <tr><th>序号</th><th>教材名称</th><th>作者</th><th>出版社</th></tr>
        </thead>
        <tbody>
            <?php foreach( $data['test'] as $v): ?>
            <tr><td><?php echo $v['id'];?></td><td><?php echo $v['name'];?></td>
                <td><?php echo $v['author'];?></td><td><?php echo $v['press'];?></td>
            </tr>
            <?php endforeach; ?>
        </tbody>
    </table>
    </div>
</body>
</html>
```

打开浏览器,在地址栏中输入"http://book.php.chp05/index.php/home/test",运行效果如图 5.7 所示。

在上述 URL 中,"index.php"表示系统入口文件;"home"表示系统前台模块;"test"表示需要访问的前台文件。如果与 MVC 模式项目进行类比,可以看出,前台模块中的 PHP 文件相当于 MVC 的控制器;视图目录 view 中的 PHP 文件相当于 MVC 的视图;而控制器中的数据准备则相当于 MVC 的模型。

所以,本系统的访问流程确定为:系统域名→入口文件→模块→页面文件→页面视图。

在上述测试页面中,测试数据是通过数组的方式直接准备的,在后续的开发过程中,页面中的数据要从数据库中通过"模型"来获取。

图 5.7　前台测试页面运行效果

5.2.3　数据库设计

数据库设计是 PHP Web 项目开发的重要环节，数据库设计的质量直接影响着系统运行的效率与速度。

为项目创建一个名为 wmchap05db 的 MySQL 数据库，并在其中创建数据表，数据表名均使用"wm_"前缀。由于篇幅的限制，这里只展示系统管理员数据表、文章数据表和菜单数据表，其他数据表请参见源码包中的相关资源。

项目管理员数据表 wm_admin 的结构及字段含义分别如图 5.8 和表 5.2 所示。

Field	Type	Comment
id	int(10) NOT NULL	
username	varchar(20) NOT NULL	
password	varchar(32) NOT NULL	
truename	varchar(20) NOT NULL	
gid	int(10) NOT NULL	
status	tinyint(1) NOT NULL	
add_time	int(10) NOT NULL	

图 5.8　数据表 wm_admin 的结构

表 5.2　数据表 wm_admin 字段说明

字　段	说　明
id	序号。主键
username	用户名
password	密码。MD5 加密
truename	用户真实姓名
gid	用户类型分组 ID。对应数据表 tb_admin_groups 中的 GID
status	管理员账号状态。1 表示禁用，0 表示正常
add_time	注册时间

项目文章数据表 wm_article 的结构及字段含义分别如图 5.9 和表 5.3 所示。

Field	Type	Comment
id	int(4) unsigned NOT NULL	主键
title	varchar(255) NOT NULL	文档标题
title_img	varchar(200) NOT NULL	标题图片
is_hot	tinyint(4) unsigned NOT NULL	是否热门1是0否
is_top	tinyint(4) unsigned NOT NULL	是否置顶1是0否
cate_id	int(10) NOT NULL	栏目主键
user_id	int(10) NOT NULL	用户主键
content	text NOT NULL	文档内容
pv	int(10) NOT NULL	阅读量
status	tinyint(4) NOT NULL	状态1显示0隐藏
create_time	int(10) NOT NULL	创建时间
update_time	int(10) NOT NULL	更新时间

图 5.9 数据表 wm_article 的结构

表 5.3 数据表 wm_article 字段说明

字 段	说 明
id	序号，主键
title	文章标题
title_img	文章标题图片，在前台主页列表显示时使用，如图 5.1 所示
is_hot	是否是热门文章
is_top	是否将文章置顶
cate_id	文章类型 ID
user_id	作者 ID
content	文章内容
pv	文章浏览次数
status	文章显示状态
create_time	文章提交时间
update_time	文章修改时间

项目菜单数据表 wm_menu 的结构及字段含义分别如图 5.10 和表 5.4 所示。

Field	Type	Comment
id	int(10) unsigned NOT NULL	
name	varchar(50) NOT NULL	
href	varchar(100) NOT NULL	
position	varchar(30) NOT NULL	
pid	tinyint(1) NOT NULL	父菜单ID
status	tinyint(1) NOT NULL	1正常2禁用
module	varchar(20) NOT NULL	
order	tinyint(1) NOT NULL	

图 5.10 数据表 wm_menu 的结构

表 5.4　数据表 wm_menu 字段说明

字　　段	说　　明
id	序号。主键
name	菜单名称
href	菜单 URL
position	菜单位置
pid	菜单的父菜单 ID
status	菜单状态
order	菜单排列顺序

上述对数据库的操作与管理，使用的是 SQLyog 工具软件。请读者选择自己熟悉的数据库管理工具进行操作。

5.3　后台功能实现

Web 项目的开发往往都是从后台开发开始的。下面实现项目后台管理系统的部分功能，包括管理员信息显示，管理员登录验证，管理员添加、编辑与删除；内容分类管理、内容详情管理等。

5.3.1　主页设计

系统后台主页运行效果如图 5.4 所示。

1. 后台布局

系统后台模块主要负责系统数据的管理，例如，管理员的添加、删除、信息修改，以及信息显示；管理员权限设置；内容的添加、编辑、删除、审核等。

把后台模块的所有操作集中到页面左侧的菜单，操作内容则在页面的主显示区域中进行显示，如图 5.5 所示。

单击页面中侧边栏"用户管理"菜单下的"用户列表"子菜单，则会在页面的主显示区内，显示所有的系统用户信息，同时显示各种操作按钮。

单击页面左上角的主页图标及文本，可以重新加载后台模块封面页面；单击页面右上角的"退出系统"，则可以退出系统的后台管理，如图 5.11 所示。

2. 侧边栏设计

侧边栏中的导航菜单信息不是直接固定在页面代码中的，它们来自数据库中的 wm_menus 数据表。

1) 数据库操作

在系统自定义库文件目录 common\lib 中新建 db.php 文件，在该文件中编写数据库连接、数据表查询等函数，代码如下。

图 5.11 系统后台主页

```php
<?php
/**
 * 数据库连接
 * @return NULL|mixed
 */
function db_connect() {
    static $link = null;
    if (!$link) {
        $link = call_user_func_array('mysqli_connect', getConfigItem('DB_CONNECT'));
        if (!$link) {
            exit('数据库连接错误');
        }
    }
    return $link;
}
/**
 * 数据查询
 * @param string $sql
 * @param string $type
 * @param array $data
 * @return object
 */
function db_query($sql, $type = '', $data = []) {
    $link = db_connect();
    $stmt = mysqli_prepare($link, $sql);
    if (!$stmt) {
        $error = mysqli_error($link).'<br>SQL 语句:'. $sql;
        exit('数据库操作错误!'. $error);
    }
    if ($data == []) {
```

```php
            mysqli_stmt_execute( $stmt );
        }else{
            $data = (array) $data;
            db_bind_param( $stmt, $type, $data );
            mysqli_stmt_execute( $stmt );
        }
        return $stmt;
}
/**
 * 查询数据绑定
 * @param object $stmt
 * @param string $tyle
 * @param array $data
 */
function db_bind_param( $stmt, $tyle, & $data ) {
    $params = [ $stmt, $tyle];
    foreach ( $data as & $params[] ) { }
    call_user_func_array('mysqli_stmt_bind_param', $params );
}

define('DB_ALL', 0);
define('DB_ROW', 1);
define('DB_COLUMN', 2);
define('DB_AFFECTED', 3);
define('DB_LASTED', 4);
/**
 * 查询结果处理
 * @param int $mode
 * @param string $sql
 * @param string $type
 * @param array $data
 * @return array
 */
function db_fetch( $mode, $sql, $type = '', $data = [] ) {
    $stmt = db_query( $sql, $type, $data );
    $result = mysqli_stmt_get_result( $stmt );
    switch ( $mode ) {
        case DB_ROW:
            return mysqli_fetch_assoc( $result );
        break;
        case DB_COLUMN:
            return current((array)mysqli_fetch_row( $result ));
        break;

        default:
            return mysqli_fetch_all( $result, MYSQLI_ASSOC );
        break;
    }
}
/**
 * 数据查询,没有结果集的查询
```

```php
 * @param int $mode
 * @param string $sql
 * @param string $type
 * @param array $data
 * @return int
 */
function db_exec( $mode, $sql, $type = '', $data = []) {
    $stmt = db_query( $sql, $type, $data);
    switch ( $mode) {
        case DB_LASTED:
            return mysqli_stmt_insert_id( $stmt);
            break;
        default:
            return mysqli_stmt_affected_rows( $stmt);
            break;
    }
}

function db_connect() {
    static $link = null;
    if (! $link) {
        $link = call_user_func_array('mysqli_connect', getConfigItem('DB_CONNECT'));
        if (! $link) {
            exit('数据库连接错误');
        }
    }
    return $link;
}
```

上述代码中的 getConfigItem() 是自定义函数,用于获取配置文件中的数据库连接信息。数据库连接数据存放在系统根目录下的 frame 子目录中,文件名为 config.php。

数据库操作文件 db.php 中的功能函数,由于代码都比较简单,这里不再详细说明,请使用源码自行学习。

2) 获取菜单数据

在系统 common\lib\function.php 文件中,编写菜单处理函数。其中,getMenus() 函数返回某个模块、某个位置中的全部菜单;getSubMenus() 函数返回某个菜单项的二级菜单。为了简单一些,本项目菜单只分为二级,代码如下。

```php
function getMenus( $module, $position) {
    //从数据库中获取菜单信息
    $sql = "select * from wm_menus where module = '".
                $module."' and position = '". $position."'"
                .' order by order';
    $menus = db_fetch(DB_ALL, $sql);
    return $menus ? $menus : null;
}

function getSubMenus( $menus, $menus_id) {
    $subMenus = array();
```

```php
    foreach ( $ menus as $ v) {
        if ( $ v['pid'] == $ menus_id) {
            array_unshift( $ subMenus, $ v);
        }
    }
    return $ subMenus ? $ subMenus : null;
}
```

在后台页面的 PHP 文件中，调用上述方法，获取菜单数据，代码如下。

```php
//获取侧边栏导航菜单
$ side_navs = getMenus('admin','side');
foreach ( $ side_navs as $ k => $ v) {
    $ data['side_navs'][ $ k] = $ v;
    $ data['side_navs'][ $ k]['sub'] = getSubMenus( $ side_navs, $ v['id']);
}
```

最后，设计侧边栏视图。文件为 admin\view\side.php，代码如下。

```php
<?php defined('APP_NAME') or exit('非法访问');?>
<div class = "layui-collapse" lay-accordion>
    <?php foreach ( $ data['side_navs'] as $ v):?>
    <?php if( $ v['pid'] == 0):?>
    <div class = "layui-colla-item" style = "padding-left:10px;">
        <h2 class = "layui-colla-title"><?= $ v['name']?></h2>
        <div class = "layui-colla-content">
            <?php if( $ v['sub'] === null): ?>
            <span style = "padding:5px;"><a href = "<?= $ v['href']?>">管理主页</a></span>
            <?php else: ?>
            <ul>
                <?php foreach( $ v['sub'] as $ sub): ?>
                <li style = "padding:5px;border-bottom: 1px dashed #FF5722;">
                    <a href = "<?= $ sub['href']?>"><?= $ sub['name']?></a>
                </li>
                <?php endforeach; ?>
            </ul>
            <?php endif;?>
        </div>
    </div>
    <?php endif;?>
    <?php endforeach;?>
</div>
```

侧边栏运行效果如图 5.12 所示。

这里使用了 Layui 的面板组件，单击一级菜单名称，展开二级菜单列表；单击二级菜单，在页面右侧的区域显示主内容。

3. 后台主页设计

用户访问系统后台主页，就是加载系统的 admin\index.php 文件，该文件代码如下。

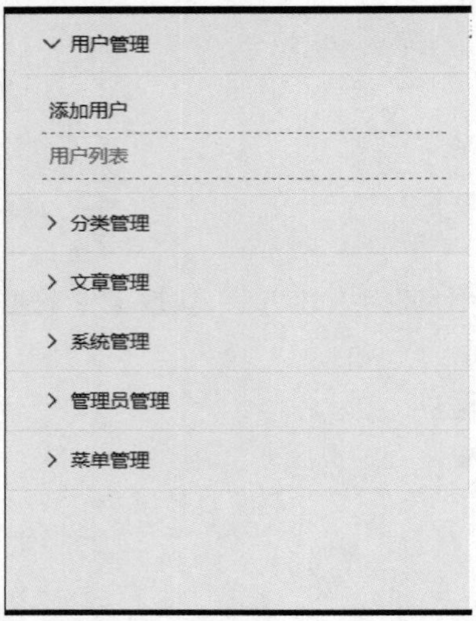

图 5.12　后台页面中的侧边栏

```php
<?php
defined('APP_NAME') or exit('非法访问');
/**
 * 系统后台首页文件
 * admin\index.php
 */
//视图数据
$data = array(
    'title'=>'后台首页',
    'css_files'=>array(
        LAYUI_CSS_PATH.'layui.css',
        CSS_PATH.'admin_index.css',
    ),
    'js_files'=>array(
        JQUERY_PATH.'jquery-3.3.1.min.js',
        LAYUI_JS_PATH.'layui.js',
),
…
);
//加载视图
require ADMIN_VIEW_PATH.'v_index.php';
```

接着，编写视图文件 admin\view\v_index.php，代码如下。

```php
<?php defined('APP_NAME') or exit('非法访问');?>
<?php include ADMIN_VIEW_PATH.'header.php';?>
<div class="layui-fluid">
    <div class="layui-row layui-bg-cyan header">
        <?php include ADMIN_VIEW_PATH.'top.php';?>
    </div>
    <div class="layui-row" style="border:1px solid #2F4056;">
        <div class="layui-col-md3 side">
```

```php
            <?php include ADMIN_VIEW_PATH.'side.php';?>
        </div>
        <div class="layui-col-md9 content">
            <h3>系统后台首页</h3>
        </div>
    </div>
    <div class="layui-row layui-bg-cyan footer">
        <?php include ADMIN_VIEW_PATH.'bottom.php';?>
    </div>
</div>
<?php include ADMIN_VIEW_PATH.'footer.php';?>
<script>
    $(document).ready(function() {
        layui.use('element', function(){
            var element = layui.element;
        });
    });
</script>
```

视图由公共部分和特别部分组成,公共部分文件也是存放在 admin\view 目录中,各部分代码详见源码。

4. 后台封面设计

为系统后台设计一个封面页面,用于承载系统介绍、使用说明、用户登录,以及广告信息等内容,如图 5.11 所示。

在系统 admin 目录下新建 welcome.php 文件,代码如下。

```php
<?php
defined('APP_NAME') or exit('非法访问');
/**
 * 系统后台欢迎页面
 * admin\welcome.php
 */
//视图数据
$data = array(
    'title'=>'后台管理系统',
    'css_files'=>array(
        LAYUI_CSS_PATH.'layui.css',
        CSS_PATH.'admin_welcome.css',
    ),
    'js_files'=>array(
        JQUERY_PATH.'jquery-3.3.1.min.js',
        LAYUI_JS_PATH.'layui.js',
    ),
    'content'=>array(
        'title' => '微梦后台管理系统',
        'author' => '开发者:马石安 魏文平',
        'time' => '2020 年 1 月'
    ),
```

);

//加载视图
require ADMIN_VIEW_PATH.'v_welcome.php';

在 admin/view 目录中,新建视图文件 v_welcome.php。该视图文件非常简单,请参考项目源码。

5.3.2 登录与登出

用户的登录与登出,是任何 Web 项目都必须具有的功能。用户登录功能实现时,重点注意用户输入数据的验证。

1. 登录表单设计

1) 创建页面

在系统后台模块中,添加管理员登录视图文件 admin\view\v_login.php,页面效果如图 5.13 所示。

图 5.13 后台用户登录表单

系统后台管理员登录页面,通过单击图 5.11 页面中的"用户登录"超级链接来实现。加载该页面的 PHP 文件为 admin\login.php,其代码与系统后台模块中的其他 PHP 文件相似,请参见源码。

在如图 5.13 所示的页面中有一个图形验证码,用于加强用户登录验证。下面实现验证码图片的显示,以及单击验证码图片更新验证码的功能。

2) 生成验证码

在项目根目录下的 common\lib 子目录中添加 captcha.php 文件,用于存放生成图形验证码、输出图形验证码、检验验证码是否正确的函数，代码如下。

```php
<?php
/**
 * 生成验证码
 * @param int $count 验证码长度
 * @return string
 */
function create_captcha( $count = 5 ) {
    $code = '';
    $charset = 'ABCDEFGHJKLMNPQRSTUVWXY23456789';
    $len = strlen( $charset) - 1;
    for ( $i = 0; $i < $count; $i++) {
        $code .= $charset[mt_rand(0, $len)];
    }
    return $code;
}
/**
 * 显示图形验证码
 * @param string $code
 */
function captcha_img( $code) {
    $width = 120;                                            //验证码图片宽度
    $height = 35;                                            //验证码图片高度
    $img = imagecreate( $width, $height);                    //创建验证码图像
    //设置验证码图像的背景颜色
    imagecolorallocate( $img, mt_rand(50,255), mt_rand(0,155), mt_rand(0,155));
    $fontSize = 18;                                          //验证码文字大小
    $fontColor = imagecolorallocate( $img, 255, 255, 255);   //验证码文字颜色
    $fontStyle = CAPTCHA_FONT_PATH.'font.TTF';               //验证码文字样式
    $len = strlen( $code);
    //生成指定长度的验证码
    for( $i = 0; $i < $len; ++$i){
        imagettftext(
            $img,
            $fontSize,
            mt_rand(0,20) - mt_rand(0,25),                   //设置验证码文字倾斜角度
            //随机设置验证码文字显示坐标
            $fontSize * $i + 12,
            mt_rand( $height/2, $height),
            $fontColor,
            $fontStyle,
            $code[ $i]
        );
    }
    //为验证码图片生成彩色噪点
    for( $i = 0; $i < 200; ++$i){
        //随机生成颜色
        $color = imagecolorallocate( $img, mt_rand(0,255), mt_rand(0,255), mt_rand(0,255));
        //随机绘制干扰点
```

```php
        imagesetpixel($img,mt_rand(0,$width),mt_rand(0,$height),$color);
    }
    //绘制10条干扰线
    for($i=0; $i<5; ++$i){
        //随机生成干扰线颜色
        $color = imagecolorallocate($img,mt_rand(0,255),mt_rand(0,255),mt_rand(0,255));
        //随机绘制干扰线 imageline($img,mt_rand(0,$width),0,mt_rand(0,$width),$height,$color);
    }
    header('Content-Type: image/png');
    imagepng($img);            //输出图像
    imagedestroy($img);        //释放内存
}
/**
 * 检查验证码是否正确
 * @param string $captcha
 * @return boolean
 */
function captcha_check($captcha) {
    if ($captcha == $_SESSION['wmcms']['captcha']) {
        return true;
    }
    return false;
}
```

验证码需要以某种样式显示，所以需要扩展名为".ttf"的字体样式文件。该文件可以在操作系统的字体库中复制。这里将其存放在项目common\captcha子目录中。

上述代码生成了图形验证码，下面将其在用户登录页面中显示出来。在项目的admin目录下，新建一个名为captcha.php文件，代码如下。

```php
<?php
/**
 * 生成图形验证码并输出
 * @author weiwenping
 */
//加载验证码函数文件
require DOC_LIB.'captcha.php';
//生成验证码
$code = create_captcha();
//输出验证码图像
captcha_img($code);
//将验证码保存到SESSION中
$_SESSION['wmcms']['captcha'] = $code;
```

最后，修改登录表单中的验证码图片的HTML元素属性，代码如下。

```html
<div class="layui-form-item">
    <label for="captcha" class="layui-form-label">验证码</label>
    <div class="layui-input-inline">
        <input type="text" name="captcha" id="captcha" class="layui-input">
```

```
        </div>
        < img src = "captcha " id = "captchaImg" />
</div>
```

3)验证码更新

在用户输入登录数据时,页面上的验证码有时会看不清楚,这时要让用户单击验证码图片来进行重置。这个功能可以用 jQuery 轻松实现,代码如下。

```
//单击图形验证码进行重置
$('#captchaImg').click(function(event) {
    $(this).attr('src', 'captcha?rand = ' + Math.random());
});
```

代码中的"captchaImg"是显示验证码图片的 img 标签 ID。

2. 测试数据准备

为了测试用户登录功能,需要在数据库中添加一些测试数据。登录 MySQL 数据库服务器,在项目数据库 wmchapt05db 的 wm_admin 数据表中插入测试数据。例如,用户名 admin,用户密码 md5('123456')等。

3. 数据验证

表单数据的验证分为前端验证与后端验证。前端验证就是在页面上通过 JavaScript 代码进行验证,而后端验证是通过 PHP 与数据库的交互来对用户输入数据进行检验。

1)前端验证

新建 public\static\js\admin_login.js 文件,并在文件中添加 onlogin()函数,用于处理表单提交,代码如下。

```
//处理登录表单提交
function onlogin() {
    //获取表单数据
    var username = $.trim($('#username').val());
    var password = $.trim($('#password').val());
    var captcha = $.trim($('#captcha').val());
    //检查输入框是否为空
    if (username == '') {
        layer.alert('请输入用户名!', {'icon': 2 });
        return;
    }
    if (password == '') {
        layer.alert('请输入密码!', { 'icon': 2 });
        return;
    }
    if (captcha == '') {
        layer.alert('请输入验证码!', { 'icon': 2 });
        return;
    }
    //提交表单数据
```

```
$.post(
    $('form').first().attr('action'),
    { 'username': username, 'password': password, 'captcha': captcha },
    function(res) {
        if (res.code > 0) {
            //重置验证码
            $('#captcha').val('');
            reloadImg();
            //错误信息提示
            layer.alert(res.msg, { icon: 2 });
        } else {
            //登录成功信息提示
            layer.msg(res.msg);
            //1 秒后跳转到后台主页
            setTimeout(function() {
                window.location.href = 'index'
            },
            1000);
        }

    }, 'json');
}
```

这里只简单地验证表单数据是否为空。其他验证，如用户名长度不能少于 3 位，密码长度不能少于 6 位等，请自行实现。页面效果如图 5.14 所示。

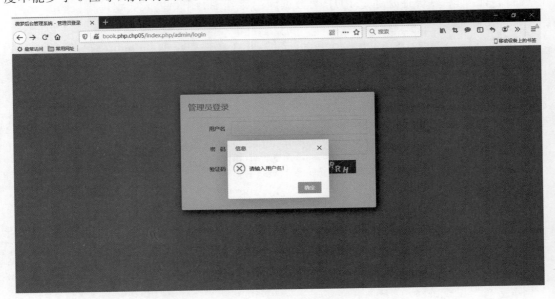

图 5.14　表单前端验证

图 5.14 是用户直接单击"登录"按钮后的效果。用户单击"登录"按钮后，页面中的 jQuery 代码会调用上述的 onlogin() 函数，代码如下。

//用户单击"登录"按钮，提交数据登录

```javascript
$('#submit').click(function(event) {
    //处理表单提交
    onlogin();
});
```

注意：由于表单的提交按钮"登录"位于 form 标签内，需要阻止该按钮的默认表单提交事件发生。

2）后端验证

在前端的验证中，只是验证了用户输入的验证码是否为空，并没有判断它的正确性。下面在后端编写代码，检查用户输入的验证码是否正确。

在系统后台模块中添加 admin\loginExc.php 文件，并编写代码。

```php
<?php
/**
 * 微梦后台管理系统
 * 管理员登录处理
 * @author weiwenping
 */
//加载验证码函数文件
require_once DOC_LIB.'captcha.php';
//接收表单数据
$username = trim($_POST['username']);
$password = trim($_POST['password']);
$captcha  = trim($_POST['captcha']);
//验证输入是否为空
if ($username == '') {
    exit(json_encode(array('code'=>1,'msg'=>'用户名不能为空!')));
}
if ($password == '') {
    exit(json_encode(array('code'=>1,'msg'=>'密码不能为空!')));
}
if ($captcha == '') {
    exit(json_encode(array('code'=>1,'msg'=>'验证码不能为空!')));
}
//验证验证码
if (!captcha_check(strtoupper($captcha))) {
    exit(json_encode(array('code'=>1,'msg'=>'验证码错误!')));
}
```

页面效果如图 5.15 所示。

后端验证码检查完毕后，接着进行用户输入数据的后端验证，也就是与数据库中的数据进行比对。

在 admin\loginExc.php 文件中添加代码，完成数据库验证，代码如下。

```php
//数据库验证,用户验证
$sql = 'select * from wm_admin where username = ?';
$admin = db_fetch(DB_ROW, $sql, 's', array('username'=>htmlentities($username)));
//用户验证
if (!$admin) {
```

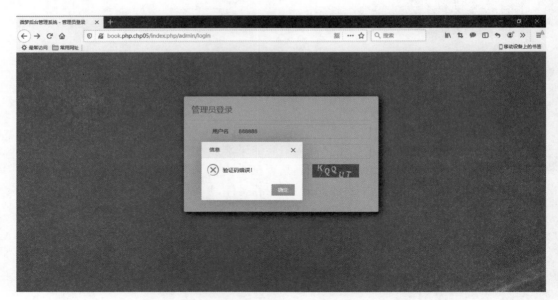

图 5.15 验证码后端验证

```
    exit(json_encode(array('code'=>1,'msg'=>'该用户不存在!')));
}
//验证密码
if (md5($admin['username'].$password) != $admin['password']) {
    exit(json_encode(array('code'=>1,'msg'=>'密码错误!')));
}
//账号是否被禁用
if ($admin['status'] == 1) {
    exit(json_encode(array('code'=>1,'msg'=>'该用户已被禁用!')));
}
//设置 SESSION
$_SESSION['wmcms']['admin'] = $admin;
//登录成功返回信息
exit(json_encode(array('code'=>0,'msg'=>'恭喜,登录成功!')));
```

测试效果如图 5.16 所示。

图中展示的是"用户名"输入错误时的返回信息。注意,这里表单提交采用的是 AJAX 请求方式,详细代码请参见源码。

4. 管理员退出系统

管理员退出系统功能的实现非常简单,只需要删除 SESSION 中的管理员数据即可。
首先,在页面中添加代码,监听用户是否单击了"退出系统"按钮,代码如下。

```
//退出系统处理
$('#logout').click(function(event) {
    var url = $(this).attr('href');
    layer.confirm('您确定要退出吗?', {
        btn: ['确定','取消'],
        icon: 3,
```

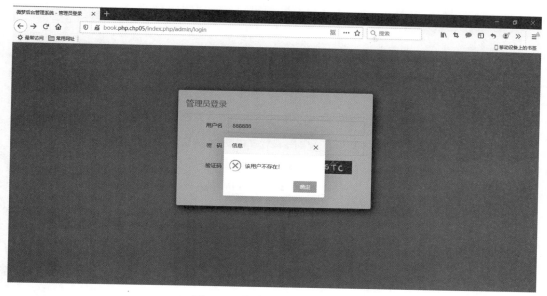

图 5.16 用户登录数据库验证

```
            title: '温馨提示'
        }, function(index, layero){
            onlogout(url);
        });
    });
```

上述代码中的"logout"是"退出系统"按钮标签的 ID，当用户单击提示框中的"确定"按钮时，调用 onlogout()函数完成用户退出功能。onlogout()函数代码如下。

```
function onlogout(url) {
    $.post(url, {},
    function(res) {
        if (res.code > 0) {
            layer.alert(res.msg, { icon: 2 });
        } else {
            layer.msg(res.msg);
            setTimeout(function() {
                window.location.href = 'index';
            },
            1000);
        }
    }, 'json');
}
```

从上述代码可以看出，用户退出系统的处理逻辑是在 admin\logout.php 文件中实现的。该文件代码如下。

```
<?php
/**
 * 管理员退出系统处理
```

```
 * @author weiwenping
 */
//退出系统
if (isset($_SESSION['wmcms']['admin'])) {
    unset($_SESSION['wmcms']['admin']);
}
//返回提示信息
exit(json_encode(array('code'=>0,'msg'=>'您已退出后台管理系统!')));
```

从上述代码可以看出,用户退出系统时,直接删除 SESSION 中的用户数据即可。用户退出系统后,不能再访问系统后台内页,需要对用户权限进行控制。

在自定义函数库 common\lib\function.php 中,新建函数 privilege(),代码如下。

```
//用户权限控制
function privilege() {
    $res = false;
    //用户是否登录
    $res = isset($_SESSION['wmcms']['user']) ? true : false;
    return $res;
}
```

在系统后台主页 admin\index.php 中添加代码,进行用户访问控制,代码如下。

```
//判断用户是否有权限访问
if (!privilege()) {
    header('Location: admin/welcome');
    exit;
}
```

如果用户没有访问权限,跳转到系统后台欢迎页面。

5.3.3 用户信息管理

系统用户分为系统管理员和普通用户,系统管理员可以登录到系统后台,而普通用户只能使用系统前台功能。

用户信息管理,包括用户信息列表显示、用户的添加/编辑和删除、用户权限管理等。下面以管理员用户信息管理为例来进行介绍。

1. 信息显示

要对系统用户进行管理,首先必须将所有的用户信息在页面中显示出来,然后再针对不同的用户账号进行相应的操作。用户信息列表如图 5.5 所示。

页面中显示的管理员信息来自数据表 wm_admin 和 wm_admin_groups。数据表 wm_admin_groups 中存储系统管理员的分组,不同组管理员具有不同的操作权限。

在系统后台模块中添加 admin\user_list.php 文件,在文件中编写代码从数据库获取数据,代码如下。

```
<?php
```

```
…
//从数据库中读取全部管理员信息
$sql = 'select * from wm_admin';
$user_lists = db_fetch(DB_ALL, $sql);
//将管理员的 GID 转换成名称
$sql = 'select * from wm_admin_groups';
$roles = db_fetch(DB_ALL, $sql);
foreach ($user_lists as $key => $v) {
    foreach ($roles as $vr) {
        if ($v['gid'] == $vr['gid']) {
            $user_lists[$key]['role'] = $vr['title'];
        }
    }
}
…
```

管理员数据表 wm_admin 中的分组 gid 记录的是数据表 wm_admin_group 中的序号 gid，它是一个整型数据，所以必须将其替换成相应的名称，如系统管理员、开发人员、文章编辑等。

最后，编写视图文件 admin\view\v_user_list.php 代码。其中数据循环输出代码如下。

```
<?php foreach ($data['user_lists'] as $v): ?>
<tr>
    <td><?php echo $v['id']?></td>
    <td><?php echo $v['username']?></td>
    <td><?php echo $v['truename']?></td>
    <td><?php echo $v['role']?></td>
    <td><?php echo $v['status'] ? '<span style="color:red">禁用</span>' : '正常'; ?></td>
    <td><?php echo date('Y-m-d H:i:s', $v['add_time'])?></td>
    <td>
        <button class="layui-btn layui-btn-xs" onclick="edit()">编辑</button>
        <button class="layui-btn layui-btn-danger layui-btn-xs" onclick="del()">删除</button>
    </td>
</tr>
<?php endforeach;?>
```

完整代码请参见源码。

2. 添加管理员

管理员的添加功能，通过单击如图 5.5 所示页面中的"添加"按钮来实现。表单页面如图 5.17 所示。

该表单页面文件为 admin\view\v_admin_add.php，视图通过 Layui 的弹窗来渲染。在文件 admin\view\v_user_list.php 中添加 JS 代码。

```
//处理添加事件
$('#add').click(function(event) {
    add();
});
```

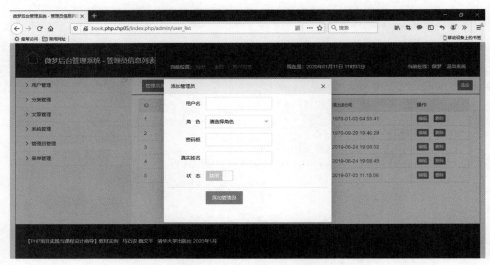

图 5.17 添加管理员表单

```
/**
 * 加载管理员添加表单页面
 */
function add() {
    layer.open({
        type: 2,
        title: '添加管理员',
        shade: 0.3,
        area: ['480px', '420px'],
        content: 'admin_add?rand = ' + Math.random(),
    });
}
```

编写上述表单页面的 PHP 文件 admin\admin_add.php 代码。

```
<?php
…
//从数据库中读取管理员分组信息
$sql = 'select * from tb_admin_groups';
$data['role'] = db_fetch(DB_ALL, $sql);
…
//加载视图
require ADMIN_VIEW_PATH.'v_admin_add.php';
```

处理表单提交,在 admin\view\v_admin_add.php 文件中添加 JS 代码,如下所示。

```
//使用户名输入框获得输入焦点
$('input[name = "username"]').focus();
//处理表单提交
$('#submit').click(function(event) {
    add_submit( $('form').first().attr('action'));
});
```

```javascript
function add_submit(action) {
    var username = $.trim($('input[name="username"]').val());
    var password = $.trim($('input[name="password"]').val());
    var gid = $.trim($('select[name="gid"]').val());
    var truename = $.trim($('input[name="truename"]').val());
    if (username == '') {
        layer.alert('请输入用户名', { icon: 2 });
        return;
    }
    if (gid == '0') {
        layer.alert('请选择角色', { icon: 2 });
        return;
    }
    if (password == '') {
        layer.alert('请输入密码', { icon: 2 });
        return;
    }
    if (truename == '') {
        layer.alert('请输入真实姓名', { icon: 2 });
        return;
    }
    $.post(action, $('form').serialize(), function(res) {
        if (res.code > 0) {
            layer.alert(res.msg, { icon: 2 });
        } else {
            layer.msg(res.msg);
            setTimeout(function() {
                parent.window.location.reload();
            }, 1000);
        }
    }, 'json');
}
```

编写表单提交 PHP 处理文件 admin\insertExc.php，代码如下。

```php
<?php
…
//获取表单数据
$data['username'] = trim(htmlspecialchars($_POST['username']));
$password = trim(htmlspecialchars($_POST['password']));
$data['truename'] = trim(htmlspecialchars($_POST['truename']));
$data['gid'] = (int)trim(htmlspecialchars($_POST['gid']));
$data['status'] = isset($_POST['status']) ? (int)trim(htmlspecialchars($_POST['status'])) : 0;
$data['add_time'] = time();
//数据非空验证
if (!$data['username']) {
    exit(json_encode(array('code'=>1,'msg'=>'用户名不能为空！')));
}
if (!$password) {
    exit(json_encode(array('code'=>1,'msg'=>'密码不能为空！')));
}
if (!$data['truename']) {
```

```
    exit(json_encode(array('code'=>1,'msg'=>'真实姓名不能为空!')));
}
if (!$data['gid']) {
    exit(json_encode(array('code'=>1,'msg'=>'角色不能为空!')));
}
//检查用户名是否已被注册
$sql = 'select username from wm_admin where username = ?';
$itme = db_fetch(DB_ROW, $sql,'s', $data['username']);
if ($itme) {
    exit(json_encode(array('code'=>1,'msg'=>'用户名已经被注册!')));;
}
//密码加密
$data['password'] = md5($data['username']. $password);
//完成数据插入
$sql = " INSERT INTO wm_admin (username, truename, gid, status, add_time, password) VALUES (?,?,?,?,?,?)";
$id = db_exec(DB_LASTED, $sql, 'ssisis', array_values($data));
if ($id) {
    exit(json_encode(array('code'=>0,'msg'=>'管理员添加成功!')));
}else{
    exit(json_encode(array('code'=>1,'msg'=>'管理员添加失败!')));
}
```

管理员添加页面效果，如图5.18所示。

图5.18　管理员添加页面效果

从图中输出结果可以看出,新管理员被成功插入数据表 wm_admin 中。这里采用了 AJAX 和 Layui 的弹窗来共同实现管理员的添加功能,以获得最佳的用户体验。

3. 编辑管理员

管理员的编辑功能,通过单击如图 5.5 所示页面中的"编辑"按钮来实现。表单页面如图 5.19 所示。

图 5.19 管理员编辑表单

该表单页面其实就是图 5.17 中管理员的添加页面,只是在窗口弹出时,在表单元素中显示了需要编辑的某个管理员的信息。

单击图 5.19 页面中的"编辑"按钮,触发按钮单击事件,调用 edit() 函数实现编辑窗口的显示以及数据的初始化。在文件 admin\view\v_user_list.php 中,给"编辑"按钮绑定事件,代码如下。

```
<button class="layui-btn layui-btn-xs" onclick="edit(<?php echo $v['id']?>)">编辑</button>
```

在 admin/js/admin_lists.php 文件中,新建 edit() 函数,代码如下。

```
function edit(id) {
    layer.open({
        type: 2,
        title: '编辑管理员信息',
        shade: 0.3,
        area: ['480px', '420px'],
        content: 'admin_add?id=' + id,
    });
}
```

修改管理员添加功能模块的 PHP 文件 admin\admin_add.php,在加载视图之前获取需要编辑的管理员信息,代码如下。

```
//获取需要编辑的管理员数据
if (isset($_GET['id']) && (int)$_GET['id'] > 0) {
```

```php
    //获取需要编辑的管理员信息
    $sql = 'select * from wm_admin where id = ?';
    $admin = db_fetch(DB_ROW, $sql, 'i', [(int)$_GET['id']]);
}
```

修改管理员添加功能模块的视图文件 admin\view\v_admin_add.php,使其适合添加、编辑两种情况。详细代码请参见源码。

修改表单提交文件 insertExc.php,使其适合添加、编辑两种情况。完整代码如下。

```php
<?php
…
//获取表单数据
$id = isset($_POST['id']) ? (int)trim(htmlspecialchars($_POST['id'])) : 0;
$data['username'] = trim(htmlspecialchars($_POST['username']));
$password = trim(htmlspecialchars($_POST['password']));
$data['truename'] = trim(htmlspecialchars($_POST['truename']));
$data['gid'] = (int)trim(htmlspecialchars($_POST['gid']));
$data['status'] = isset($_POST['status']) ? (int)trim(htmlspecialchars($_POST['status'])) : 0;
$data['add_time'] = time();
//数据非空验证
if (!$data['username']) {
    exit(json_encode(array('code'=>1,'msg'=>'用户名不能为空!')));
}
//添加管理员时判断
if ($id == 0 && !$password) {
    exit(json_encode(array('code'=>1,'msg'=>'密码不能为空!')));
}
//编辑时,若用户没有修改密码,则使用原密码
if ($id > 0) {
    if (!$password){
        $data['password'] = $_POST['password1'];
    }else{
        //密码加密
        $data['password'] = md5($data['username'].$password);
    }
}else{
    //密码加密
    $data['password'] = md5($data['username'].$password);
}

if (!$data['truename']) {
    exit(json_encode(array('code'=>1,'msg'=>'真实姓名不能为空!')));
}
if (!$data['gid']) {
    exit(json_encode(array('code'=>1,'msg'=>'角色不能为空!')));
}
//执行添加或编辑操作
if ($id > 0) {
    //完成信息编辑
    $sql = "update wm_admin set truename = ?, gid = ?, status = ?, password = ? where id =
```

```
?";
        $eid = db_exec(DB_AFFECTED, $sql, 'siisi', [$data['truename'], $data['gid'], $data['status'], $data['password'], $id]);
        if ($eid) {
            exit(json_encode(array('code'=>0,'msg'=>'管理员编辑成功!')));
        }else{
            exit(json_encode(array('code'=>1,'msg'=>'管理员编辑失败!')));
        }
    }else{
        //检查用户名是否已被注册
        $sql = 'select username from wm_admin where username = ?';
        $itme = db_fetch(DB_ROW, $sql,'s', $data['username']);
        if ($itme) {
            exit(json_encode(array('code'=>1,'msg'=>'用户名已经被注册!')));;
        }
        //完成数据插入
        $sql = "INSERT INTO wm_admin (username, truename, gid, status, add_time, password) VALUES (?,?,?,?,?,?)";
        $nid = db_exec(DB_LASTED, $sql, 'ssisis', array_values($data));
        if ($nid) {
            exit(json_encode(array('code'=>0,'msg'=>'管理员添加成功!')));
        }else{
            exit(json_encode(array('code'=>1,'msg'=>'管理员添加失败!')));
        }
    }
}
```

注意：编辑时表单中的"用户名"元素是只读的，也就是不允许修改管理员的用户名。编辑时，若密码框为空，则默认为用户不修改密码。

运行效果如图5.20所示。

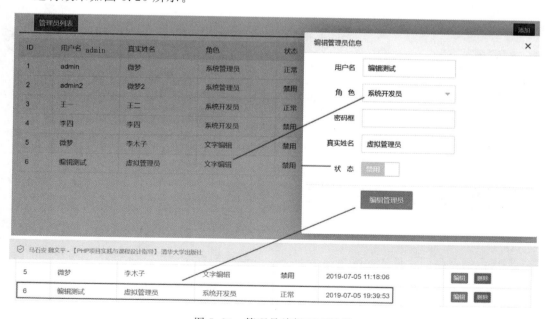

图5.20　管理员编辑页面效果

从图中可以看出，第 6 条记录中的"角色"与"状态"数据已被成功修改。

4. 删除管理员

删除管理员功能的实现非常简单，只需要给管理员列表页面中的"删除"按钮绑定一个单击函数 del()，并在 admin\deleteExc.php 文件中将数据从数据表中删除即可。

页面中的 JS 函数 del() 代码如下。

```
function del(id) {
    layer.confirm(
        '确定要删除吗?',
        { btn: ['确定', '取消'], icon: 3 },
        function() {
            $.post(
                './deleteExc',
                { 'id': id },
                function(res) {
                    if (res.code > 0) {
                        layer.alert(res.msg, { icon: 2 });
                    } else {
                        layer.msg(res.msg);
                        setTimeout(function() {
                            window.location.reload();
                        }, 1000);
                    }
                }, 'json');
        });
}
```

删除之前需要再次询问用户是否确定删除，这里用 Layui 的"确认"框来实现，如图 5.21 所示。

图 5.21　管理员删除确认

实现数据删除的文件为 admin\deleteExc.php，代码如下。

```
<?php
…
//获取表单数据
```

```php
    $id = isset($_POST['id']) ? (int)trim(htmlspecialchars($_POST['id'])) : 0;
    if ($id > 0) {
        $sql = 'delete from wm_admin where id = ?';
        $did = db_exec(DB_AFFECTED, $sql, 'i', [$id]);
        if ($did) {
            exit(json_encode(array('code'=>0,'msg'=>'删除成功!')));
        }
        else {
            exit(json_encode(array('code'=>1,'msg'=>'删除失败!')));
        }
    }
    exit(json_encode(array('code'=>1,'msg'=>'删除失败!')));
```

由于篇幅的限制，用户信息管理模块功能就介绍这些，请读者依照本节方法完善该模块的其他功能。例如，信息显示时的翻页、用户头像的上传等。

5.3.4 内容管理

视频讲解

系统后台的内容管理与前述的用户管理相似，主要实现内容的添加、修改和删除等功能。

1. 内容显示

文章内容的列表在系统后台的主页上显示，如图5.4所示。该功能的实现非常简单，只需要在 admin\index.php 文件中从数据表 wm_article 中获取到全部文章即可，代码如下。

```php
//获取全部文章
$sql = 'select id,title,create_time from wm_article';
$articles = db_fetch(DB_ALL, $sql);
```

在视图文件 admin\view\v_index.php 中循环输出这样文章的 ID、标题和添加时间，代码如下。

```php
<?php foreach ($data['articles'] as $k=>$v): ?>
    <tr>
        <td><?php echo $k+1;?></td>
        <td><?php echo $v['title']?></td>
        <td><?php echo date('Y-m-d H:i:s', $v['create_time'])?></td>
        <td>
            <button class="layui-btn layui-btn-xs" onclick="edit(<?php echo $v['id']?>)">编辑</button>
            <button class="layui-btn layui-btn-danger layui-btn-xs" onclick="del(<?php echo $v['id']?>)">删除</button>
        </td>
    </tr>
<?php endforeach;?>
```

完整代码请参见源码。

2. 内容添加

单击后台页面侧边栏中的"添加文章"菜单，或者单击页面右侧的"添加"按钮，即可打开文章添加页面，如图 5.22 所示。

图 5.22 添加文章表单

页面中的文章类型数据来自数据库中的 wm_article_category 数据表。选择框展开后的效果如图 5.23 所示。

图 5.23 文章类型选择

添加文章表单页面设计完成后，就可以编写代码完成数据的插入了。实现该功能的代码与上述添加管理员代码相同，只是将操作的数据表更改为 wm_article 即可。这里不再赘述。

5.4 前台功能实现

视频讲解

PHP Web 应用项目的前台一般用于展示系统信息，因此，主要使用的是数据库的查询。本节实现案例项目前台的部分功能，包括首页、详情，以及分类查询等。

5.4.1 前台首页

系统前台首页用于概要性地展示系统发布的信息，页面效果如图 5.1 所示。

1. 主菜单

系统前台首页顶部的导航菜单，与 5.3.1 节中的侧边栏导航菜单一样，其数据也是来自数据库中的 wm_menus 表。因此，获取菜单数据的方式也与前述相同，只是这里获取的是 home 模块中位置为 top 的菜单项，代码如下。

```
//获取菜单
$top_navs = getMenus('home','top');
foreach ($top_navs as $k => $v) {
    $data['top_navs'][$k] = $v;
    $data['top_navs'][$k]['sub'] = getSubMenus($top_navs, $v['id']);
}
```

菜单效果如图 5.24 所示。

图 5.24 前台主菜单

菜单视图采用 Layui 的水平菜单，请参见源码。

2. 全部文章

在系统前台主页的左侧，显示了系统中的全部文章概要，包括图标、标题、作者、发布日期，以及内容缩略。

系统文章数据存放在数据库中的 wm_article 数据表中，将其取出显示即可，代码如下。

```
//获取全部文章
$sql = 'select * from wm_article as a join wm_user as u where a.user_id = u.id';
$articles = db_fetch(DB_ALL, $sql);
```

注意：这里使用了数据表的联合查询，因为需要从 wm_user 表中读取作者的姓名。在

wm_article 表中,只记录了作者的 ID,也就是 wm_user 表中的 id 字段的值。

3. 热门浏览

在系统前台主页的右侧,显示了最近的热门文章概要,包括文章标题和浏览次数。热门文章是从上面获取到的全部文章中筛选出来的,代码如下。

```
//获取全部文章
$ sql = 'select * from wm_article as a join wm_user as u where a.user_id = u.id';
$ articles = db_fetch(DB_ALL, $ sql);
//获取热门文章
$ hot_articles = array();
foreach ( $ articles as $ a){
    if ( $ a['is_hot'] == 1) {
        array_push( $ hot_articles, $ a);
    }
}
```

热门文章在数据表中存储时,其 is_hot 字段的值为 1。

5.4.2 内容详情

单击主页中显示的文章标题,即可查看该篇文章的详情,如图 5.2 所示。

1. 获取数据

根据文章标题链接传递过来的文章 ID,从数据表 wm_article 中查询该篇文章的详细内容,代码如下。

```
//获取文章 ID
$ article_id = isset( $ _GET['id']) ? (int) $ _GET['id'] : null;
if ( $ article_id === null) {
    header('Location: /');
    exit;
}
//获取该篇文章
$ sql = 'select * from wm_article where id = '. $ article_id;
$ article = db_fetch(DB_ALL, $ sql);
//获取作者姓名
$ sql = 'select name from wm_user where id = '. $ article[0]['user_id'];
$ user = db_fetch(DB_ALL, $ sql);
$ article[0]['uname'] = $ user[0]['name'];
//获取热门文章
$ sql = 'select * from wm_article where is_hot = 1';
$ hot_articles = db_fetch(DB_ALL, $ sql);
```

与主页一样,在文章详情页面的右侧也显示了最近的热门文章,所以这里也要再次获取到这些文章的标题及浏览次数。

2. 显示详情

在视图中显示文章详情，代码如下。

```
<div class = "layui-col-md8">
    <div class = "layui-card main-title">
        <div class = "layui-card-header">文章详情</div>
    </div>
    <div class = "layui-row" style = "height:130px;border-bottom: 1px solid #eee;">
        <h2 style = "color:#009688"><? = $data['article']['title']?></h2>
            <p style = "padding-top:5px;line-height: 25px;color: #aaa;">
                <span style = "padding-right: 20px;">作者：<? = $data['article']['uname']?></span>
                    <span>发布时间：<? = date('Y-m-d', $data['article']['create_time'])?></span></p>
                <p style = "border-top: 1px dashed #eee;padding-top: 8px; ">
<?php echo htmlspecialchars( $data['article']['content']); ?></p>
    </div>
</div>
```

注意：在文章详情页面，单击右侧的热门文章标题，也可以在页面左侧显示该文章详情。实现代码参见源码。

5.4.3 分类查询

本项目中文章的分类查询通过主菜单来实现。也就是说，系统前台主菜单中的 PHP、JAVA、CSS 等实际上是文章的分类名称。

例如，单击 PHP 菜单，则会查询出所有类型为 PHP 的文章，如图 5.25 所示。

图 5.25 分类查询

注意：主页中原来的"全部文章"文本，更改为"php"，说明查询到的是"php"分类的文章。查询代码如下。

```php
//获取分类名称
$article_category = isset($_GET['cate_name']) ? htmlentities(trim($_GET['cate_name'])) : null;
if ($article_category === null) {
    header('Location: /');
    exit;
}
$sql = "select id from wm_article_category where name = '".$article_category."'";
$category_id = db_fetch(DB_ALL, $sql);
//获取分类文章
$sql = 'select a.id as aid,a.title,u.name,a.create_time,a.content,a.title_img,a.is_hot,a.pv from wm_article as a join wm_user as u where a.user_id = u.id and a.cate_id = '.$category_id[0]['id'];
$articles = db_fetch(DB_ALL, $sql);
//获取热门文章
$sql = 'select * from wm_article where is_hot = 1';
$hot_articles = db_fetch(DB_ALL, $sql);
```

注意：分类名称由菜单的 href 属性传递，代码如下。

```
<li class="layui-nav-item"><a href="<?php echo $m['href'].'?cate_name='.strtolower($m['name'])?>"><?=$m['name']?></a></li>
```

详细代码请参见源码。

5.4.4 文章搜索

文章的搜索通过主菜单右侧的搜索表单来实现，这里搜索的是文章标题中的关键字，采用模糊查询方式。运行效果如图 5.26 所示。

图 5.26 文章搜索

数据查询代码如下。

```php
//获取文章标题中的关键字
$keyword = isset($_POST['keyword']) ? htmlentities(trim($_POST['keyword'])) : null;
if ($keyword === null) {
    header('Location: /');
    exit;
}
//获取查询到的全部文章
$sql = "select a.id as aid,a.title,u.name,a.create_time,a.content,a.title_img,a.is_hot,a.pv from wm_article as a join wm_user as u where a.user_id = u.id and a.title like '%".$keyword."%'";
$articles = db_fetch(DB_ALL, $sql);
```

页面头部右侧的搜索框视图代码存放在 home\view\top_search.php 文件中,代码如下。

```php
<?php defined('APP_NAME') or exit('非法访问');?>
<form class="layui-form" action="/index.php/home/search" method="post">
    <div class="layui-inline" style="padding:10px;">
        <div class="layui-input-inline">
            <input type="text" name="keyword" required lay-verify="required" placeholder="请输关键字" autocomplete="off" class="layui-input">
        </div>
        <div class="layui-inline">
            <div class="layui-input-inline">
                <input type="submit" value="搜索" class="layui-btn layui-btn-primary" />
            </div>
        </div>
    </div>
</form>
```

5.5 本章小结

本章详细介绍了 PHP 语言面向过程的编程方法,以及开发一个简单的内容管理系统的过程。由于篇幅的限制,这里重点讲述了系统前/后台一些基本功能的实现。关于系统中的一些其他功能,或者是读者觉得案例中不是很满意的功能的实现,留给读者作为本章学习的课后作业。希望读者充分发挥自己的想象力与创造力,使本章案例项目变得更加完美。

第6章 日程管理系统

日程管理系统,也称为日历软件,它提供一个标准的日历画面,让用户通过模板自行设计并轻松添加事件标记。日程管理系统实际上是一个实用的日程安排记事本。用户可以使用模板创建自定义的日历日程表,在日历模板上定制时间表,规划和安排约会、会议、生日、假期特别活动等。

本章通过一个简单的日程管理系统的开发,向读者介绍使用面向对象程序设计方法进行 PHP Web 应用项目开发的方法和技术。

6.1 项目简介

视频讲解

日程管理系统一般被嵌入 OA 系统或者是项目管理系统中,作为这些大系统的一个功能模块来使用。当然也可以个人单独使用,此时,一般会做成手机 APP 的形式。

6.1.1 功能描述

通过该项目的开发,熟悉 PHP Web 应用项目开发的面向对象技术,进一步巩固 PHP 程序设计语言的语法及编程规范,并为后续的 PHP 框架的使用做好准备。本项目采用面向对象的程序设计方法,实现日程管理的基本功能,包括前台展示功能与后台管理功能。

前台功能包括日程安排的列表显示、活动安排的分类展示、活动详情展示、日程的搜索,以及用户的注册与登录等。

后台功能包括用户管理、日程管理、分类管理等。

6.1.2 运行预览

本章项目的完整运行效果,请读者自行运行提供的源码,项目目录名称为 chapter06SMS。

第6章 日程管理系统

这里只展示前台首页、日历页面、日程详情、用户中心、后台用户管理页面的运行效果,如图 6.1～图 6.5 所示。

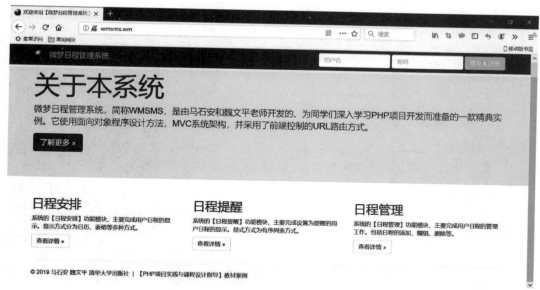

图 6.1 系统前台首页

图 6.2 系统前台日历页面

系统其他页面效果请读者运行源码。需要注意的是,本系统用户注册输入的密码做了加强验证,运行源码时请严格按照系统使用说明进行操作。

图 6.3 日程详情

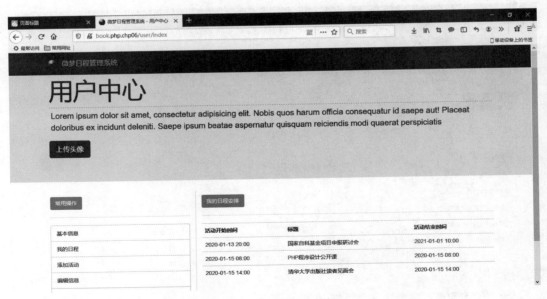

图 6.4 系统前台用户中心

第6章 日程管理系统

图 6.5　系统后台用户管理

6.2　系统架构设计

进行 Web 应用项目的开发,首先必须确定系统的整体软件架构。本项目采用 B/S 设计模式以及 MVC 的软件结构。

6.2.1　系统 URL 访问模式

视频讲解

所谓 URL 访问模式,就是指 URL 路由方式,也就是 URL 请求的不同格式。在 Web 应用开发中一般采用以下 4 种 URL 模式。

1. 普通模式

该模式也称为 get 模式,由请求文件与查询字符串组成。例如:

http://www.example.com/index.php?m = Home&c = Test&a = index&page = 10

其中,index.php 为请求文件;问号(?)后面为查询字符串,多组键/值对由符号(&)连接。在 MVC 架构的系统中,上述 URL 示例中的 index.php 表示系统入口文件,m、c 和 a 分别表示模块、控制器和方法。

普通模式的 URL 完整格式为:

http://域名/入口文件?m = 模块名 &c = 控制器名称 &a = 操作方法名称 & 参数名 = 参数值

普通模式是访问 Web 应用中页面时的默认 URL 形式。第 5 章的"内容管理系统"采用的就是这种 URL 访问模式。

207

2. pathinfo 模式

该模式的请求 URL 与操作系统中的目录访问相似，各分段以左斜线符号（/）进行分隔。例如：

http://www.example.com/index.php/Home/Test/index/page/10

其中，index.php 为入口文件；Home、Test、index 分别表示要访问的模块、控制器和方法；page 和 10 表示参数名称及其值。

pathinfo 模式的 URL 完整格式为：

http://域名/入口文件/模块名称/控制器名称/操作方法名称/参数名/参数值

该模式的 URL 结构清晰、简单且易于理解，常用于一些 PHP 的开发框架中。

3. rewrite 模式

该模式的请求 URL 在 pathinfo 模式基础上，隐藏了入口文件 index.php。例如：

http://www.example.com/Home/Test/index/page/10.html

rewrite 模式的 URL 完整格式为：

http://域名/模块名称/控制器名称/操作方法名称/参数名/参数值

这种模式不能直接使用，需要先对开发环境进行一些必要的配置。

4. 兼容模式

该模式的请求 URL 结构，是上述普通和 pathinfo 模式结构的混合。例如：

http://www.example.com/index.php?s=Home/Test/index&page=10

兼容模式的 URL 完整格式为：

http://域名/入口文件?s=模块名称/控制器名称/操作方法名称&参数名=参数值

上述四种 URL 访问模式各有特点，请根据项目实际情况、网络安全措施、个人喜好等因素择优选用。本项目使用兼容的 URL 访问模式。

6.2.2 系统架构初步设计

视频讲解

根据本章项目的系统设计方案，系统采用 MVC 的设计模式，其 URL 使用兼容的访问模式。下面首先实现 pathinfo 模式的 URL 访问。

1. 创建项目

创建一个 PHP 本地项目 chap06，项目名称为"微梦日程管理系统"。在项目根目录下新建如图 6.6 所示的目录结构。

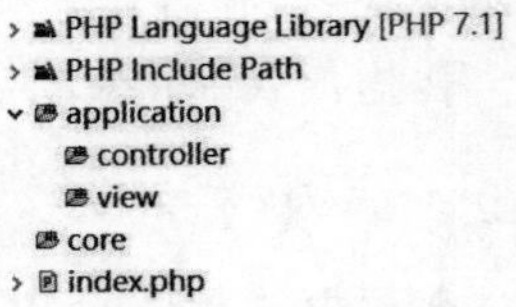

其中，application 为项目模块目录；application\controller

> ▪ PHP Language Library [PHP 7.1]
> ▪ PHP Include Path
> ▼ ▣ application
>   ▣ controller
>   ▣ view
> ▣ core
> ▣ index.php

图 6.6　项目目录结构

为模块控制器目录；application\view 为模块视图目录；core 目录为项目核心文章目录。

2．创建控制器

在 application\controller 目录中创建一个名为 Test 的控制器，并添加 index 方法，代码如下。

```php
<?php
/**
 * 文件名 Test.php
 * 存放目录 application\controller
 * 项目测试控制器
 * @author weiwenping
 */
class Test
{
    /**
     * 构造方法
     */
    public function __construct()
    {
    }
    /**
     * index 方法
     */
    public function index() {
        echo '这是 Test 控制器的 index 方法的输出文本！';
    }
}
```

该控制器实际上就是一个名为 Test 的 PHP 类，若采用前述的 pathinfo 模式访问 Test 中的 index 方法，则 URL 格式为：

http://book.php.chp06/index.php/test/index

其中，book.php.chp06 是本项目的虚拟主机域名。

3．创建框架类

在 core 目录中创建一个名为 FrameWork 的框架类，并添加方法，代码如下。

```php
<?php
/**
 * 文件名 FrameWork.php
 * 存放目录 core
 * 项目框架类
 * @author weiwenping
 */
class FrameWork
{
    /**
```

```php
     * 构造方法
     */
    public function __construct()
    {
    }
    /**
     * 框架初始化
     */
    public static function init(){
        ;
    }
    /**
     * 启动项目框架并执行控制器方法
     */
    public static function run() {
        ;
    }
    /**
     * 获取 URL 中的控制器与方法
     */
    public static function controller_action() {
        ;
    }
}
```

1）编写 controller_action()方法

FrameWork 类的 controller_action 方法,用于获取 URL 中的控制器与方法。为了测试的需要,先设置其访问权限为 public。其代码如下。

```php
public static function controller_action() {
    //获取请求的 URI
    $request_uri = $_SERVER['REQUEST_URI'];
    //获取请求的入口文件
    $script_name = $_SERVER['SCRIPT_NAME'];
    //获取 URL 中的控制器、方法和查询字符串
    $request = str_replace( $script_name, '', $request_uri);
    $request = ltrim( $request, '/');
    //将查询字符串分离
    $request_array = explode('?', $request);
    //将控制器和方法存放在数组中
    $controller_action = $request_array[0];
    $controller_action = explode('/', $controller_action);
    //获取控制器
    $controller = ucfirst( $controller_action[0]);
    //获取控制器方法
    $action = $controller_action[1];
    //以关联数组形式返回 URL 中的控制器和方法
    return array(
        'controller' => $controller,
        'action' => $action
```

        );
    }

在入口文件 index.php 中添加如下测试代码。

```php
<?php
//引入 FrameWork 框架类的类文件
require_once './core/framework.php';
//调用框架类的 controller_action 方法,获取 URL 中的控制器和方法
$controller_action = FrameWork::controller_action();
//输出 URL 中的控制器和方法
var_dump($controller_action);
```

启动服务器,打开浏览器并输入"http://book.php.chp06/index.php/test/index",输出结果如图 6.7 所示。

```
array (size=2)
    'controller' => string 'Test' (length=4)
    'action' => string 'index' (length=5)
```

图 6.7 获取 URL 中的控制器和方法

从输出结果可以看出,controller_action()方法运行是正常的。

2) 编写 run()方法

FrameWork 类的 run 方法,用于启动框架并执行用户请求的控制器方法,其代码如下。

```php
public static function run() {
    //调用框架类方法,获取 URL 中的控制器和方法
    $controller_action = self::controller_action();
    $controller = $controller_action['controller'];
    $action = $controller_action['action'];
    //导入控制器类文件
    $class_file = './application/controller/'.$controller.'.php';
    require_once $class_file;
    //获取控制器类
    $class = new ReflectionClass($controller);
    //获取控制器类的实例
    $instance = $class->newInstanceArgs();
    //获取控制器实例方法
    $method = $class->getMethod($action);
    //执行控制器方法
    $method->invoke($instance);
}
```

在入口文件 index.php 中添加代码,调用类方法 run()。

```php
<?php
//引入 FrameWork 框架类的类文件
require_once './core/framework.php';
//调用框架类的 controller_action 方法,获取 URL 中的控制器和方法
$controller_action = FrameWork::controller_action();
//输出 URL 中的控制器和方法
```

```
//var_dump( $ controller_action);
FrameWork::run();
```

刷新浏览器,输出结果如图 6.8 所示。

图 6.8　用户请求输出结果

从输出结果可以看出,用户准确请求到了项目 Test 控制器的 index 方法,说明上述代码是有效的。

大家知道,在 Web 项目中,index 一般用来表示默认页面。也就是说,当 URL 中没有指明具体页面时,默认访问 index 页面。在控制器中,也常常用 index 方法来表示默认方法,当 URL 中没有明确指定方法时,默认访问控制器的 index 方法。

3) 实现控制器默认方法的访问

打开项目中的 core/FrameWork.php 文件,修改 FrameWork 类的 controller_action() 方法代码如下。

```
public static function controller_action() {
//设置默认控制器方法
    $ action = 'index';
    …
    //获取控制器方法
    // $ action = $ controller_action[1];
    if (!empty( $ controller_action[1])) {
        $ action = $ controller_action[1];
    }
    …
}
```

首先,添加变量 $ action 设置 index 为控制器的默认方法;然后,在获取控制器方法时使用条件判断,若 URL 中指定了控制器方法,则将变量 $ action 赋为该方法名。

在浏览器中输入 URL 地址"http://book.php.chp06/index.php/test",访问 Test 控制器的默认 index 方法。页面效果如图 6.8 所示。

4) 实现默认控制器的访问

与上述控制器默认方法相似,Web 项目中还常常会设置一个默认控制器,当用户请求的 URL 中没有指定具体的控制器时,默认访问该默认控制器。

假设本项目默认控制器为 Home,创建该控制器并编写代码如下。

```
<?php
/**
```

```
 * 文件名 Home.php
 * 存放目录 application/controller
 * 项目默认控制器
 * @author weiwenping
 */
class Home
{
    /**
     * 构造方法
     */
    public function __construct()
    {
    }
    /**
     * 默认方法
     */
    public function index() {
        echo '这是 Home 控制器的 index 方法中的文本!';
    }
}
```

打开项目中的 core/FrameWork.php 文件,修改 FrameWork 类的 controller_action() 方法代码。

```
public static function controller_action() {
    //设置默认控制器
    $controller = 'Home';
    …
    $request = ltrim( $request, '/');
    if (!empty( $request)){
        //分离查询字符串
        $request_array = explode('?', $request);
        //分离控制器和方法
        $controller_action = $request_array[0];
        $controller_action = explode('/', $controller_action);
        //获取控制器
        $controller = ucfirst( $controller_action[0]);
        if (!empty( $controller_action[1])) {
            $action = $controller_action[1];
        }
    }
    …
}
```

首先,添加变量 $controller 设置 Home 为默认控制器;然后,在对 URL 中的控制器进行分离时使用条件判断,若 URL 中指定了控制器,则将变量 $controller 赋为该控制器名。

在浏览器中输入 URL 地址"http://book.php.chp06/index.php",访问默认控制器 Home 的默认 index 方法。页面效果如图 6.9 所示。

图 6.9　访问默认控制器成功页面效果

5) 处理控制器及方法不存在错误

在上面的测试代码中，URL 中的控制器和方法均是存在的，如果用户请求的控制器或方法不存在，则肯定会出现错误。

打开项目中的 core/FrameWork.php 文件，修改 FrameWork 类的 run() 方法代码。

```php
public static function run() {
    //调用框架类方法,获取 URL 中的控制器和方法
    $controller_action = self::controller_action();
    $controller = $controller_action['controller'];
    $action = $controller_action['action'];
    //拼接控制器类文件名称
    $class_file = './application/controller/'. $controller.'.php';
    if (file_exists( $class_file)) {
        //加载控制器类文件
        require_once $class_file;
        //获取控制器类
        $class = new ReflectionClass( $controller);
        //获取控制器类的实例
        $instance = $class->newInstanceArgs();
        //获取控制器类的所有方法
        $methods = $class->getMethods();
        //判断类中是否有 $action 方法
        $method = '';
        foreach ( $methods as $obj) {
            if ( $obj->getName() == $action) {
                $method = $class->getMethod( $action);
                break;
            }
        }
        //若方法不存在,则跳转到错误控制器
        if ( $method == '') {
            exit('非法访问');
        }
        //执行方法
        $method->invoke( $instance);
    }else{
        exit('非法访问');
    }
}
```

在上述代码中,添加了对控制器和方法不存在时的判断语句,此时若再访问不存在的控制器,则程序会终止运行并输出"非法访问"提示文本。

6.2.3 系统架构优化设计

视频讲解

通过 6.2.2 节的初步设计,项目框架已基本成型,但还是存在一些潜在的问题。例如,默认控制器和方法名称都是直接写在代码中的,通常的做法应该是将其写入配置文件中,这样会比较灵活。下面对框架进行简单优化。

1. 加载配置文件

在项目的 application 目录中新建一个名为 config 的子目录,并在其中添加 config.php 配置文件。

打开项目框架类文件 core\FrameWork.php,编写 FrameWork 类的 init() 初始化方法代码,完成配置文件的加载以及配置项的常量化。

```php
public static function init()
{
    //拼接配置文件名
    $config_file = './application/config/config.php';
    if (file_exists($config_file)) {
        require_once $config_file;                    //加载配置文件
        foreach ($config as $key => $value) {
            define(strtoupper($key), "$value");       //配置项常量化
        }
    }else{
        exit('没有找到配置文件!');
    }
}
```

注意: 加载文件时一定要判断该文件是否存在。若配置文件不存在,则需要进行另外的处理。这里调用 exit() 函数,简单地终止程序的运行。

2. 配置默认控制器和方法

打开配置文件 application\config\config.php,添加如下配置项。

```php
<?php
/**
 * 项目配置文件
 * 配置数组 $config
 */
//默认控制器和方法配置
$config['default_controller'] = 'Home';
$config['default_action'] = 'index';
```

修改 FrameWork 框架类的 controller_action() 方法中的代码:

```
private static function controller_action() {
    //设置默认控制器
    $controller = DEFAULT_CONTROLLER;
    //设置默认方法
    $action = DEFAULT_ACTION;
    ...
}
```

打开浏览器,输入地址"http://book.php.chap06",页面效果如图6.9所示。

3. 隐藏URL中的入口文件

本项目采用的是MVC的前端控制方式,所有的请求都是从项目根目录下的index.php进入的,所以在URL中总是要重复地输入index.php。

下面实现URL中入口文件隐藏功能。也就是说,通过http://book.php.chap06/test/demo这样的URL,也可以访问到项目Test控制器的demo方法。

首先,打开Web服务器Apache的主配置文件httpd.conf,开启mod_rewrite.so模块。

```
LoadModule rewrite_module modules/mod_rewrite.so
```

然后,在项目根目录下添加一个名为.htaccess的分布式配置文件,并添加如下代码。

```
RewriteEngine On
RewriteCond %{REQUEST_FILENAME} !-f
RewriteCond %{REQUEST_FILENAME} !-d
RewriteRule ^(.*)$ index.php/$1 [L]
```

最后,重启Apache服务器,打开浏览器并输入"http://book.php.chap06/test",输出结果如图6.8所示。

4. 阻止用户直接访问项目目录及文件

虽然项目采用了前端控制方式,但到目录为止,我们仍可以直接访问项目中的目录及文件。例如,在浏览器的地址栏中输入"http://book.php.chap06/application/controller",可以看到controller目录中的所有子目录及文件,这显然是存在安全隐患的。解决这个问题的方法非常简单,在项目的所有目录中添加一个空index.html文件即可。

阻止用户直接访问项目文件的方法也非常简单。首先,在项目入口文件index.php的开头添加代码:

```
//定义项目名称常量
define('APP_NAME', '微梦日程管理系统');
```

然后,在项目的其他php文件开头加上代码:

```
<?php defined('APP_NAME') OR EXIT('非法访问')?>
```

其实,在第5章的项目中,采用的就是上述的两种数据安全方法。

6.2.4 类文件的自动加载

在后续的项目开发过程中，不仅需要设计各种功能的控制器类，还需要设计其他的一些辅助类。例如，操作数据库的模型类、生成和更新验证码的图形验证码类、管理翻页的翻页类等。这些类在实例化之前，都必须将其类文件导入项目中，这项工作是通过 PHP 的魔术方式 __autoload() 自动完成的。

1. 创建库文件

在项目的 core 目录中，新建 lib 子目录并添加一个名为 function.php 的 PHP 文件。该文件用来存放自定义函数、全局变量和常量。

编写 __autoload() 函数代码。

```php
<?php
/**
 * 自定义库文件
 * 文件名 function.php
 * 文件目录 core/lib/
 */

/**
 * 自动加载类文件
 * @param string $class
 */
function __autoload( $class) {
    //拼接类文件名
    $class_file_inc = './core/inc/'. $class.'.php';
    $class_file_model = './application/model/'. $class.'.php';
    //加载类文件
    if (file_exists( $class_file_inc)) {
        require_once $class_file_inc;
    }elseif (file_exists( $class_file_model)){
        require_once $class_file_model;
    }
}
```

暂时假设被加载的类存放在项目的 core/inc 和 application/model 目录中。

2. 创建测试类

在项目的 core 目录中新建 inc 子目录，在其中添加一个名为 demo 的测试类。类文件代码如下。

```php
class demo
{
    public function test() {
        echo '< h4 >您调用了 demo 实例的 test 方法</h4 >';
    }
}
```

在类中定义 test()方法,输出测试文本信息。

3. 自动加载类

在项目框架类的初始化方法中,添加代码加载自定义的库函数。

```
//加载库文件
$lib_file = './core/lib/function.php';
if (file_exists($lib_file)) {
    require_once $lib_file;
}else {
    exit('没有找到库文件!');
}
```

打开浏览器,访问项目前台主页,运行效果如图 6.10 所示。

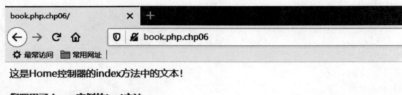

图 6.10　自动加载自定义类

从输出结果可以看出,程序正确地加载了测试类 demo 的类声明文件,并通过实例化 demo 类得到的对象调用了其 test()方法。

6.2.5　视图文件的加载

在上面的测试中,浏览器窗口中显示的内容都是通过控制器方法中的 echo 直接输出的,这种方式显然是不能满足实际项目需求的。在实际的 Web 项目中,浏览器窗口中显示的内容都是由网页承载的,所以应该在控制器方法中加载相应的视图文件。

1. 添加视图文件

在项目的 application\view 目录中,新建 test 子目录并添加 index.php 视图文件。这里的 test 对应着 Test 控制器,index.php 对应着 Test 控制器的 index 方法。

在视图文件 index.php 中添加测试代码。

2. 加载视图文件

修改 Test 控制器的 index 方法中的代码,加载视图文件。

```
public function index() {
    require_once './application/view/test/index.php';
}
```

打开浏览器，访问项目 Test 控制器的 index 方法，即可输出对应的视图文件中的内容。

3．添加基础控制器

在控制器中，大部分方法都对应着一个视图，因此需要在每个方法中添加包含语句，来加载视图文件。这种相似的重复工作，正好可以用类的成员函数来实现。

在项目的 application\controller 目录中，添加一个名为 Controller 的基础控制器，并添加如下代码。

```php
<?php
/**
 * 基础控制器
 * 控制器基类
 * @author weiwenping
 */
class Controller
{
    public function __construct()
    {
    }
    /**
     * 加载视图
     * @param string $view
     * @param array $data
     */
    protected function view( $view, $data = NULL) {
        $file = './application/view/'. $view.'.php';
        if (file_exists( $file)) {
            require_once $file;
        }else{
            exit('非法访问!');
        }
    }
}
```

类中的 view 方法用于加载控制器方法视图。

修改 Test 类文件，让其继承于 Controller 基础控制器，并在 Test 的 index 方法中调用 view()成员函数加载视图。

```php
class Test extends Controller
{
    …
    public function index() {
        $this->view('test/index');
    }
    …
}
```

由于给控制器添加了基类，所以需要在框架类中添加代码，导入基类的声明文件。修改 FrameWork 类的 run()方法。

```php
public static function run() {
    ...
    if (file_exists($class_file)) {
        //加载基础控制器类
        $controller_file = './application/controller/Controller.php';
        if (file_exists($controller_file)) {
            require_once $controller_file;
        }
        //加载控制器类文件
        require_once $class_file;
    ...
}
```

需要说明的是，也可以将基础类 Controller 的类文件存放在项目的 core\inc 目录中，让框架自动加载该文件。若采用自动加载方式，则不需要添加上述代码。这里为了清晰起见，将控制器基类存放在控制器目录中。

再次访问 Test 控制器的 index 方法，会正确输出视图页面内容。说明 Test 控制器的视图被正确加载了。

4. 向视图文件传递数据

视图文件一般都是用来展示数据的，它是项目内容的表现。项目中的数据在控制器中准备，然后通过参数的形式，传递到视图中。

在上述 Controller 控制器的 view() 方法声明中，形参列表里带有两个参数，前面的 $view 表示视图文件，后面的 $data 表示需要传递到视图中的数据。下面修改 Test 控制器的 index 方法及其视图文件代码，测试数据的传递是否成功。

Test 控制器的 index 方法代码如下。

```php
public function index() {
    $data['title'] = '微梦日程管理系统';
    $data['param'] = __METHOD__;
    $this->view('test/index', $data);
}
```

Test 控制器的 index 方法的视图文件代码如下。

```php
<?php defined('APP_NAME') OR EXIT('非法访问');?>
<!DOCTYPE html>
<html lang="en">
<head>
    <meta charset="UTF-8">
    <title><?php echo $data['title'];?></title>
</head>
<body>
    <h4>测试视图文件</h4>
    <p>Test 控制器的 index 方法视图文件</p>
    <p>从控制器传递过来的参数：<?php echo $data['param']?></p>
</body>
</html>
```

再次访问 Test 控制器的 index 方法,页面效果如图 6.11 所示。可以看到参数被正确地传递到了视图中。

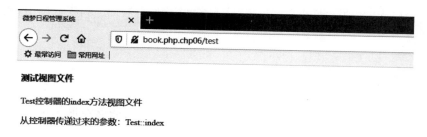

图 6.11 向视图中传递数据

注意:视图文件中的变量 $data 是 Controller 控制器 view()方法形参中的那个 $data,而不是 Test 控制器 index()方法中的变量 $data。

6.3 前台功能实现

系统构架搭建完成以后,就可以实现系统功能了。Web 系统一般都分为前台与后台,前台主要负责系统内容的显示,后台则负责系统内容的管理。

6.3.1 前台首页

视频讲解

系统前台首页由 Home 控制器的 index()方法加载,其页面效果如图 6.1 所示。本页面使用 Bootstrap 前端框架,属于响应式页面。当浏览器窗口缩小时,页面元素会自动重新排列。

1. 准备静态资源

在项目中新建 public 目录、public\bootstrap 子目录、public\jquery 子目录、public\image 子目录;将 Bootstrap 库、jQuery 库、图片文件分别存放到上述目录中。

2. 创建视图文件

在项目的 application\view 目录中,新建 home 子目录并添加 index.php 视图文件。由于篇幅的限制,这里不再展示页面文档代码,请参见源码。

3. 加载前台首页

在 Home 控制器的 index 方法中加载系统前台首页视图文件,并传递相应的数据,代码如下。

```
public function index() {
    $data['title'] = '欢迎使用'.APP_NAME.'';
```

```
        $this -> view('home/index', $data);
}
```

在上述代码中，数组元素 $data['title'] 为首页标题，它被传递到了视图中，通过 title 标签在浏览器窗口中输出，如图 6.1 所示。

6.3.2 日历的显示

日程安排一般都是在日历中显示的，所以系统首先必须能够在网页中输出日历，如图 6.2 所示。

1. 创建 Calendar 日历类

在项目的 core\inc 目录中，新建一个名为 Calendar 的日历类，如下。

```
<?php
defined('APP_NAME') OR EXIT('非法访问');
/**
 * 日历类
 * 处理日历数据及相关操作
 * @author weiwenping
 */
class Calendar
{
    public function __construct()
    {}
}
```

1）定义类属性

在类中定义如下属性。

```
class Calendar
{
    /**
     * 日历根据此日期构建
     * 格式为 YYYY-MM-DD HH:MM:SS
     * @var string 日历显示日期
     */
    private $_useDate = NULL;
    /**
     * 日历显示
     * @var int 月份
     */
    private $_m;
    /**
     * 当前日历显示月份是哪一年
     * @var int 当前年份
     */
    private $_y;
    /**
```

```
     * 当前日历显示月有多少天
     * @var int 当月天数
     */
    private $_daysInMonth;
    /**
     * 当前日历显示月起始日是星期几
     * @var int 当月从星期几开始
     */
    private $_startDay;
    …
}
```

2）编写构造方法代码

编写构造方法代码，初始化类属性，如下。

```
/**
 * 构造方法
 * 收集并确定一些日历信息数据
 * @param string 或 NULL $useDate
 */
public function __construct( $useDate = NULL)
{
    //收集并存储当月有关数据
    if (isset( $useDate))
    {
        $this->_useDate = $useDate;
    }else{
        $this->_useDate = date('Y-m-d H:i:s');
    }
    //把字符串日期转换成时间
    $ts = strtotime( $this->_useDate);
    //确定月份
    $this->_m = date('m', $ts);
    //确定年份
    $this->_y = date('Y', $ts);
    //确定本月有多少天
    $this->_daysInMonth = cal_days_in_month(
        CAL_GREGORIAN,
        $this->_m,
        $this->_y
    );
    //确定本月从星期几开始
    $ts = mktime(0, 0, 0, $this->_m, 1, $this->_y);
    $this->_startDay = date('w', $ts);
}
```

3）定义类方法

在 Calendar 类中，定义一个名为 getCalendar 的方法，用于获取日历数据，代码如下。

```
/**
 * 获取日历数据
```

```php
 * @return array 日历数据
 */
public function getCalendar(){
    //存储日历的日期数据
    $data[0] = $this->_useDate;
    //设置显示日,并赋初值1
    $c = 1;
    for ( $i=1; $c <= $this->_daysInMonth; ++$i )
    {
        //日历中的第一行,前一月的日期数据用0表示
        if ( $i <= $this->_startDay) {
            $data[$i] = 0;
        }
        //存储本月数据
        if ( $this->_startDay < $i && $this->_daysInMonth >= $c)
        {
            $data[$i] = $c;
            $c++;
        }
    }
    return $data;
}
```

2. 创建日历显示控制器方法

为了在网页中显示日历,必须创建控制器方法及视图文件。在项目的 Home 控制器中定义一个名为 calendar 的方法,其代码如下。

```php
/**
 * 处理日历的显示操作
 */
public function calendar() {
    //视图网页标题
    $data['title'] = APP_NAME.' - 日历';
    //日历数据
    $ymd = null;
    $cal = new Calendar( $ymd );
    $data['calendar'] = $cal->getCalendar();
    //加载视图,并传递数据
    $this->view('common/header');
    $this->view('home/calendar');
    $this->view('common/footer');
}
```

3. 创建日历显示视图

日历视图页面由头部、日历和底部组成。头部和底部属于视图的公共部分,存储在项目的 application\view\common 目录中,它们被多个视图所共享。

由于篇幅的限制,日历视图代码请参见源码,这里不再展示。

4. 添加日历访问链接

在系统前台首页的"日程安排"版块中,有一个名为"查看详情"的超级链接,给其href属性赋值:

```
<p><a class = "btn btn - default" href = "home/calendar" role = "button">查看详情 &raquo;</a>
</p>
```

通过单击该超级链接,即可跳转到系统的"日历"页面。

5. 实现日历翻动功能

1) 加载 Bootstrap 日期时间拾取器资源

下载资源文件,并将其复制到项目的 public\bootstrap\timepicker 目录中。作者使用的资源文件名为 bootstrap-datetimepicker-master.zip。

在视图中加载"日期时间拾取器"的 CSS 和 JS 文件。注意上述 JS 资源文件与 jQuery 库文件的加载顺序。通常情况下要先加载 jQuery 库文件,因为大部分 JS 文件依赖 jQuery。

2) 修改视图文件

打开 Home 控制器 calendar 方法的视图文件,在相应位置添加代码,显示"日期时间拾取器"控件和"翻页"按钮。代码参见源码。

3) 编写 jQuery 代码

"日期时间拾取器"控件的动作是通过 jQuery 来实现的,所以必须编写 JS 代码,完成控件的初始化。例如,设置界面语言、起始星期数、是否显示"今天"按钮等。

关于 Bootstrap"日期时间拾取器"控件的使用方法,这里不再详细介绍,请借助相关技术文档及案例自己学习。

4) 定义 Home 控制器的 setDate 方法

用户选取的日期和时间,通过 POST 方法被传送到 Home 控制器的 setDate 方法,下面是该方法的代码。

```
/**
 * 接收页面传送的日期与时间
 * AJAX 的 POST 请求
 */
public function setDate() {
    //若存在 POST 请求数据,则将其放入 SESSION 中
    if (isset( $ _POST['userDate'])) {
        $ _SESSION['wmsms']['date'] = $ _POST['userDate'];
        exit(json_encode(array('code' = > 0,'msg' = >'请求成功')));
    }else{
        exit(json_encode(array('code' = > 1,'msg' = >'请求失败')));
    }
}
```

该方法接收日期时间数据,若该数据存在,则将其放入 SESSION 中,并返回请求信息及返回码 0;若没有接收到数据,则返回相应的信息。

5）修改 Home 控制器的 calendar 方法

接收到用户选取的日期和时间以后，下面的工作便是更新日历了。该项工作是在 Home 控制器的 calendar 方法中完成的，代码如下。

```php
/**
 * 处理日历的显示操作
 */
public function calendar() {
    //页面标题
    $data['title'] = APP_NAME.' - 日历';
    //设置日历显示基础数据
    $userDate = NULL;
    //判断 SESSION 中是否存有日期时间数据
    if (isset( $_SESSION['wmsms']['date'])) {
        //取出数据
        $userDate = $_SESSION['wmsms']['date'];
    }
    //根据用户选取的日期时间，构造日历
    $cal = new Calendar( $userDate);
    $data['calendar'] = $cal -> getCalendar();
    //取出用户数据后，及时销毁 SESSSION 中存储的变量
    if (isset( $_SESSION['wmsms']['date'])) {
        unset( $_SESSION['wmsms']['date']);
    }
    //加载视图
    $this -> view('common/header');
    $this -> view('home/calendar');
    $this -> view('common/footer_home_calendar');
}
```

用户选取的日期时间数据存储在 SESSION 中，若不及时销毁，则页面会始终显示该数据所表示的日历。

上述程序对 SESSION 进行了操作，请确保它已经启动。

视频讲解

6.3.3 日程的显示

系统日程的显示分为两种情况，当用户未登录时，在日历中只显示共享的活动安排信息；用户登录以后，则会显示用户自己的日程安排。日程在日历上的显示分为以下 3 种情况。

第 1 种情况，在日历的单元格中显示日程标识，标识数量与该日中"活动安排"数量相同，如图 6.12 所示。

日历显示，今天是 2019 年 8 月 14 日，单元格用醒目的颜色填充。图中日期旁边的"小猪"标志表示该日有日程安排，8 月 12 日、20 日各有一次；8 月 15 日有两次。

第 2 种情况，当用户单击日期数据时，显示该日"日程安排"标题，如图 6.13 所示。

第 3 种情况，当用户单击日历单元格中的"小猪"标识时，显示该日"日程安排"的详细信息，如图 6.14 所示。

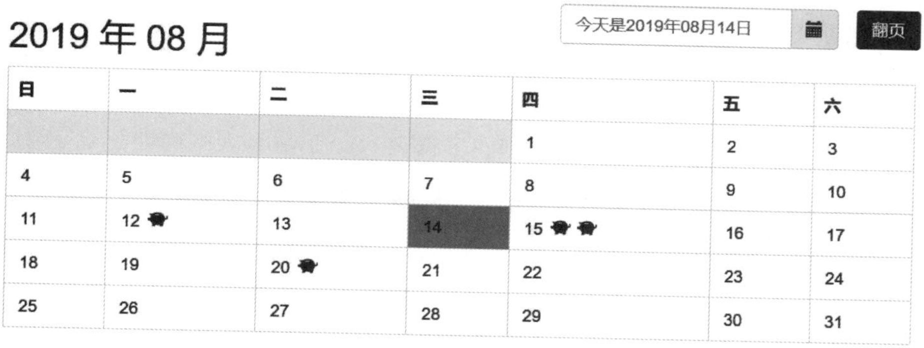

第6章 日程管理系统

图 6.12　显示日程标识

图 6.13　显示日程标题

图 6.14　显示日程详情

这里使用模态对话框显示日程详情,还可以单击对话框中的“管理”按钮,对日程进行管理。下面实现上述功能。

1. 创建数据库

为项目创建数据库 wmchap06db,并创建数据表 wm_event,表结构如图 6.15 所示。

Field	Type	Comment
id	int(11) NOT NULL	
user_id	int(11) NOT NULL	
title	varchar(100) NULL	
description	text NOT NULL	
start	int(11) NOT NULL	
end	int(11) NOT NULL	

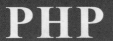

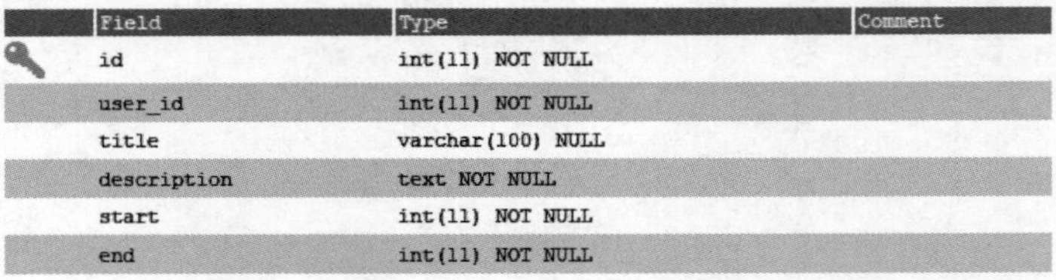

图 6.15　数据表 wm_event 结构

在数据表中添加一些测试数据,以备下面的程序调试使用。

2. 创建数据库操作基类

在项目根目录下的 core\inc 子目录中,创建一个名为 DB 的数据库操作基类,代码如下。

```
<?php
defined('APP_NAME') OR EXIT('非法访问');
/**
 * 数据库操作基类
 * @author weiwenping
 */
class DB {
    //数据库连接对象
    protected $db;
    //构造方法
    public function __construct($dbo = NULL)
    {
        if ( is_object($dbo) )
        {
            $this->db = $dbo;
        }
        else
        {
            //加载数据库连接配置,获取连接参数
            $db_config = CONFIG_PATH.'database.ini';
            if (!file_exists($db_config)) {
                die('数据库配置文件不存在!');
            }
            $db_connect = parse_ini_file($db_config);
            $dsn = "mysql:host=" . $db_connect['db_host']. ";dbname=" . $db_connect
['db_name'];
            try
            {
```

```php
            $this->db = new PDO($dsn, $db_connect['db_user'], $db_connect
['db_password']);
            }
            catch (Exception $e)
            {
                die($e->getMessage());
            }
        }
    }
}
```

该类主要是创建数据库连接,这里采用 PHP 的 PDO 来操作数据库。上述代码中使用了自定义的数据库配置文件 database.ini,具体配置项请参见源码。

3. 创建数据表模型

对数据库的操作一般都是由模型来实现的。下面定义模型类的基类 Model 和 wm_event 数据表模型 EventModel。

在项目 core\inc 目录中创建 Model 类文件,代码如下。

```php
<?php
defined('APP_NAME') OR EXIT('非法访问');

/**
 * 数据库模型基类
 * @author weiwenping
 */
class Model extends DB
{
    protected $table = null;        //数据表
    protected $pk = null;           //主键
    private $prefix_table = null;   //表前缀
    /**
     * 构造方法
     * @param unknown $dbo
     */
    public function __construct($dbo = NULL)
    {
        parent::__construct($dbo = NULL);
        $this->prefix_table = PREFIX_TABLE;
    }
    /**
     * 获取数据表中的全部数据
     * @return array
     */
    public function getAll() {
        $sql = "SELECT * FROM ".$this->prefix_table.$this->table."";
        try
        {
            $stmt = $this->db->prepare($sql);
```

```php
            $stmt->execute();
            $results = $stmt->fetchAll(PDO::FETCH_ASSOC);
            $stmt->closeCursor();
            return $results;
        }
        catch( Exception $e )
        {
            die( $e->getMessage() );
        }
    }
    /**
     * 通过ID查询
     * @param int $id
     * @return array
     */
    public function getEventById( $id ) {
        $sql = "SELECT * FROM ".$this->prefix_table.$this->table.""
            ." where id = ".$id;
        try
        {
            $stmt = $this->db->prepare( $sql );
            $stmt->execute();
            $results = $stmt->fetch(PDO::FETCH_ASSOC);
            $stmt->closeCursor();
            return $results;
        }
        catch( Exception $e )
        {
            die( $e->getMessage() );
        }
    }
}
```

在项目application\model目录中创建EventModel类文件，代码如下。

```php
<?php
defined('APP_NAME') OR EXIT('非法访问');
/**
 * 数据表wm_event模型
 * @author weiwenping
 */
class EventModel extends Model
{
    public function __construct( $dbo = NULL)
    {
        $this->table = 'event';
        parent::__construct( $dbo = NULL);
    }
}
```

4. 修改 Calendar 类中的代码

随着项目功能的增加，系统中的程序会越来越复杂。为了尽量减少代码冗余，使系统结构更加清晰，先对 Calendar 类的属性和方法做一些增加和更改，主要有如下内容。

1）添加属性

给 Calendar 类增加 3 个属性，分别为_calender_days、_events_all 和_events_day，其含义请查看源码。

2）添加方法

给 Calendar 类添加方法，分别为 setCalendarDays()、setEvents()、getEvents()、getEventsAll()、getUserDate()、buildCalendarHeader()和 buildCalendar()。详细代码请参见源码。

3）修改方法

在 Calendar 类的构造方法中添加如下代码，获取"日程"数据。

```
//获取日历中的全部"日程"
$eventModel = new EventModel();
$this->_events_all = $eventModel->getAll();
```

将 Calendar 类的 getCalendar()方法修改成如下形式。

```
/**
 * 获取日历数据
 * @return array 日历数据
 */
public function getCalendar(){
    $this->setCalendarDays();
    return $this->_calender_days;
}
```

5. 修改 Home 控制器的 calendar 方法及视图

修改 Home 控制器的 calendar 方法，以及该方法对应的视图文件代码，详情请参见源码。

完成上述工作后，打开浏览器进行测试，此时应该能够看到如图 6.12 所示的页面效果。

6. 实现日程标题的显示

单击日历单元格中的日期数字，即可打开一个弹出框，在弹出框中显示该日"日程"标题，如图 6.13 所示。这里使用 Bootstrap 弹出框来实现该功能。

Bootstrap 的弹窗代码分成两部分，第一部分是 HTML 代码。

```
<td><span class="day" data-toggle="popover" title="今日活动" data-content="" data-trigger="focus" tabindex="0" rol="button"> '.$day.' </span> '.$pigstr.'</td>
```

第二部分是 JS 代码，其作用是启动弹出框。

```
$('td span.day').popover();
```

在上述的 HTML 示例代码中，span 标签定义弹出框，其中，title 属性是弹出框中内容的标题，data-content 属性是需要显示的数据，这些数据要向数据库请求；示例的 JS 代码非常简单，通过 jQuery 选择器定位到 HTML 元素，然后调用 popover()函数即可。

上面的 HTML 示例，就是 Calendar 类的 buildCalendar()方法中的代码，下面通过 AJAX 的 POST 请求获取弹出框中的数据。

1) 请求数据

在 Home 控制器的 calendar()方法所对应的视图文件中，添加如下 jQuery 代码来请求弹出框中的数据。

```
//加载单元格中的弹出框.当鼠标移动到日期上时,执行如下代码
$('td span.day').hover(function(event) {
    //获取年和月
    var year = $('#date').attr('year');
    var month = $('#date').attr('month');
    //获取单击的日期
    var day = $.trim($(this).text());
    //保存正在操作的 HTML DOM 对象
    var obj = $(this);
    //向 Schedule/getEventByTitle 方法请求数据
    $.post(
        '/schedule/getEventTitle?rand = ' + Math.random(),
        {'year': year,'month':month,'day':day},
        function(res) {
            if (res.code > 0) {
                $('td span.day').popover('hide');
            } else {
                event = res.event;
                //请求的数据赋值给弹出框的 data-content 属性
                obj.attr('data-content', event);
                $('td span.day').popover();
            }
        },'json');
});
```

当用户将鼠标移动到日历中的单元格上时，执行数据的请求操作。在上述代码中，首先从"日历标题"的 HTML 元素中获取"年"和"月"数据，从单击的单元格中获取"日"数据；然后，将数据以 POST 方式发送到 Schedule 控制器的 getEventTitle()方法上；最后，将返回的数据赋值到弹出框的 data-content 属性上。这样当用户单击单元格中的"日"数字时，就会在弹出框中显示该日的"日程"标题。

2) 新建 Schedule 控制器

新建一个名为 Schedule 的控制器，专门处理页面关于"日程安排"数据的请求，代码如下。

```
<?php
/**
```

```php
 * 日程控制器
 * 处理AJAX请求
 * @author weiwenping
 */
class Schedule extends Controller
{
    //日历对象
    private $cal = NULL;
    //日历对应的年和月
    private $date = NULL;
    /**
     * 构造方法
     */
    public function __construct()
    {
        parent::__construct();
        $date = $this->setDate();
        $this->cal = new Calendar($date);
    }
    /**
     * 构造日历的年、月、日字符串
     * @return string
     */
    private function setDate(){
        //接收POST数据
        $year = $_POST['year'];
        $month = $_POST['month'];
        //拼接构造所用的数据日历
        $date = $year.'-'.$month.'-01';
        return $date;
    }
    /**
     * 获取日历对应的日期
     * @return string
     */
    public function getDate() {
        return $this->date;
    }
    /**
     * 获取某一天中日程标题字符串
     * 页面通过AJAX方式请求该方法
     */
    public function getEventTitle() {
        //获取单击的"日"
        $day = $_POST['day'];
        //获取当日的日程数据
        $days = $this->cal->getCalendar();
        $events = $this->cal->getEvents();
        foreach ($days as $key=>$value) {
            if ($value == $day) {
                $res = $events[$key];
```

```php
            break;
        }
    }
    //拼接日程标题字符串
    $titles = '';
    if (isset($res)) {
        foreach ($res as $id) {
            $titles .= ' # '.$this->getEventsTitleById($id);
        }
    }
    //将数据返回到请求的页面
    if ($titles == '') {
        exit(json_encode(array('code'=>1,'event'=>'')));
    }else{
        exit(json_encode(array('code'=>0,'event'=>$titles)));
    }
}
/**
 * 通过"活动"的ID获取其标题
 * @param int $id
 * @return array|boolean
 */
public function getEventsTitleById($id) {
    //日历中的所有"活动"
    $events = $this->cal->getEventsAll();
    //根据ID提取标题
    foreach ($events as $value) {
        if ($value['id'] == $id) {
            $event = $value['title'];
        }
    }
    //返回结果
    if(isset($event)){
        return $event;
    }else{
        return false;
    }
}
/**
 * 通过"活动"的ID获取活动数组
 * @param int $id
 * @return array|boolean
 */
public function getEventsArrayById($id) {
    //日历中的所有"活动"
    $events = $this->cal->getEventsAll();
    //根据ID提取标题
    foreach ($events as $value) {
        if ($value['id'] == $id) {
            $event = $value;
        }
```

```php
        }
        //返回结果
        if(isset($event)){
            return $event;
        }else{
            return false;
        }
    }
    /**
     * 获取某一天中日程标题字符串
     * 页面通过AJAX方式请求该方法
     */
    public function getEventArray() {
        //获取单击的"日"
        $day = $_POST['day'];
        //获取当日的日程数据
        $days = $this->cal->getCalendar();
        $events = $this->cal->getEvents();
        foreach ($days as $key=>$value) {
            if ($value == $day) {
                $res = $events[$key];
                break;
            }
        }
        //
        $array = array();
        if (isset($res)) {
            foreach ($res as $id) {
                array_push($array, $this->getEventsArrayById($id));
            }
        }
        $html = "<table class='table table-hover'>";
        foreach ($array as $v){
            $html .= <<<HTML
                    <tr><th colspan='2'>{$v['title']}</th></tr>
                    <tr><td class='col-md-2'>开始时间:</td><td class='col-md-10'>{$v['start']}</td></tr>
                    <tr><td>结束时间:</td><td>{$v['end']}</td></tr>
                    <tr><td>活动地点:</td><td>{$v['address']}</td></tr>
                    <tr><td>活动内容:</td><td>{$v['content']}</td></tr>
HTML;
        }
        $html .= '</table>';
        //将数据返回到请求的页面
        exit($html);
    }
}
```

单击日历中的"日",即可看到如图6.13所示的效果。

7. 实现日程详情的显示

单击日历中的"小猪"标识，会弹出一个模态对话框，在该对话框中显示该日日程的详情，如图 6.14 所示。

1）在视图中添加模态对话框

在项目 Home 控制器的 calendar 方法中，添加一个模态对话框，HTML 代码如下。

```html
<!-- 显示日程详情的模态对话框 -->
<div id="mySchedule" class="modal fade" tabindex="-1" role="dialog">
    <div class="modal-dialog" role="document">
        <div class="modal-content">
            <div class="modal-header">
                <button type="button" class="close" data-dismiss="modal" aria-label="Close"><span aria-hidden="true">&times;</span></button>
                <h4 class="modal-title">今日安排</h4>
            </div>
            <div class="modal-body">
                <!-- 模态对话框中显示的内容 -->
            </div>
            <div class="modal-footer">
                <button type="button" class="btn btn-default" data-dismiss="modal">关闭</button>
                <button type="button" class="btn btn-primary">管理</button>
            </div>
        </div>
    </div>
</div>
<!-- 模态对话框结束 -->
```

注意上述代码在文件中的位置。

2）在视图中添加 JS 代码

为了激活上述模态对话框，并获取到数据，需要编写如下 JS 代码。

```javascript
//加载模态对话框
$('span.glyphicon-piggy-bank').click(function(event) {
    var year = $('#date').attr('year');
    var month = $('#date').attr('month');
    var day = $.trim($(this).parent('td').text());
    $.post(
        '/schedule/getEventArray?rand=' + Math.random(),
        {'year': year, 'month': month, 'day': day},
        function(res) {
            if (res.code > 0) {
                $('.modal-body').html('');;
            } else {
                $('.modal-body').html(res);
            }
        }, 'html');
});
```

上述代码依赖 jQuery 和 Bootstrap 的 JS 库，详细代码请参见源码。

6.3.4 用户注册与登录

用户访问本系统，在没有登录的情况下只能查看系统公告、公共活动安排，以及 VIP 用户提供的活动分享信息。如果要添加和管理自己的日程安排，需要登录本系统。

1. 用户注册

用户访问系统前台首页，单击页面顶部右侧的"注册"按钮，打开用户注册页面，如图 6.16 所示。

图 6.16　用户注册页面

用户注册需要接受系统服务协议，单击页面左侧下方的复选框，进行相应的操作。若用户接受协议，则显示用户注册表单，如图 6.17 所示。

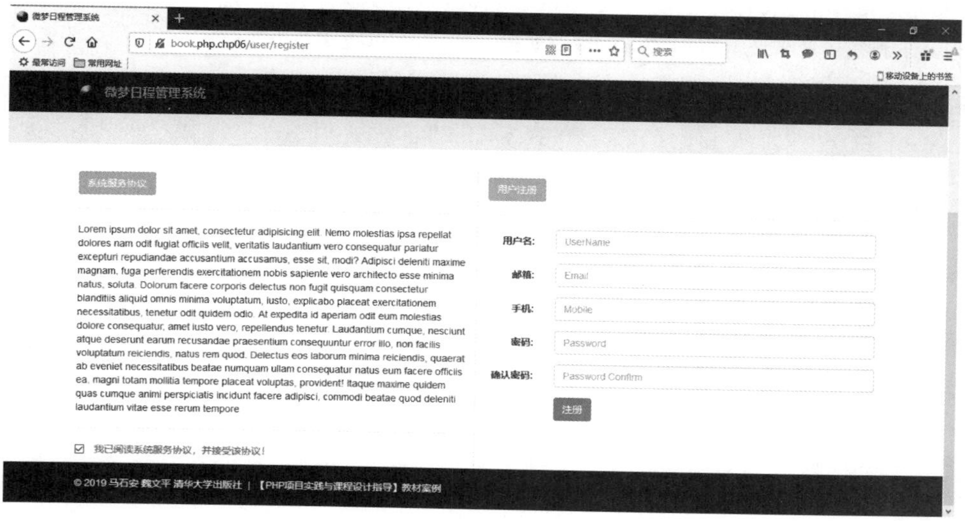

图 6.17　用户注册表单

用户注册由 user 控制器的 register 方法来实现，其视图文件为 application\user\register.php。下面是注册表单显/隐控制代码。

```javascript
//隐藏注册表单
$('form').hide();
//给出提示信息
$('form').before('<span id="mes" style="color:#f00;">温馨提示：请阅读系统服务协议，接受后才可以注册!</span>');
//用户接受服务协议,开启注册表单,并隐藏提示信息
$('#ok').click(function(event){
    if($(this).is(':checked')){
        $('#mes').hide();
        $('form').show();
    }
    else{
        $('#mes').show();
        $('form').hide();
    }
});
```

为了确保数据安全，用户输入的数据一般需要在前端和后端两次验证，这里为了简单起见，只进行后端数据验证。

在 User 控制器中添加方法 validate()，专门处理注册表单数据的验证，代码如下。

```php
private function validate($name, $value){
    $errors = array();
    switch($name){
        case 'id':
            preg_match('/^\d+$/', $value) || $errors[$name] = ['mess'=>'序号只能为正整数','rule'=>'序号必须为大于0的正整数'];
            break;
        case 'username':
            preg_match('/^(?!_)(?!.*?_$)(?!\d)[a-zA-Z0-9_\x{4e00}-\x{9fa5}]{2,10}+$/u', $value) || $errors[$name] = ['mess'=>'用户名格式不符合要求','rule'=>'用户名由2-10位字母、下画线或汉字组成，不能以下画线开头或结尾，不能以数字开头'];
            break;
        case 'password':
            preg_match('/(?=^.{6,16}$)(?=.*\d)(?=.*[A-Z])(?=.*[a-z])(?=.*[!@#$%^&*]).*$/', $value) || $errors[$name] = ['mess'=>'密码强度不符合要求','rule'=>'密码强度要求：6-16位,至少有一个数字,一个大写字母,一个小写字母和一个特殊字符[!@#$%^&*],四个任意组合'];
            break;
        case 'email':
            preg_match('/^([A-Za-z0-9_\-\.])+\@([A-Za-z0-9_\-\.])+\.([A-Za-z]{2,4})$/', $value) || $errors[$name] = ['mess'=>'邮箱格式不符合要求','rule'=>'电子邮箱规定格式'];
            break;
        case 'mobile':
            preg_match('/^((13[0-9])|(14[5|7])|(15([0-3]|[5-9]))|(18[0,5-9]))\d{8}$/', $value) || $errors[$name] = ['mess'=>'手机号码格式不正确','rule'=>'手机号码规定格式'];
```

```
            break;
    }
    return $errors;
}
```

这里针对表单元素特征,采用相应的正则方式进行数据验证。

接着,在 User 控制器的 register() 方法中添加代码,完成数据的验证与添加,代码如下。

```php
public function register() {
//检测是否为 AJAX 请求
if (isset($_SERVER['HTTP_X_REQUESTED_WITH']) && $_SERVER['HTTP_X_REQUESTED_WITH'] == 'XMLHttpRequest') {
//先比对两次输入的密码是否正确
if (trim($_POST['password']) !== trim($_POST['password_confirm'])) {
exit(json_encode(array('status'=>0, 'errs'=>'两次输入的密码不匹配')));
}
//接收数据并验证数据
$errs = [];
foreach ($_POST as $key => $value) {
if (!empty($this->validate($key, $value))) {
array_push($errs, $this->validate($key, $value));
}
}
if (empty($errs)) {
//插入数据
foreach ($_POST as $k =>$v){
$data[$k] = htmlentities($v,ENT_QUOTES);
}
unset($data['password_confirm']);
$data['password'] = md5($data['password']);
$data['is_admin'] = 0;
$data['status'] = 1;
$data['create_time'] = time();
$data['update_time'] = time();

$user = new UserModel();
if($user->insert($data) === true){
$res = array('status'=>1, 'message'=>'注册成功');
}else{
$res = array('status'=>0, 'errs'=>'注册失败');
}
}else{
$error_str = '数据验证失败:';
foreach ($errs as $value) {
$arr = current($value);
$error_str .= $arr['mess']." ** ";
}
$res = array('status'=>0, 'message'=>'数据验证失败','errs'=>$error_str);
}
exit(json_encode($res));
```

```php
}else{
$data['title'] = "微梦日程管理系统 - 用户注册";
$data['js_files'] = array(
'user_register.js',
);
//显示注册表单
$this->view('user/register', $data);
}

}
```

在数据的插入过程中,使用了 wm_user 表的模型对象,其定义代码如下。

```php
class UserModel extends Model
{
    public function __construct($dbo = NULL)
    {
        $this->table = 'user';
        parent::__construct($dbo = NULL);
    }
    /**
     * 插入数据
     * @param unknown $data
     * @return boolean|unknown
     */
    public function insert($data) {
        $sql = "insert into `wm_user` values(null,:is_admin,:username,:password,:email,:mobile,:status,:create_time,:update_time)";
        try {
            $stmt = $this->db->prepare($sql);
            $stmt->bindParam(":is_admin", $data['is_admin'], PDO::PARAM_INT);
            $stmt->bindParam(":username", $data['username'], PDO::PARAM_STR);
            $stmt->bindParam(":password", $data['password'], PDO::PARAM_STR);
            $stmt->bindParam(":email", $data['email'], PDO::PARAM_STR);
            $stmt->bindParam(":mobile", $data['mobile'], PDO::PARAM_STR);
            $stmt->bindParam(":status", $data['status'], PDO::PARAM_INT);
            $stmt->bindParam(":create_time", $data['create_time'], PDO::PARAM_INT);
            $stmt->bindParam(":update_time", $data['update_time'], PDO::PARAM_INT);
            $res = $stmt->execute();
            $stmt->closeCursor();
            return $res;
        } catch (Exception $e) {
            return $e->getMessage();
        }
    }
}
```

表单数据验证测试,如图 6.18 和图 6.19 所示。图 6.18 是直接单击"注册"按钮后的页面效果;图 6.19 提示的是"用户名格式不正确""密码强度不够"两条数据验证错误信息。

第6章 日程管理系统

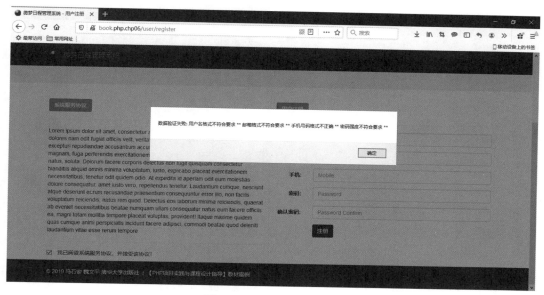

图 6.18　注册数据验证 1

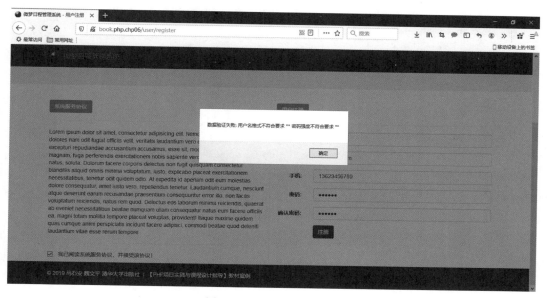

图 6.19　注册数据验证 2

2．用户登录

用户访问系统前台首页，单击页面顶部右侧的"登录"按钮，打开用户登录页面，如图 6.20 所示。

用户登录由 User 控制器的 login 方法实现，代码如下。

```
public function login() {
    //检测是否为 AJAX 请求
```

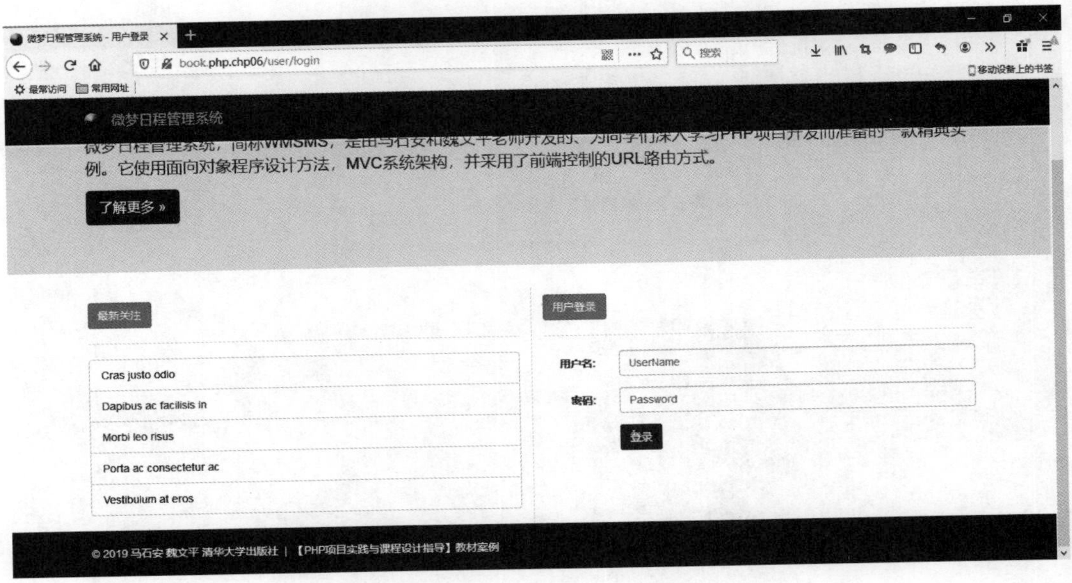

图 6.20 用户登录

```php
    if (isset($_SERVER['HTTP_X_REQUESTED_WITH']) && $_SERVER['HTTP_X_REQUESTED_WITH']
== 'XMLHttpRequest') {
        //处理登录
        $username = htmlentities($_POST['username'],ENT_QUOTES);
        $password = htmlentities($_POST['password'],ENT_QUOTES);
        $data = array('username'=>$username,'password'=>md5($password));
        $user = new UserModel();
        $result = $user->loginValidate($data);
        if ($result === false) {
            $res = array('status'=>0, 'message'=>'登录失败,用户名或密码错误');
        }else{
            $_SESSION['wmsms']['user'] = $result;
            $res = array('status'=>1, 'message'=>'恭喜,登录成功');
        }
        exit(json_encode($res));
    }else{
        $data['title'] = "微梦日程管理系统 - 用户登录";
        $data['js_files'] = array(
            'login_register.js',
        );
        //显示登录表单
        $this->view('user/login', $data);
    }
}
```

在上述代码中,使用了 UserModel 模型的 loginValidate() 方法,代码如下。

```php
public function loginValidate($data) {
    $where = '';
    $i = 1;
```

```
            foreach ( $ data as $ k = > $ v){
                $ where . = ''. $ k.''." = '". $ v."'";
                if ( $ i < count( $ data)) {
                    $ where . = ' and ';
                }
                $ i++;
            }
            $ sql = 'select * from '. $ this - > prefix_table. $ this - > table. ' where '. $ where;
            try
            {
                $ stmt = $ this - > db - > prepare( $ sql);
                $ stmt - > execute();
                $ results = $ stmt - > fetch(PDO::FETCH_ASSOC);
                $ stmt - > closeCursor();
                return $ results ? $ results : false;
            }
            catch ( Exception $ e )
            {
                die( $ e - > getMessage());
            }
        }
```

用户登录成功以后,应该在系统页面上显示"用户中心"和"退出系统"等功能菜单或按钮,以方便用户对自身信息的查询与维护,以及其他的操作,如图 6.21 所示。

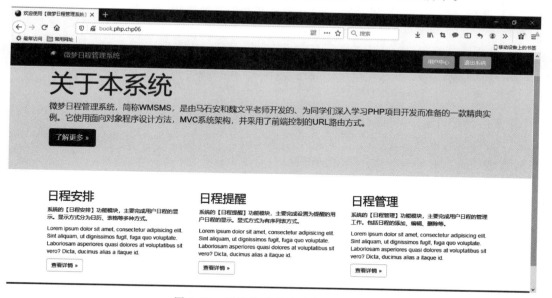

图 6.21　用户登录成功后的系统首页

6.3.5　用户中心

用户登录成功后,在系统首页的导航条上,会显示"用户中心"和"退出系统"两个功能按钮,单击"用户中心"即可进入用户信息显示及管理页面,如图 6.22 所示。

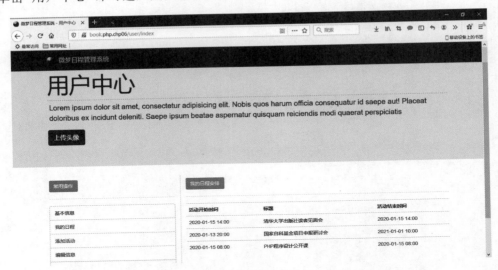

图 6.22　用户中心

从图中可以看出,用户中心主页右下侧区域,显示了登录用户的所有日程安排信息。

系统用户中心功能由 User 控制器中的方法来实现,对应的模型为 UserModel。

用户中心功能的实现比较简单,主要工作是通过用户 ID 来查询该用户的一些信息,然后再将这些信息数据分门别类地在页面上显示出来。由于篇幅的限制,这里不再详述,请参考源码。

6.4　后台功能实现

系统后台是对整个系统数据的管理,如用户管理、日程管理等。在 6.3.5 节中,介绍了用户中心模块,与该模块不同的是,用户中心里的数据是登录用户自己的数据,而系统后台管理,管理的是系统的全部数据,不是管理员自身的数据。

6.4.1　用户管理

系统后台用户管理页面运行效果如图 6.5 所示。其功能由 admin 控制器的 userAdmin 方法实现,代码如下。

```
public function userAdmin() {
    //User Model 对象
    $userModel = new UserModel();
    $data['title'] = '微梦日程管理 - 后台系统';
    $data['top_menu'] = array(
        ['name'=>'前台首页','href'=>'/'],
        ['name'=>'后台首页','href'=>'/admin'],
        ['name'=>'退出系统','href'=>'/user/logout'],
    );
```

```
    $data['userList'] = $userModel->getAll();
    //加载视图
    $this->view('admin/userAdmin', $data);
}
```

6.4.2　日程管理

系统后台的日程管理，由 admin 控制器的 scheduleAdmin 方法实现，代码如下。

```
public function scheduleAdmin() {
    $eventModel = new EventModel();
    $data['title'] = '微梦日程管理 - 后台系统';
    $data['top_menu'] = array(
        ['name'=>'前台首页','href'=>'/'],
        ['name'=>'后台首页','href'=>'/admin'],
        ['name'=>'退出系统','href'=>'/user/logout'],
    );
    $data['scheduleList'] = $eventModel->getAll();
    $this->view('admin/scheduleAdmin', $data);
}
```

运行效果如图 6.23 所示。

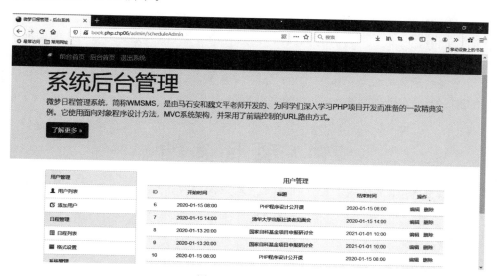

图 6.23　用户中心

6.5　本章小结

本章详细介绍了使用 PHP 程序设计语言开发一个简单的日程管理系统的过程。由于篇幅的限制，这里重点讲述了系统前台功能的实现。关于系统的后台功能的实现，就当成本章的作业留给读者，同时，也留给读者一个自由发挥的空间。

第 7 章 在线课程系统

在线课程,也称为网络课程或网上课程,是随着信息技术、通信技术,以及计算机网络技术的进步,而逐渐发展起来的一种新型教学模式。与传统的课堂教学相比较,它具有资源的共享性、学习的自主性、课程结构的开发性和学习的协作性等特点。在线课程系统就是为该教学模式而搭建的网络教学平台。

在第 6 章中,介绍了一个简单的日程管理系统的开发过程,熟悉了 PHP 的面向对象基础技术,以及使用 PHP 的 PDO 对象与 MySQL 数据库进行交互的方法。本章介绍一个简单的在线课程系统的开发,采用 PHP 的 Smarty 模板与面向对象程序设计方法,旨在进一步掌握 PHP 的面向对象技术和 PHP 的基础框架技术。

视频讲解

7.1 项目简介

本项目名称为"微梦在线课程管理系统",是一款面向在校大学生的网络课程 Web 应用平台,用于对学校所开设的网络课程进行管理。主要功能包括课程管理、在线学习、在线答疑与在线测试管理等。

7.1.1 系统功能结构

本系统前台功能结构如图 7.1 所示。由于篇幅的限制,本系统只实现了部分功能,请读者在掌握本案例后,根据实际需要自己提出需求,试着完善本案例系统。

本系统后台功能结构如图 7.2 所示。

7.1.2 系统流程

本系统流程如图 7.3 所示。

第7章 在线课程系统

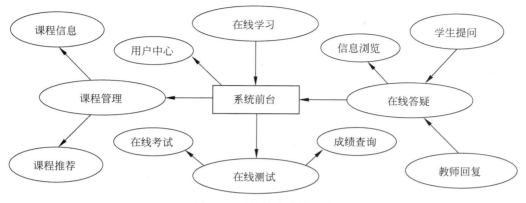

图 7.1 系统前台功能结构

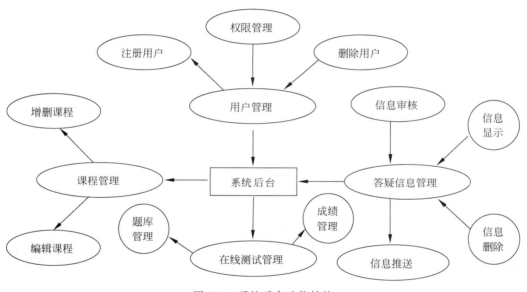

图 7.2 系统后台功能结构

7.1.3 系统预览

本系统采用了模块化的文件组织方式,各功能模块相对独立,这样有利于后期系统维护与功能扩展。

图 7.4～图 7.10 是几个典型的功能页面,其他功能请参考源码。

注意: 本项目的开发环境为,服务器端 Windows 10(64 位)、Apache 2.4.25、PHP 7.1.5、MySQL 5.7.17、Smarty 3.1.30;客户端 IE 11.0.65、Firefox 60.0.1 等。运行源码时请与该环境相匹配,尤其是 PHP 的版本不能低于 7.1。

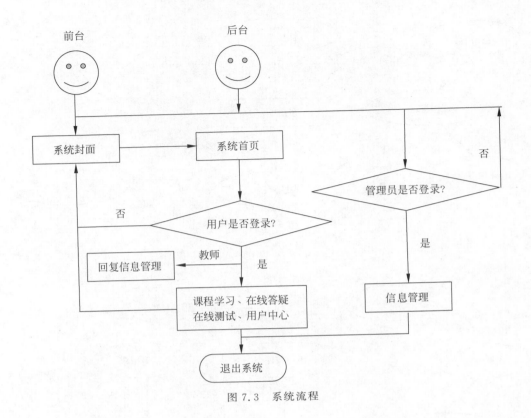

图 7.3　系统流程

图 7.4　系统首页

第7章 在线课程系统

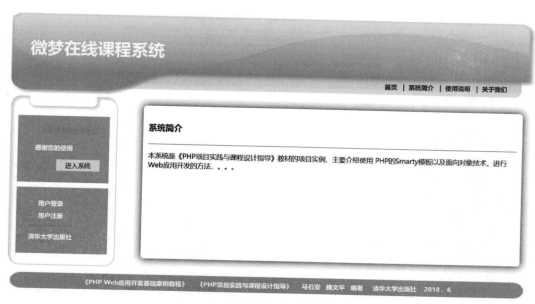

图 7.5　系统封面页面

图 7.6　系统主页

图 7.7 用户中心主页

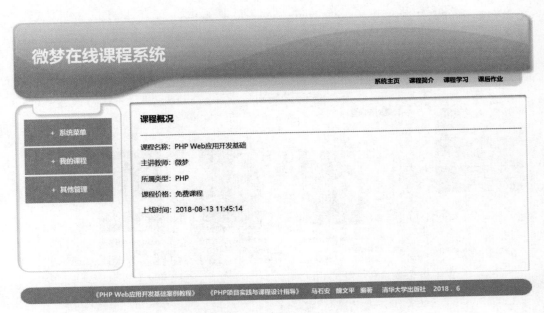

图 7.8 课程学习主页

第7章 在线课程系统

图 7.9　在线答疑主页

图 7.10　在线测试主页

251

7.2 数据库设计

本项目和第 5、6 章中的项目相似,也是属于中小型的 Web 应用。考虑到项目开发周期和运行成本等问题,系统数据库仍然选用 MySQL。

7.2.1 数据库概念设计

根据对系统所做的需求分析、系统功能设计,规划出本系统中使用的数据库实体分别为系统课程实体、资源实体、留言实体、试卷实体、测试信息实体,以及用户(教师)、管理员实体等。

1. 课程实体

课程实体包括编号、课程名称、主讲教师、上线时间、课程简介、课程资源、课程类型,以及发布状态等属性。其中,发布状态属性用来标示课程是否上线,"1"表示"是","0"表示否,"2"表示"审核中"。

2. 答疑信息实体

答疑信息实体包括编号、用户 ID、课程 ID、留言内容、留言时间、教师 ID、回复时间,以及回复内容等属性。其中,教师是指回复学生提问的教师。

3. 测试信息实体

测试信息实体包括编号、试卷号、学生 ID、开始时间、结束时间、学生答卷、教师 ID,以及测试成绩等属性。

4. 试卷实体

系统在线测试中使用的试卷,由试卷实体来表示,它包括编号、试卷资源号、试卷名称、所属类型、试卷内容、拟题教师 ID、拟题时间,以及参考答案等属性。

7.2.2 创建数据库及数据表

根据上述数据库概念设计及实际需求,使用 phpMyAdmin 数据库管理工具创建一个名为 db_cwms 的 MySQL 数据库,并添加数据表,名称为 cwms_lecture、cwms_lecture_resource、cwms_question、cwms_exam、cwms_exam_paper,以及 cwms_user 和 cwms_admin 等,分别用于存储 7.2.1 节中的数据实体,如图 7.11 所示。

几种数据库表的表结构如图 7.12~图 7.15 所示,其他请参见数据库文件。

第7章 在线课程系统

	名称											
☐	cwms_admin	★	浏览	结构	搜索	插入	清空	删除	1	InnoDB	utf8_general_ci	16 KB
☐	cwms_exam	★	浏览	结构	搜索	插入	清空	删除	4	InnoDB	utf8_general_ci	16 KB
☐	cwms_exam_paper	★	浏览	结构	搜索	插入	清空	删除	3	InnoDB	utf8_general_ci	16 KB
☐	cwms_lecture	★	浏览	结构	搜索	插入	清空	删除	11	InnoDB	utf8_general_ci	16 KB
☐	cwms_lecture_pay	★	浏览	结构	搜索	插入	清空	删除	1	InnoDB	utf8_general_ci	16 KB
☐	cwms_lecture_resource	★	浏览	结构	搜索	插入	清空	删除	4	InnoDB	utf8_general_ci	16 KB
☐	cwms_message	★	浏览	结构	搜索	插入	清空	删除	4	InnoDB	utf8_general_ci	16 KB
☐	cwms_question	★	浏览	结构	搜索	插入	清空	删除	5	InnoDB	utf8_general_ci	16 KB
☐	cwms_school	★	浏览	结构	搜索	插入	清空	删除	6	InnoDB	utf8_general_ci	16 KB
☐	cwms_term	★	浏览	结构	搜索	插入	清空	删除	6	InnoDB	utf8_general_ci	16 KB
☐	cwms_user	★	浏览	结构	搜索	插入	清空	删除	7	MyISAM	utf8_unicode_ci	2.8 KB 128 字节
☐	cwms_user_info	★	浏览	结构	搜索	插入	清空	删除	0	InnoDB	utf8_general_ci	16 KB
	12 张表		总计						52	InnoDB	utf8_general_ci	178.8 KB 128 字节

图 7.11　系统数据库

服务器: localhost » 数据库: db_cwms » 表: cwms_lecture "课程"

#	名字	类型	排序规则	属性	空	默认	注释	额外
1	id 🔑	int(10)		UNSIGNED	否	无		AUTO_INCREMENT
2	name	varchar(50)	utf8_general_ci		否	无		
3	type	varchar(20)	utf8_general_ci		否	无		
4	abstract	varchar(255)	utf8_general_ci		否	无		
5	teacher	varchar(50)	utf8_general_ci		否	无		
6	book	varchar(20)	utf8_general_ci		是	NULL		
7	pub_time	timestamp			否	CURRENT_TIMESTAMP		
8	state	tinyint(1)			否	3		
9	money	decimal(6,2)			否	0.00		
10	description	varchar(100)	utf8_general_ci		是	NULL		

图 7.12　cwms_lecture 表结构

服务器: localhost » 数据库: db_cwms » 表: cwms_question "在线答疑"

#	名字	类型	排序规则	属性	空	默认	注释	额外
1	id 🔑	int(10)		UNSIGNED	否	无		AUTO_INCREMENT
2	user_id	int(11)			否	无		
3	lecture_id	int(11)			否	无		
4	question	varchar(255)	utf8_general_ci		否	无		
5	qtime	timestamp			否	CURRENT_TIMESTAMP		
6	teacher_id	int(11)			否	无		
7	rtime	timestamp			否	CURRENT_TIMESTAMP		
8	reply	varchar(255)	utf8_general_ci		否	无		

图 7.13　cwms_question 表结构

图 7.14 cwms_exam 表结构

图 7.15 cwms_exam_paper 表结构

7.3 系统架构设计

本系统使用 PHP 的 Smarty 模板架构，并以模块化的结构形式展示系统功能。系统的每个功能模块对应着一个模块类，由类方法构建页面内容；页面的显示由 Smarty 模板实现。

系统访问的请求分发由 Smarty 对象负责完成，所有的请求均提交到系统前端主控文件 index.php 上，由主控文件根据请求的模块名称和页面 ID，将请求分发到相应的模块页面上。

7.3.1 文件目录结构

系统文件目录结构如图 7.16 所示。

第7章 在线课程系统

图 7.16　项目文件目录结构

7.3.2　系统架构搭建

本系统采用 PHP 的 Smarty 模板引擎，页面数据的分配以及视图的显示均由 Smarty 对象方法来实现。下面通过实现如图 7.4 和图 7.5 所示的"系统封面"模块功能，来详细讲解系统框架的搭建过程。

1. 设计视图模板

如图 7.17 所示，是系统封面模块页面与模板文件代码之间的关系示意。

图中的 layout.tpc 模板文件位于项目 view\layout 子目录下，其具体代码参见源码。注意，该文件为 PHP 的 Smarty 模板，语法格式应符合 Smarty 模板语法规范。

2. 搭建系统框架

准备好系统视图模板及其他一些必要的资源后，就可以开始搭建系统框架了。具体步骤如下。

（1）创建一个 PHP 本地项目，设置项目文本文件编码为 UTF-8。

（2）创建项目文件夹，并导入必要的资源文件，如图像文件、CSS 样式文件、jQuery 库文件等。

(3) 创建项目配置文件 db-cred.php 和模板配置文件 smarty.ini。

(4) 设计系统公共类文件。

图 7.17　系统封面模块页面与模板关系示意

公共类是指系统各个模块都可以使用的类，主要有模板类 ProjectTemplate、数据库类 MySQLDB，以及其他一些共用的工具类等。

模板类 ProjectTemplate 是从 PHP 的 Smarty 派生出的项目模板，用于对本系统模板进行设置，代码如下：

```php
<?php
/**
 * 系统模板类文件
 * WCMS\sys\class\projecttemplate.class.php
 * @author weiwenping
 **/
class ProjectTemplate extends Smarty
{
    //构造方法
    public function __construct(){
    //调用 Smarty 模板类构造方法
        parent::__construct();
        //指定模板文件存储在根目录下的 view 子目录
        $this->template_dir = "./view/";
        //指定编译文件存储位置
        $this->compile_dir = "./sys/templates_c/";
        //指定配置文件存储位置
        $this->config_dir = "./sys/config/";
        //指定缓存文件存储位置
```

```php
        $this->cache_dir = "./sys/cache/";
    }
}
```

这里只给出了类的构造方法,其他方法可以根据系统架构特点进行添加。需要特别注意的是,在类的构造方法中,一定要调用其基类 Smarty 的构造函数。

数据库类 MySQLDB 是自定义的类,主要用于 PHP 与数据库的交互,代码如下。

```php
<?php
/**
 * 系统数据库类文件
 * sys\class\mysqldb.class.php
 * @author weiwenping
 **/
class MySQLDB
{
    //mysqli 实例
    private static $db = null;
    /**
     * 构造方法
     */
    public function __construct()
    {
        //实例化 mysqli 对象
        self::$db || self::_connect();
        //设置数据库字符集
        self::$db->query("SET NAMES 'utf8'");
    }
    /**
     * 重新定义类的克隆方法
     * 阻止对象克隆
     */
    private function __clone(){}
    /**
     * 连接数据库服务器
     * 只在构造方法中调用一次
     */
    private static function _connect()
    {
        //通过全局变量获取数据库配置信息
        $C = $GLOBALS['C'];
        //连接数据库,并处理异常
        try {
            self::$db = @new mysqli( $C['DB_HOST'], $C['DB_USER'], $C['DB_PASS'], $C['DB_NAME'], $C['DB_PORT']);
            $error = self::$db->connect_error;
            if ($error) {
                throw new Exception('数据库连接失败:'. $error);
            }
        } catch (Exception $e) {
            exit( $e->getMessage());
```

```php
    }
}
/**
 * 通过预处理方式执行 SQL
 * @param string $sql 执行的 SQL 语句模板
 * @param array $data 数据
 * @return object mysqli_stmt
 */
protected function query( $sql, $data = [] )
{
    //获取 mysqli_stmt 对象
    $stmt = self::$db->stmt_init();
    //通过预处理方式执行 SQL
    $stmt->prepare( $sql );
    //绑定数据
    if (! empty( $data )) {
        //设置回调参数
        $callback = array(
            $stmt,
            'bind_param'
        );
        //将参数类型描述加入数组
        array_unshift( $data, self::getParamTypeStr( $data ));
        //回调函数,实现数据绑定
        @call_user_func_array( $callback, $data );
    }
    $stmt->execute();
    return $stmt;
}
/**
 * 获取绑定数据的数据类型字符串
 * @param array $arr 待绑定数据
 * @return string 数据类型字符串
 */
private function getParamTypeStr( $arr )
{
    $count = count( $arr );
    $typestr = "";
    foreach ( $arr as $v ) {
        $type = gettype( $v );
        switch ( $type ) {
            case "integer":
                $typestr .= "i";
                break;
            case "float":
            case "double":
                $typestr .= "d";
                break;
            case "string":
                $typestr .= "s";
                break;
```

```
            }
        }
        return $ typestr;
    }
}
```

在前面第 6 章的项目中，对数据库的操作采用的是 PHP 的 PDO 扩展，即通过 PHP 的 PDO 对象实现 PHP 与 MySQL 的交互。为了尽量多地覆盖 PHP 的知识点，本项目采用 PHP 的 mysqli 扩展，即使用 mysqli 对象来对数据库进行操作。

从上述代码可知，在 MYSQLDB 类中定义了一个名为"db"的静态属性，该属性代表了一个 mysqli 实例，它在构造方法中通过调用类自身的"_connect()"方法初始化。

类的"_connect()"方法用于创建与 MySQL 数据库的连接，其中的连接参数从系统配置文件中获取。注意对连接错误的处理。

类的"query()"方法用于执行 SQL 查询。与第 6 章的项目相同，这里也采用了 PHP 的预处理方法，也就是使用了"准备语句"进行查询。这种方法能够有效地防止数据库遭受攻击，最大限度地确保系统数据安全。

在 mysqli 中使用预处理，需要调用 mysqli_stmt 类的 bind_param() 方法，该方法需要指定绑定数据的值及类型作为参数。类中的"getParamTypeStr()"方法获取绑定数据的类型字符。由于可能有多个数据需要绑定，"query()"方法中使用了回调函数的方式。

(5) 设计系统初始化文件 init.php 和自定义函数库文件 function.php。这两个文件的代码比较简单，请参见源码。

(6) 设计系统前端控制文件 index.php，实现用户请求的分发，代码如下。

```php
<?php
/**
 * 系统主控文件
 * index.php
 **/
//载入系统初始化文件
require_once './sys/init.php';
//判断用户是否登录
$user = isLogin();
//系统模块名称
$modules = ['main','lecture','question','discuss','exam','user'];
//获取用户请求的模块名称
$module = isset($_GET) ? array_keys($_GET) : null;
//获取用户请求的页面数据及视图模板
if (!empty($module) && in_array($module[0], $modules)) {
    //模块页面数据文件
    $file = "./module/{$module[0]}/index.php";
    if (file_exists($file)) {
        //载入页面数据
        require_once "$file";
        //设置视图模板
        $html = "layout/{$module[0]}_layout.tpc";
```

```php
            if (!file_exists("./view/{$html}")) {
                $html = "layout/layout.tpc";
            }
        }else {
            require_once "error/error.php";
            $html = "layout/layout.tpc";
        }
    }else{
        require_once "./module/index/index.php";
        $html = "layout/layout.tpc";
    }
//加载模板数据
$smarty->assign('data', $data);
//加载页面模板
$smarty->display("$html");
```

所谓系统前端控制,就是先将系统的所有请求提交到某一个文件上,然后根据请求的URL来进行请求的再次分发。

本系统的所有请求均被提交到 index.php 上,采用的 URL 基本格式为:index.php?module&pid=id。其中,module 为系统模块名称、pid 为模块的页面 ID。例如,要访问如图 7.5 所示的"系统简介"页面,其 URL 应为 index.php?index&pid=11。因为该页面属于"index"模块,其页面 ID 为 11。

在上述 index.php 中,首先载入系统初始化文件并获取用户登录状态及信息;然后,从用户请求的 URL 中提取请求的模块名称,并根据该名称载入页面数据,确定视图模板;最后,使用系统模板对象将页面数据分配到模板中,并将页面视图完整地呈现出来。

(7) 实现系统封面模块功能。

首先,设计系统封面模块类 IndexModule,代码如下。

```php
<?php
/**
 * 系统封面模块类
 * sys\module\IndexModule.class.php
 * @author weiwenping
 */
class IndexModule
{
    //模块页面 ID
    protected $pid = null;
    /**
     * 构造方法
     */
    public function __construct(){
        $this->pid = [11, 12, 13];
    }
    /**
     * 构造页面内容
     */
```

```php
public function buildPage($pid) {
    $html = '<div id="pcontent">';
    if (in_array($pid, $this->pid)) {
        switch ($pid) {
            //系统简介
            case 11:
                $html .= '<h4>系统简介</h4><hr/>';
                $html .= "<p style='font-size:13px;'>本系统是《PHP项目案例开发从入门到实战》教材的项目实例,主要介绍使用PHP的Smarty模板以及面向对象技术,进行Web应用开发的方法…
                </p>";
                break;
            //系统使用说明
            case 12:
                $html .= '<h4>使用说明</h4><hr/>';
                $html .= "<p style='font-size:13px;'>本系统的使用…</p>";
                break;
            //关于我们
            case 13:
                $html .= '<h4>关于我们</h4><hr/>';
                $html .= "<p style='font-size:13px;'>我们是一个教学经验丰富、开发技术娴熟的技术团队…</p>";
                break;
        }
    }else{
        $html .= "";
    }
    $html .= "</div>";
    return $html;
}
```

类 IndexModule 用于构建系统封面模块中的页面内容,包括"系统封面""系统简介""使用说明""关于我们"4个页面,它们的 ID 分别为空(缺省)、11、12 和 13。页面内容的 HTML 由类的 buildPage()方法返回。

注意：这里的代码中设置的是一些测试数据,实际开发时应将页面中的长文本存储在文件或数据库中。

下面设计系统封面模块数据文件 module\index\index.php,代码参见源代码。从源代码可以看出,本项目的每个模块采用同一个视图布局(layout),不同的模块采用不同的布局文件,当然也可以采用相同的布局文件,根据实际需要来确定。为了充分展示系统页面的"动态性",将页面数据与视图进行了分离,主显示区中的内容由模块类的 buildPage()方法根据请求中的 pid 的值来构建。

下面是系统封面模块的模板文件 view\layout\layout.tpc,代码如下。

```
<!DOCTYPE html>
<html>
    <head>
```

```
            {config_load file = 'smarty.ini'}
            <meta charset = "UTF-8">
            <title>{#appName#} - {$data['title']}</title>
            {foreach $data['css-files'] as $v}
            <link rel = "stylesheet" href = "{#css_path#}{$v}" />
            {/foreach}
        </head>
        <body>
            <div id = "main">
                <!-- 页面头部 -->
                <div id = "header">
                    <div id = "appname">微梦在线课程系统</div>
                    <div id = "menu" style = "top:125px">
                        <a href = "./">首页</a>
                        {foreach $data['nav'] as $k => $v}
                          |  <a href = "{$v}">{$k}</a>
                        {/foreach}
                    </div>
                </div>
                <div id = "content">…</div>
                <div class = "footer">…</div>
            </div>
        </body>
</html>
```

从上述代码可以清楚地看出系统封面页面结构、页面数据的显示位置以及显示方法。注意，该文件是 PHP 的 Smarty 模板文件，应符合模板语法规范。

（8）系统架构测试。

完成上述步骤以后，就可以打开浏览器进行系统测试了。测试时注意确定 Apache、MySQL 服务器均已成功启动。

视频讲解

7.4 系统功能实现

系统架构搭建成功以后，就可以开始实现系统的其他功能了。由于篇幅的限制，这里只给出用户中心、系统首页，以及在线答疑等几个模块的详细代码。

7.4.1 用户中心

系统用户中心模块，主要包括用户注册、登录、登出以及信息展示、信息维护等功能。页面效果如图 7.7、图 7.18~图 7.20 所示。

如图 7.18 所示是系统用户注册页面视图效果。可以看出，页面中对部分注册数据格式要求进行了必要的提示。

如图 7.19 所示是系统用户登录页面视图效果。页面中的图形验证码使用了与图 7.18 相同的生成方法。

图 7.18　用户注册页面

图 7.19　用户登录页面

本系统用户登录或注册失败都会给出错误提示信息，以获取优质的用户体验。下面讲解实现以上预览效果的详细步骤。

1. 设计模型基类 Model

为了便于对数据库的操作，首先设计一个名为 Model 的类，其声明文件为 sys\model\

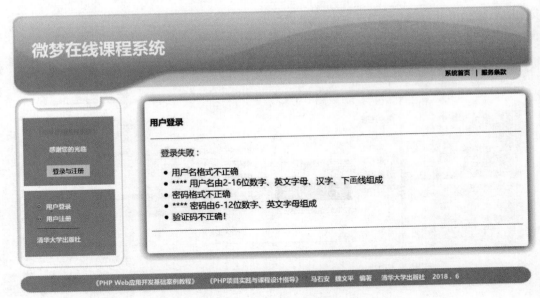

图 7.20 用户登录失败页面

Model.class.php。该类继承于数据库类 MySQLDB，代码如下。

```php
<?php
/**
 * 系统模型基类文件
 * sys\model\model.class.php
 * @author weiwenping
 **/
class Model extends MySQLDB
{
    //数据表
    protected $table = '';
    //数据库中全部数据表
    private $db_tables = [];
    /**
     * 构造方法
     * @param string $table
     */
    public function __construct($table=NULL)
    {
        parent::__construct();
        $this->db_tables = $this->_getDBtables();
        if (!empty($table) && in_array($table, $this->db_tables)) {
            $this->table = $table;
        }
    }
    /**
     * 获取数据表中的全部数据
     * @return array $data
```

```php
     */
    public function getAll() {
        if (empty($this->table)) {
            return false;
            exit;
        }
        $sql = "select * from {$this->table}";
        $stmt = $this->query($sql);
        $result = $stmt->get_result();
        if (empty($result->num_rows)) {
            $data = [];
        }else{
            $data = $result->fetch_all(MYSQLI_ASSOC);
        }
        return $data;
    }
    /**
     * 通过ID获取数据
     * @param int $id 记录id
     * @return array $data
     */
    public function getById($id = NULL) {
        if (empty($id)) {
            return false;
            exit;
        }
        $sql = "select * from {$this->table} where id = ?";
        $stmt = $this->query($sql, ['id'=>$id]);
        $result = $stmt->get_result();
        if (empty($result->num_rows)) {
            $data = [];
        }else{
            $data = $result->fetch_assoc();
        }
        return $data;
    }
    /**
     * 通过字段获取数据
     * @param array $field 字段名及其值[array(field,value)]
     * @return array $data
     */
    public function getByField($field) {
        $sql = "select * from {$this->table} where {$field[0]} = ?";
        $stmt = $this->query($sql, [$field[0] => $field[1]]);
        $result = @$stmt->get_result();
        if (empty($result->num_rows)) {
            $data = [];
        }else{
            $data = $result->fetch_all(MYSQLI_ASSOC);
        }
        return $data;
```

```php
    }
    /**
     * 获取数据库全部数据表
     * @return array $data
     */
    private function _getDBtables(){
        $sql = "show tables";
        $stmt = $this->query($sql);
        $result = $stmt->get_result();
        if(empty($result->num_rows)) {
            $data = [];
        }else{
            $tables = $result->fetch_all(MYSQLI_ASSOC);
            foreach($tables as $v) {
                $data[] = current($v);
            }
        }
        return $data;
    }
}
```

Model 类是后续各数据模型的基类，用于与 MySQL 数据库进行交互。为了数据的安全，类中对用户需要操作的数据表名进行了检查，以确保该数据表存在于数据库中。类中的"_getDBtables()"方法用于获取数据库的所有数据表。

该类中的 getAll() 方法用于获取数据表中的全部记录。该方法首先调用基类 MySQLDB 中的 query() 成员函数，获取到一个 mysqli_stmt 对象，然后从此对象中提取记录数据，并将其转换成关联数组的形式返回。注意，该方法的访问权限为 public，在程序中可以直接使用 Model 对象对其调用，也就是说，该方法可以获取到数据库所有表的全部记录数据。

该类中的 getById() 方法，根据指定的 id 来获取数据表中的某条记录。该方法与上述的 getAll() 方法类似，只是查询语句中多了 where 子句而已。但要注意的是，数据表中记录的 id 都是唯一的，所以该方法返回结果最多只有一条记录，获取结果时使用 mysqli_result 类的 fetch_assoc() 方法而不是 fetch_all()。

该类中的 getByField() 方法，根据指定的字段名及值来获取数据表中的记录。该方法与上述 getAll() 方法类似，注意调用方法时实参 field 的格式即可。

2. 设计用户数据模型类 UserModel

以 Model 类为基类，派生出"用户数据模型"类 UserModel，实现对数据表 cwms_user 的操作，代码如下。

```php
<?php
/**
 * 用户模型类文件
 * 完成对数据表 cwms_user 的操作
 * CWMS\sys\model\usermodel.class.php
 * @author weiwenping
```

```php
  **/
class UserModel extends Model
{
    /**
     * 构造方法
     * @param string $table
     */
    public function __construct()
    {
        //调用基类构造方法
        parent::__construct('cwms_user');
    }
    /**
     * 添加用户
     * @param array $data
     * @return int $id 新记录 ID 添加成功
     * @return NULL 添加失败
     */
    public function addUser( $data ) {
        $sql = "insert into { $this->table } (name, password, email, role, state ) values (?,?,?,?,?) ";
        $stmt = $this->query( $sql, $data);
        $id = $stmt->insert_id;
        return $id;
    }
}
```

该类继承于上述 Model 类,是专门用于操作用户表 cwms_user 的。在类的构造方法中调用基类 Model 类的构造方法并带入了数据表的名称 cwms_user,这样就指定了该数据模型所对应的数据表。

该类中的 addUser() 方法实现用户注册时的数据写入。该方法与前述 Model 中的方法类似,只是由于 SQL 语句类型不同,执行查询后的返回结果会有所不同。这里可以直接从 mysqli_stmt 对象中获取到插入成功后的新记录 ID。

通过对上述两个类的设计,用 PHP 对数据表 cwms_user 进行操作的准备工作就完成了,下面实现系统用户中心模块页面的构建。

3. 设计用户中心模块类 UserModule

使用"用户中心"模块类 UserModule,来实现系统"用户中心"模块功能,包括用户登录、注册、退出、信息显示、信息完善与修改等。

根据类的功能,将"用户中心"模块类命名为 UserModule,声明文件存放于项目根目录下的 sys\module 子目录中。由于该文件代码比较多,限于篇幅,这里不再展示,请参见源码。

从 UserModule 类文件代码可以看出,UserModule 类定义了 2 个成员属性和 10 个成员方法。成员属性 pid 表示请求的页面 ID,errors 表示错误提示信息。

构造方法 __construct() 用于构建对象及初始化对象,其访问权限必须是 public。构造方法由系统自动调用。

buildPage()方法用于构建页面主显示区的内容,该内容是以 HTML 字符串的形式、通过模板对象 smarty 的 assign()方法分配到模板视图中的。buildPage()方法是 UserModule 类的主要方法,它使用 public 访问权限,可以通过对象对其进行调用。在该方法中,使用了一个"switch…case…"结构来分别构造不同页面,不仅结构清晰而且后续增加模块页面也非常方便。

类中的方法_loginForm()和_registerForm()用于显示用户登录和注册表单。注意这里使用的字符串数据的表示方法。当然也可以将方法中 HTML 字符串单独存放于文件中,然后用包含语句将其包含进来。

方法_input()用于对用户输入的数据进行格式检查。这里列举了四种类型的数据,分别是"用户名""密码""电子邮箱"和"验证码",前三项使用正则表达式进行验证,最后一项使用了图形验证类 Captcha 中定义的验证方法。

_loginVerify()和_logout()方法用于处理用户登录与登出。用户登录验证分为两个步骤,首先调用_input()方法进行数据格式检验,只有在数据格式符合要求的情况下,接着才与数据库中存储的注册用户信息进行比对。注意数据库存储的密码是经过加密的,所以密码验证时需要调用类的_getSaltedHash()方法,将用户输入的密码转换成加密形式。

_registerExec()方法用于处理用户注册,主要实现用户输入数据的格式检查、两次密码数据是否相同验证、用户名是否已经被注册验证,以及数据的数据库写入四项基本操作。

_redirect()方法用于请求的重定向。该函数起着设置用户请求权限的作用,不同的用户权限,所能访问的页面是不同的。例如,用户登录成功后,就不能让其访问"用户登录"页面;若用户未登录,则不能访问"用户退出"页面。

以上是对 UserModule 类的简单说明。与前面的 IndexModule 类相比较,该类显得复杂了一些,主要是因为其实现的功能比较多。其实,更好的方法是像前面的数据模型类一样,为其先定义一个基类 Module,将一些可以共用的方法,如_input()等,放入基类中,这样代码会更优质一些。

4. 设计图形验证码类 Captcha

在用户登录与注册的过程中,需要与数据库进行交互。为了系统运行安全,一般都会设置图形验证码,以阻止用户通过计算机程序进行大量的数据输入。

在第 5 章的项目中,使用面向过程的方式实现了图形验证码,本章使用面向对象的方式来实现这个功能。本章项目中使用的图形验证码类为 Captcha,其声明文件存放在项目根目录下的 sys\class 子目录中,代码如下。

```
<?php
/**
 * 图形验证码类文件
 * @author weiwenping
 */
class Captcha
{
    //类属性
```

```php
        private $name = 'captcha';
        private $len = 5;
        private $charset = 'ABCDEFGHJKLMNPQRSTUVWXYZ23456789';
        /**
         * 构造方法
         */
        public function __construct(){}
        /**
         * 生成图形验证码
         */
        public function create() {
            $im = imagecreate( $x = 250, $y = 62);
            $bg = imagecolorallocate( $im, rand(50,200), rand(0,155), rand(0,155));
            $fontColor = imagecolorallocate( $im, 255, 255, 255);
            $fontStyle = FUNCTION_PATH.'font'.DS.'captcha.ttf';
            $captcha = $this->createCode();
            //生成指定长度的验证码
            for( $i=0; $i<$this->len; ++$i){
                //随机生成字体颜色
                imagettftext (
                    $im,                                //画布资源
                    30,                                 //文字大小
                    mt_rand(0,20) - mt_rand(0,25),      //随机设置文字倾斜角度
                    32 + $i*40,mt_rand(30,50),          //随机设置文字坐标,并自动计算间距
                    $fontColor,                         //文字颜色
                    $fontStyle,                         //文字字体
                    $captcha[ $i]                       //文字内容
                );
            }
            isset( $_SESSION) || session_start();
            $_SESSION['cwms'][ $this->name] = $captcha;
            //绘制干扰线
            for( $i=0; $i<8; ++$i){
                //随机生成干扰线颜色
                $lineColor = imagecolorallocate( $im,mt_rand(0,255),mt_rand(0,255),mt_rand(0,255));
                //随机绘制干扰线
                imageline( $im,mt_rand(0, $x),0,mt_rand(0, $x), $y, $lineColor);
            }
            //为验证码图片生成彩色噪点
            for( $i=0; $i<250; ++$i){
                //随机绘制干扰点
                imagesetpixel( $im,mt_rand(0, $x),mt_rand(0, $y), $fontColor);
            }
            header('Content-Type: image/gif');          //输出图像
            imagepng( $im);
            imagedestroy( $im);
        }
        /**
         * 构造验证码
         */
```

```php
    private function createCode() {
        $code = '';
        $_len = strlen($this->charset) - 1;
        for ($i = 0; $i < $this->len; $i++) {
            $code .= $this->charset[mt_rand(0, $_len)];
        }
        return $code;
    }
    /**
     * 验证码验证
     */
    public function verify($input) {
        if (!empty($_SESSION['cwms'][$this->name])) {
            $captcha = $_SESSION['cwms'][$this->name];
            $_SESSION[$this->name] = '';
            return strtoupper($captcha) == strtoupper($input);
        }
        return false;
    }
}
```

该类定义了 3 个成员属性和 4 个成员方法。其中，成员属性 name、len、charset 分别表示验证码的名称（存储在 SESSION 中的参数名）、验证码字符串长度以及验证码使用的字符集；__construct() 为构造方法，用于构造图形验证码对象。

类的 createCode() 方法用于构造验证码，主要是通过 for 循环随机从字符集中选取，代码比较简单。

类的 create() 方法用于创建图形验证码。该图形验证码为一个 250×62px 的 GIF 图像，上面除了指定字体的验证码外，还附加一些干扰点与干扰线。本系统验证码字体文件存放在自定义库文件目录中，其名称为 sys\function\font\captcha.ttf。

5. 设计模板文件

系统的"用户中心"模块使用"系统封面"模块相同的页面布局，请参考源码，这里不再重复展示。

6. 设计模块数据文件

本系统采用 PHP 的 Smarty 模板架构，该架构实现了页面视图与内容的分离。上面完成了页面模板的设计，下面接着设计模块的数据文件，代码如下。

```php
<?php
/**
 * 系统用户中心模块数据文件
 * WCMS\module\user\index.php
 **/
//获取请求页面 ID
$pid = isset($_GET['pid']) ? (int)$_GET['pid'] : null;
//设置页面数据
$data = array(
```

```
            'title'=>'用户中心',
            'css-files'=>array('style.css','style_index.css'),
            'img_path'=>'./view/image/',
        );
        //页面左侧面板上部分数据
        $data['left01'] = <<<LEFT01
            <table style="width:98%;text-align:center">
                <tr><td style="color:orange">【微梦在线课程系统】</td></tr>
                <tr><td>感谢您的光临</td></tr>
                <tr><td style="padding-top:10px;">
                        <input type="button" value=" 登录与注册 " />
                    </td>
                </tr>
            </table>
LEFT01;
        //页面左侧面板下部分数据
        $data['left02'] = <<<LEFT02
            <table style="margin-top:8px;margin-left:10px">
                <tr><td><img src="{$data['img_path']}n2.png" /></td><td><a href="?user&pid=21">用户登录</a></td></tr>
                <tr><td><img src="{$data['img_path']}n2.png" /></td><td><a href="?user&pid=23">用户注册</a></td></tr>
                <tr><td colspan="2"><hr/></td></tr>
                <tr><td colspan="2"><a href="">清华大学出版社</a></td></tr>
            </table>
LEFT02;
        //用户登录状态下的页面数据
        if(ISLOGIN){
            //页面菜单名称及链接
            $data['nav'] = array(
                '我的首页'=>'?user',
                '我的课程'=>'?user&pid=29',
                '我的历程'=>'?user&pid=30',
                '我的收藏'=>'?user&pid=28',
                '信息维护'=>'?user&pid=27',
            );
        $data['left01'] = <<<LEFT01
            <table style="width:98%;text-align:center">
                <tr><td>欢迎<span style='color:orange'> {$user['name']}</span> 光临</td></tr>
                <tr><td><a href='?main'>系统主页</a></td></tr>
                <tr><td><a href="?user&pid=22"><input type='button' value='注销退出'></a></td></tr>
            </table>
LEFT01;
        $data['left02'] = <<<LEFT02
            <table style="margin-top:8px;margin-left:10px">
                <tr><td><img src="{$data['img_path']}n2.png" /></td><td><a href="?study">在线学习</a></td></tr>
                <tr><td><img src="{$data['img_path']}n2.png" /></td><td><a href="?question">在线答疑</a></td></tr>
```

```
        <tr><td><img src = "{$data['img_path']}n2.png" /></td><td><a href = "?exam">在
线测试</a></td></tr>
        <tr><td colspan = "2"><hr/></td></tr>
        <tr><td colspan = "2"><a href = "">清华大学出版社</a></td></tr>
    </table>
LEFT02;
}else {
    $data['nav'] = array(
        '服务条款' =>'?user&pid = 24'
    );
}
//构建页面内容
$pobj = new UserModule();
$data['content'] = $pobj->buildPage($pid);
```

该文件为页面的显示准备数据。其中,数组元素 data['content'] 为页面主要内容,由 UserModule 对象根据用户请求的页面 ID,通过调用其成员方法 buildPage() 来构建,如代码的最后两行所示。

7. 用户注册

上述文件设计完成后,用户模块功能就基本实现了。下面先来测试用户注册功能,假设 Apache、MySQL 服务器已启动。

打开浏览器,在其地址栏中输入"http://localhost/cwms",打开如图 7.4 所示的系统封面首页;在此页面的左侧下方有一个名为"用户注册"的超链接,该超链接的 URL 为 "?user&pid=23",单击该超链接,即可显示用户注册表单页面,如图 7.19 所示;在表单中填入合法的数据,单击"确认注册"按钮;若注册成功,页面跳转到用户信息页面,该用户进入登录状态,否则显示注册失败错误信息,如图 7.21 所示。

图 7.21 用户注册流程示意

8. 用户登录与登出

在系统封面模块的首页上,设置了一个名为"用户登录"的超链接,该超链接的 URL 为 "?user&pid=21",单击该超链接,即可显示用户登录表单页面;填入合法的系统用户信息后,单击"登录"按钮,即可完成用户的登录,如图 7.22 所示。

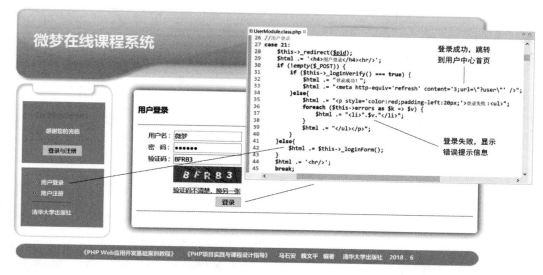

图 7.22 用户登录示意

若用户登录成功,则跳转到用户中心模块的首页,也就是用户信息页面;若登录失败,则会给出导致登录失败的错误提示信息,如图 7.20 所示。

用户登录成功后,页面左侧会显示一个"注销退出"按钮,单击该按钮会完成登录用户的注销退出,如图 7.23 所示。

图 7.23 用户退出示意

7.4.2 系统主页

系统主页模块主要用于展示课程信息,页面效果如图7.6、图7.24~图7.26所示。

图 7.24 系统主页翻页效果

图 7.25 系统主页"课程浏览"页面效果

第7章 在线课程系统

图 7.26 系统主页"分类查询"页面效果

1．新增课程信息

系统主页显示最近一个月新增的课程信息，包括课程名称、主讲教师、发布日期和使用教材，如图 7.6 和图 7.24 所示。下面讲解具体实现步骤。

1）设计课程模型类

为了对数据库进行操作，先创建一个名为 CourseModel 的类，用于操作课程信息数据表 cwms_lecture。具体代码如下。

```
<?php
/**
 * 用户模型类文件
 * 完成对数据表 cwms_lecture 的操作
 * CWMS\sys\model\coursemodel.class.php
 * @author weiwenping
 **/
class CourseModel extends Model
{
    /**
     * 构造方法
     * @param string $table
     */
    public function __construct()
    {
        //调用基类构造方法
        parent::__construct('cwms_lecture');
    }
    /**
```

```php
 * 获取最近新增的课程数据
 * @return array $data
 */
public function getNewCourse() {
    //当前日期前 30 天
    $start = date("Y-m-d", (time() - 30 * 24 * 60 * 60));
    //最近 30 天内,且已正常发布
    $where = " DATE_FORMAT(pub_time, '%Y-%m-%d') >= '{$start}' and state = '1'";
    //获取最近新增课程
    $data = $this->getByWhere($where);
    return $data;
}
```

从上述代码可以看出,该类继承于模型基类 Model,因而它拥有 Model 类及其基类(MySQLDB)的全部可继承属性及方法。除了继承下来的方法之外,类重写了构造方法,用于设置对应的数据表(cwms_lecture);新增的类方法 getNewCourse()用于获取最近一个月内发布的课程信息。注意日期数据的格式。

在类的 getNewCourse()方法中,调用了其基类的 getByWhere()方法,该方法通过条件查询数据。其代码如下:

```php
/**
 * 通过条件获取数据
 * @param string $where SQL 语句中的 WHERE 子句
 * @return array $data
 */
public function getByWhere($where){
    $sql = "select * from {$this->table} where {$where}";
    $stmt = $this->query($sql);
    $result = @$stmt->get_result();
    if (empty($result->num_rows)) {
        $data = [];
    }else{
        $data = $result->fetch_all(MYSQLI_ASSOC);
    }
    return $data;
}
```

2) 设计系统主页模块类

与前面的封面模块、用户中心模块相似,主页模块用于构造主显示区中的 HTML 内容。系统主页模块类命名为 MainModule,其声明文件存放在项目根目录下的 sys\module 子目录中。详细代码请参见源码。

3) 设计系统主页模块数据文件

下面是系统主页模块的页面模板数据文件,包括网页标题、CSS 样式文件、菜单及主显示区中的页面内容。

```php
<?php
/**
```

```
 * 系统主页模块数据文件
 * CWMS\module\main\index.php
 **/
//获取请求页面 ID
$pid = isset($_GET['pid']) ? (int)$_GET['pid'] : null;
//用户登录后才能访问"我的课程"菜单
if (ISLOGIN === false && $pid == 34) {
    redirect("?user&pid=21");
}
//页面模板数据
$data = array(
    'title' => '系统主页',
    'css-files' => array('style.css', 'layout_main.css'),
);
//页面数据
if (ISLOGIN) {
    //页面菜单名称及超链接
    $data['nav'] = array(
        '系统主页' => '?main',
        '课程浏览' => '?main&pid=31',
        '分类查询' => '?main&pid=32',
        '我的课程' => '?main&pid=34'
    );
}else{
    $data['nav'] = array(
        '系统主页' => '?main',
        '课程浏览' => '?main&pid=31',
        '分类查询' => '?main&pid=32',
        '免费试听' => '?main&pid=33',
    );
}
//构建页面内容
$pobj = new MainModule();
$data['content'] = $pobj->buildPage($pid);
```

2. 全部课程信息

系统主页模块中的"课程浏览"菜单，显示系统全部课程的简要信息，如图 7.25 所示。

1）设计课程模型方法

在 Model 模型类中添加一个名为 getNums() 的方法，用于获取数据表中符合条件的记录总数。具体代码如下。

```
/**
 * 获取符合条件的数据记录数
 * @param string $where 条件
 * @return int $num
 */
public function getNums($where = NULL){
    if (empty($where)) {
        $sql = "select count(*) from {$this->table}";
```

```php
    }else{
        $sql = "select count(*) from {$this->table} where {$where}";
    }
    $stmt = $this->query($sql);
    $result = @$stmt->get_result();
    if (empty($result->num_rows)) {
        $num = 0;
    }else{
        $num = $result->fetch_row();
    }
    return $num[0];
}
```

接着,在 Model 模型类中再添加一个名为 getByPage() 的方法,用于获取分页数据。具体代码如下。

```php
/**
 * 通过页码获取数据
 * @param string $where SQL 语句中的 WHERE 子句
 * @param int $page 页码
 * @param int $size 每页记录数
 * @return array $data
 */
public function getByPage($where = NULL, $page = NULL, $size = 5){
    if (empty($page)) {
        if (empty($where)) {
            $data = $this->getAll();
        }else{
            $data = $this->getByWhere($where);
        }
    }else{
        $start = ($page - 1) * $size;
        if (empty($where)) {
            $sql = "select * from {$this->table} limit {$start},{$size}";
        }else{
$sql = "select * from {$this->table} where {$where} limit {$start},{$size}";
        }
        $stmt = $this->query($sql);
        $result = @$stmt->get_result();
        if (empty($result->num_rows)) {
            $data = [];
        }else{
            $data = $result->fetch_all(MYSQLI_ASSOC);
        }
    }
    return $data;
}
```

2) 设计课程模块方法

在 MainModule 模块类中添加一个名为 _getAllCourse() 的方法,用于获取数据表中符合条件的记录数据。具体代码如下。

```php
/**
 * 获取全部或符合条件的课程信息
 * @param string $where 条件
 * @param int $size 每页记录数
 * @return string $html
 */
private function _getAllCourse($where=NULL, $size=5) {
    //获取页码
    $page = isset($_GET['p']) ? (int)$_GET['p'] : 1;
    //获取课程
    $model = new CourseModel();
    $data = $model->getByPage($where, $page, $size);
    //课程总数
    $count = $model->getNums($where);
    //总页数
    $total = ceil($count/$size);
    //拼接课程信息HTML
    $html = "<div class='all-course'>";
    if (empty($data)) {
        $html .= "<p>暂时还没有课程资源!</p>";
    }else{
        $html .= "<table>
                    <tr>
                        <th>课程编号</th>
                        <th>课程名称</th>
                        <th>主讲教师</th>
                        <th>上线时间</th>
                    </tr>";
        $i = ($page-1)*$size+1;
        foreach ($data as $v) {
            $html .= "<tr>
                        <td style='padding:6px;'>{$i}</td>
                        <td style='text-align:left'>{$v['name']}</td>
                        <td>{$v['teacher']}</td>
                        <td>{$v['pub_time']}</td>
                    </tr>";
            $i++;
        }
        $html .= "</table>";
    }
    $html .= "<hr/>";
    $html .= "<p>";
    if ($total>1) {
        $html .= "<a href='?main&pid=31'>【首页】</a>";
        if ($page>1) {
            $html .= "<a href='?main&pid=31&p=".($page-1)."'>【上一页】</a>";
            if ($page<$total) {
                $html .= "<a href='?main&pid=31&p=".($page+1)."'>【下一页】</a>";;
            }
        }else{
            $html .= "<a href='?main&pid=31&p=".($page+1)."'>【下一页】</a>";;
```

```php
        }
        $html .= "<a href='?main&pid=31&p={$total}'>【尾页】</a>";
        $html .= "<span>第{$page}页/共{$total}页</span>";
    }else{
        $html .= "<span>第{$page}页/共{$total}页</span>";
    }
    $html .= "</p></div>";
    return $html;
}
```

3. 分类查询课程信息

系统主页模块中的"分类查询"菜单,用于系统课程的分类查询,如图7.26所示。

1)设计课程模型方法

在CourseModel模型类中添加一个名为getCourseType()的方法,用于获取课程类型数据。具体代码如下。

```php
/**
 * 获取课程类型数据
 * @return array $data
 */
public function getCourseType() {
    $sql = "select type from cwms_lecture";
    $stmt = $this->query($sql);
    $result = @$stmt->get_result();
    if (empty($result->num_rows)) {
        $data = [];
    }else{
        $data = $result->fetch_all();
    }
    return $data;
}
```

这里为了简单起见,直接从数据库的"课程信息"表(cwms_lecture)中提取类型数据。实际开发过程中一般会单独创建一张课程类型数据表,对类型数据进行存储与维护。

2)设计课程模块方法

在MainModule模块类中添加一个名为_printQueryHTML()的方法,用于构造课程信息查询表单的HTML字符串。具体代码如下。

```php
/**
 * 构造课程信息查询表单HTML
 * @return string $html
 */
private function _printQueryHTML() {
    //获取分类数据
    $model = new CourseModel();
    $types = $model->getCourseType();
    //构造查询表单中SELECT的OPTION字符串
    $str = '';
```

```php
        if (!empty($types)) {
            foreach ($types as $v) {
                $tdata[] = $v[0];
            }
            $types = array_unique($tdata);
            foreach ($types as $v) {
                $str .= "<option value='".$v."'>".$v."</option>";
            }
        }
        $html = "<h4 class='queryhtml'>课程信息 - 分类查询  |  </h4>";
        //按类型查询
        $html .= <<<QUERYFORM
                <h4 class='queryhtml'>
                <form action="?main&pid=32" method="post">
                <label>按类型</label>
                <select name="type">
                <option value="0" disabled>请选择类型</option>
                {$str}
                </select>
                <input type="submit" value="查询" />
                </form>
                </h4>
QUERYFORM;
        //按主讲教师查询
        $html .= <<<QUERYFORM
                <h4 class='queryhtml'>
                <form action="?main&pid=32" method="post">
                <label>  按教师</label>
                <select name="teacher">
                <option value="0" disabled>请选择教师</option>
                </select>
                <input type="submit" value="查询" />
                </form>
                </h4>
QUERYFORM;
        return $html;
    }
```

该方法首先调用 CourseModel 类的 getCourseType() 方法,获取系统课程类型数据;然后对数据进行整理,去除数组中的重复数据后,将其植入查询表单的 HTML 字符串中。

3) 修改课程模块方法

在上面实现"全部课程信息"的分页显示时,设计了一个名为 _getAllCourse() 的方法,用于获取符合条件的课程数据,并进行分页显示。为了在查询功能中重用该方法,下面对其做适当的修改,代码如下。

```php
/**
 * 获取全部或符合条件的课程信息
 * @param string $where 条件
 * @param int $size 每页记录数
```

```php
 * @return string $html
 */
private function _getAllCourse($pid=NULL, $where=NULL, $size=5) {
    …
    //拼接课程信息HTML
    $html = "<div class='all-course'>";
    if(empty($data)) {
        $html .= "<p>暂时还没有课程资源!</p>";
    }else{
        $html .= "<table>
                    <tr>
                        <th>课程编号</th>
                        <th>课程名称</th>
                        <th>课程类型</th>
                        <th>主讲教师</th>
                        <th>上线时间</th>
                    </tr>";
        $i = ($page - 1) * $size + 1;
        foreach($data as $v) {
            $html .= "<tr>
                        <td style='padding:6px;'>{$i}</td>
                        <td style='text-align:left'>{$v['name']}</td>
                        <td>{$v['type']}</td>
                        <td>{$v['teacher']}</td>
                        <td>{$v['pub_time']}</td>
                    </tr>";
            $i++;
        }
        $html .= "</table>";
    }
    $html .= "<hr/>";
    $html .= "<p>";
    if($total > 1) {
        if($pid == 31) {
            $html .= "<a href='?main&pid=31'>【首页】</a>";
        }else{
            $html .= "<a href='?main&pid=32'>【首页】</a>";
        }
        if($page > 1) {
            if($pid == 31) {
                $html .= "<a href='?main&pid=31&p=".($page-1)."'>【上一页】</a>";
            }else {
                $html .= "<a href='?main&pid=32&p=".($page-1)."'>【上一页】</a>";
            }

            if($page < $total) {
                if($pid == 31) {
                    $html .= "<a href='?main&pid=31&p=".($page+1)."'>【下一页】</a>";
```

```
                    }else{
                        $html .= "<a href='?main&pid=32&p=".($page+1)."'>【下一页】</a>";
                    }
                }
            }else{
                if ($pid == 31) {
                    $html .= "<a href='?main&pid=31&p=".($page+1)."'>【下一页】</a>";
                }else{
                    $html .= "<a href='?main&pid=32&p=".($page+1)."'>【下一页】</a>";
                }
            }
            if ($pid == 31) {
                $html .= "<a href='?main&pid=31&p={$total}'>【尾页】</a>";
            }else{
                $html .= "<a href='?main&pid=32&p={$total}'>【尾页】</a>";
            }
            $html .= "<span>第{$page}页/共{$total}页</span>";
        }else{
            $html .= "<span>第{$page}页/共{$total}页</span>";
        }
        $html .= "</p></div>";
        return $html;
    }
```

上述代码实现课程信息的分页显示。在实际开发过程中,数据的分页显示是一个常用功能,一般使用单独的函数或类来实现,这里是简单处理方法。

4) 完善课程模块方法

完善 MainModule 模块类的 buildPage()方法,构造"分类查询"数据的 HTML 字符串,代码如下。

```
...
//课程信息分类查询
case 32:
    $html .= $this->_printQueryHTML();
    if ($_POST) {
        $form_data = $_POST;
        $name = array_keys($form_data);
        $value = array_values($form_data);
        if ($name && !empty($value)) {
            $where = "{$name[0]} = '{$value[0]}'";
            $_SESSION['cwms']['where'] = $where;
        }
    }
    if (isset($_SESSION['cwms']['where'])
            && !empty($_SESSION['cwms']['where'])) {
        $where = $_SESSION['cwms']['where'];
    }else{
        $where = NULL;
    }
```

```
        $html .= $this->_getAllCourse($pid, $where);
        break;
...
```

这里需要特别注意的是,分类查询时页面翻动后,一定要保证数据仍然是同一类型的课程数据,也就是要保证查询时的 WHERE 子句必须是相同的,如图 7.27 和图 7.28 所示。

图 7.27 "分类查询"页面效果 1

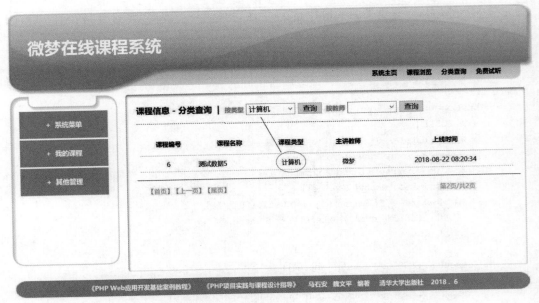

图 7.28 "分类查询"页面效果 2

7.4.3　在线学习

系统"在线学习"模块主要用于展示课程资源,包括课程简介、电子教案、教学视频以及课后作业等。页面效果如图7.8、图7.29～图7.31所示。

图7.29　"课程简介"页面效果

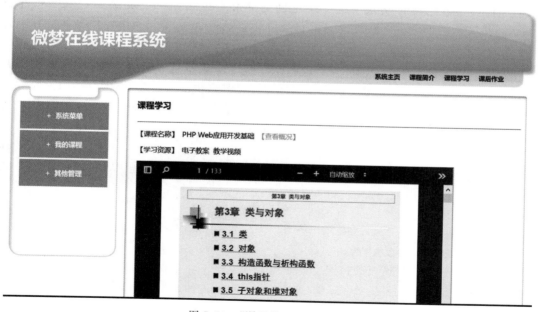

图7.30　"课程学习"页面效果

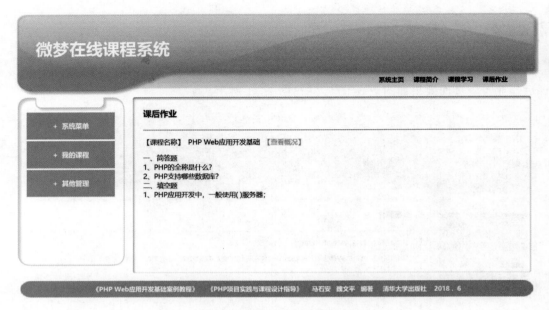

图 7.31 "课后作业"页面效果

1. 在线学习主页

系统在线学习模块主页显示用户所选课程的基本信息,包括课程名称、主讲教师、发布日期、所属类型等,如图7.8所示。下面是具体实现步骤。

1)设计模块类

与前面已经实现的模块一样,首先创建系统"在线学习"模块类,该类命名为LectureModule,声明文件存放在项目根目录下的 sys\module 子目录中。代码参见源码资源包。

该类中的_getCourse()方法,用于获取课程的详细数据,包括课程资源。这里使用了CourseModel 类及其基类 Model,注意获取课程资源时直接使用了 Model 对象,因为要对数据表 cwms_lecture_resource 进行操作。当然,也可以为 cwms_lecture_resource 表单独创建一个模型类,就像前面对 cwms_lecture 表一样。

2)设计模块数据文件

下面是系统"在线学习"模块的页面模板数据文件,包括网页标题、CSS 样式文件、菜单及主显示区中的页面内容。

```php
<?php
/**
 * 系统在线学习模块数据文件
 * CWMS\module\lecture\index.php
 **/
//获取请求页面 ID
$pid = isset($_GET['pid']) ? (int)$_GET['pid'] : null;
//获取请求的课程 ID
$id = isset($_GET['id']) ? (int)$_GET['id'] : null;
```

```php
//页面模板数据
$data = array(
    'title' => '课程学习',
    'nav' => [
        '系统主页' => '?main',
        '课程简介' => "?lecture&pid=41&id={$id}",
        '课程学习' => "?lecture&pid=42&id={$id}",
        '课后作业' => "?lecture&pid=43&id={$id}"
    ],
    'css-files' => array('style.css', 'layout_main.css'),
);
//构建页面内容
$pobj = new LectureModule();
$data['content'] = $pobj->buildPage($pid, $id);
```

2. 课程简介

系统"在线学习"模块的"课程简介"页面，用于显示课程的简要介绍，包括课程的主要内容等，如图 7.29 所示。

该页面功能的实现比较简单，直接将查询到的数据表（cwms_lecture）中的 abstract 字段的值输出即可。在 LectureModule 类的 buildPage() 方法中添加如下代码。

```php
...
//课程简介
case 41:
    $html .= '<h4>课程简介</h4><hr/>';
    $html .= "<p>【课程名称】  {$course['name']}  
              <a href='?lecture&id={$id}'>【查看概况】</a></p>";
    $html .= "<p>【课程简介】  {$course['abstract']}</p>";
    break;
```

从上述代码可以看出，单击页面中的"【查看概况】"，可以访问"在线学习"模块的主页。

3. 课程学习

系统"在线学习"模块的"课程学习"页面，用于显示课程的学习资源，包括课程的电子教案、教材视频等，如图 7.30 所示。

本系统"课程学习"页面设置了访问权限，登录用户可以访问免费课程或已购课程，不能访问未购买的付费课程；未登录用户只能浏览课程概况和课程简介页面。如图 7.32 和图 7.33 所示，前者为登录用户访问未购买课程页面效果，后者为登录用户访问已购课程页面效果。

1）设计模块类方法

在 LectureModule 模块类中添加一个名为 isEnable() 的方法，用于判断用户是否具有页面访问权限。具体代码如下。

```php
/**
 * 判断用户页面访问权限
 * @param int $id 课程ID
 * @param float $money 课程价格
```

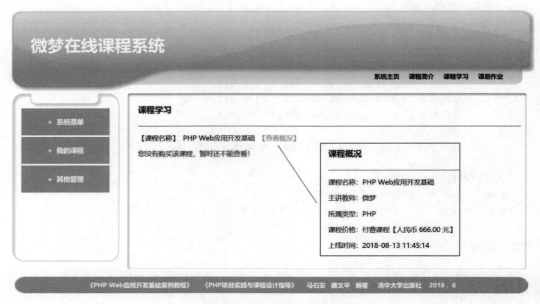

图 7.32　登录用户访问"课程学习"页面效果 1

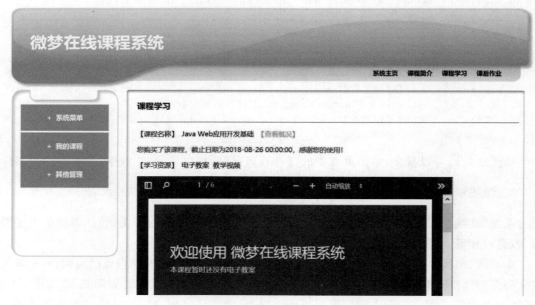

图 7.33　登录用户访问"课程学习"页面效果 2

```
 * @return $enable 代表不同访问权限的数据
 */
private function isEnable( $id, $money) {
//用户是否登录
if(ISLOGIN){
    if ( $money > 0.01 ) {
    $user_id = $_SESSION['cwms']['user']['id'];
```

```php
        //用户是否购买该付费课程
        $pay = new Model('cwms_lecture_pay');
        $where = "user_id={$user_id} and lecture_id={$id}";
        $pay_courses = $pay->getByWhere($where);
        if(!empty($pay_courses)){
            //用户已购该课程
            $enable = array(true, $pay_courses[0]['stop_time']);
        }else{
            $enable = false;
        }
    }else{
        //登录用户可以访问免费课程页面
        $enable = '免费课程';
    }
}else{
    //用户未登录
    $enable = NULL;
}
return $enable;
}
```

2）设计模块类方法

完善 LectureModule 模块类的 buildPage()方法，构造课程学习资源数据的 HTML 字符串，代码如下。

```php
...
$ppt = isset($course['PPT']) ? $course['PPT'] : 'noppt.pdf';
...
//课程学习
case 42:
    $enable = $this->isEnable($id, $course['money']);
    if($enable === NULL){
        header("Location: ./?user");exit;
    }elseif($enable === false){
        $html .= '<h4>课程学习</h4><hr/>';
        $html .= "<p>【课程名称】  {$course['name']}  
<a href='?lecture&id={$id}'>【查看概况】</a></p>";
        $html .= "<p>您没有购买该课程,暂时还不能查看!</p>";
    }else{
        $html .= '<h4>课程学习</h4><hr/>';
        $html .= "<p>【课程名称】  {$course['name']}  
<a href='?lecture&id={$id}'>【查看概况】</a></p>";
        if(gettype($enable) == 'array'){
            $html .= "<p>您购买了该课程,截止日期为{$enable[1]},感谢您的使用!</p>";
        }else{
            $html .= "<p>该课程为免费课程!</p>";
        }
        $html .= "<p>【学习资源】  电子教案  教学视频</p>";
        $html .= "<iframe src='./resource/{$ppt}' width='600px' height='400px'></iframe>";
        $html .= "<p style='font-size:13px;'></p>";
    }
```

```
        break;
    ...
```

4. 课后作业

系统"在线学习"模块的"课后作业"页面,用于显示该课程的课后作业,如图 7.31 所示。

该页面功能的实现比较简单,直接将查询到的数据表(cwms_lecture_resource)中的 homework 字段的值输出即可。

7.4.4 在线答疑

系统"在线答疑"模块,实现学生与教师之间的在线交流,页面效果如图 7.9 和图 图 7.34 所示。

图 7.34 "在线答疑"页面效果

鉴于篇幅的限制,以及模块代码编写方法与前述模块代码基本相同的实际情况,下面只简单实现模块的"信息浏览"页面功能,其他功能请读者自行实现。

1. 设计模块类

为系统模块 question 设计模块类 QuestionModule,代码如下。

```
<?php
/**
 * 系统在线答疑模块类
```

```php
 * sys\module\QuestionModule.class.php
 * @author weiwenping
 */
class QuestionModule
{
    //模块页面 ID
    protected $pid = null;
    /**
     * 构造方法
     */
    public function __construct(){
        $this->pid = [51, 52, 53];
    }
    /**
     * 构造页面内容
     * @param int $pid 页面 ID
     * @return string $html
     */
    public function buildPage( $pid ) {
        $html = '';
        ...
        return $html;
    }
    /**
     * 获取答疑信息
     * @return string $html
     */
    private function _getAllInfo() {
        //获取信息
        $model = new Model('cwms_question');
        $info = $model->getAll();
        ...
        return $html;
    }
    /**
     * 获取用户姓名
     * @param int $id 用户 ID
     * @return string $username
     */
    private function _getUserName( $id ) {
        $model = new UserModel();
        $user = $model->getById( $id );
        return $user['name'];
    }
    /**
     * 获取课程名称
     * @param int $id 课程 ID
     * @return string $coursename
     */
    private function _getLectureName( $id ) {
        $model = new CourseModel();
```

```php
            $course = $model->getById($id);
            return $course['name'];
        }
        /**
         * 构造页码 HTML 字符串
         * @param int $total 总留言数
         * @param int $size 每页留言条数
         * @param int $page 当前页码
         * @return string $html
         */
        private function _getPageHTML($total, $size, $page) {
            //总页数
            $nums = ceil($total/$size);
            ...
            return $html;
        }
}
```

2. 设计模块数据文件

为系统模块 question 设计数据文件 module\question\index.php，代码如下。

```php
<?php
/**
 * 系统在线答疑模块数据文件
 * CWMS\module\question\index.php
 **/
//未登录用户不能访问模块页面
if (ISLOGIN === false) {
    redirect('?user');
}
//获取请求页面 ID
$pid = isset($_GET['pid']) ? (int)$_GET['pid'] : null;
//页面模板数据
$data = array(
    'title' => '在线答疑',
    'nav' => [
        '系统主页' => '?main',
        '信息浏览' => '?question',
        '我要提问' => '?question&pid=51',
        '教师回复' => '?question&pid=52',
    ],
    'css-files' => array('style.css', 'layout_main.css', 'style_question.css')
);
//构建页面内容
$pobj = new QuestionModule();
$data['content'] = $pobj->buildPage($pid);
```

7.4.5 在线测试

系统"在线测试"模块实现学生课程学习后的综合测试,页面效果如图7.10、图7.35和图7.36所示。

图7.35 "在线测试"页面效果1

图7.36 "在线测试"页面效果2

下面编写代码，实现上述图片所展示的功能。

1. 设计模块类

为系统模块 exam 设计模块类 ExamModule，代码如下。

```php
<?php
/**
 * 系统在线测试模块类
 * CWMS\sys\module\ExamModule.class.php
 * @author weiwenping
 */
class ExamModule
{
    //模块页面ID
    protected $pid = null;
    /**
     * 构造方法
     */
    public function __construct(){
        $this->pid = [61, 62, 63];
    }
    /**
     * 构造页面内容
     * @param int $pid 页面ID
     * @param int $id 试卷ID
     * @return string $html
     */
    public function buildPage( $pid, $id) {
        $html = '';
        if (in_array( $pid, $this->pid)) {
            switch ( $pid) {
                //试卷浏览
                …
            }
        }else{
            //我的测试信息
            $html .= '<h4>在线测试 - 我的测试</h4><hr/>';
            $html .= $this->_getExamInfo();
        }
        return $html;
    }
    /**
     * 获取我的全部测试信息
     * @return string $html
     */
    private function _getExamInfo() {
        //获取学生姓名
        …
        return $html;
    }
```

```php
/**
 * 获取试卷的部分信息
 * @param int $id 试卷ID
 * @return array $paper
 */
private function _getPaperInfo( $id ) {
    $model = new Model('cwms_exam_paper');
    $paper = $model->getById( $id );
    return [ $paper['paper_no'], $paper['name'], $paper['type']];
}
/**
 * 构造页码HTML字符串
 * @param int $total 总留言数
 * @param int $size 每页留言条数
 * @param int $page 当前页码
 * @return string $html
 */
private function _getExamPageHTML( $total, $size, $page ) {
    //总页数
    ...
}
/**
 * 获取试卷全部信息
 * @param int $id 试卷ID
 * @return string $html
 */
private function _getPaper( $id = NULL ) {
    $model = new Model('cwms_exam_paper');
    ...
    return $html;
}
}
```

2. 设计模块数据文件

为系统模块exam设计数据文件module\exam\index.php,代码如下。

```php
<?php
/**
 * 系统在线测试模块数据文件
 * CWMS\module\exam\index.php
 **/
//未登录用户不能访问模块页面
if (ISLOGIN === false) {
    redirect('?user');
}
//获取请求页面ID
$pid = isset( $_GET['pid']) ? (int) $_GET['pid'] : null;
//获取请求的试卷ID
$id = isset( $_GET['id']) ? (int) $_GET['id'] : null;
//页面模板数据
```

```
$data = array(
    'title' => '在线测试',
    'nav' => [
        '系统主页' => '?main',
        '试题浏览' => '?exam&pid = 61',
        '在线测试' => '?exam&pid = 62',
        '信息浏览' => '?exam&pid = 63',
    ],
    'css-files' => array('style.css', 'layout_main.css', 'style_exam.css')
);

//构建页面内容
$pobj = new ExamModule();
$data['content'] = $pobj->buildPage($pid, $id);
```

7.5 本章小结

本章详细介绍了使用 PHP 程序设计语言，采用面向对象及 Smarty 模板技术开发一个简单的在线课程系统的过程。由于篇幅的限制，案例系统的很多功能都没有实现，希望读者在课后自行完成。

第 8 章 校园信息平台

校园信息平台，是一款基于学校信息数据的内容管理系统，可以对学校信息数据进行分类管理，并为用户提供信息查询、信息发布等服务。

本章是教材"项目案例"篇的第四个项目，采用 PHP 开源软件 WordPress 进行二次开发来实现项目需求。WordPress 本身就是一个博客管理系统，非常适合作为内容管理平台使用。

8.1 项目简介

在第 5 章中，实现了一个简单的内容管理系统，采用的是最基础的面向过程程序设计方法，并且只实现了一些简单的功能，它离实际的 PHP Web 项目还有较大的距离。本章在 PHP 开源软件框架 WordPress 基础上，再次学习开发内容管理系统。本章项目将更接近于实际，开发完成后的项目，如果需要是可以上线运行的。

视频讲解

8.1.1 功能描述

WordPress 是一个内容管理系统，它实际上就是一个完整的 PHP 项目，只需要将数据注入其中即可上线运行。但是，作为一名 PHP 项目开发的技术人员，肯定不能简单地充当网站后台管理员的角色，还需要对项目进行必要的二次开发，以使其具备个性特征，以便更好地满足用户需要。

本章完成 WordPress 项目的主题开发，实现各种类型的模板功能、菜单和侧边栏导航功能、信息的分类查询和详情输出功能等。

8.1.2　运行预览

本章项目的完整运行效果,请读者自行运行源码,项目目录名称为 chap08。这里只展示项目主页、后台管理、分类查询、信息搜索以及信息详情页面的运行效果,如图 8.1～图 8.5 所示。

图 8.1　项目主页

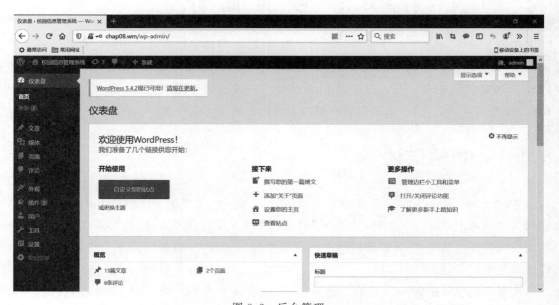

图 8.2　后台管理

第8章 校园信息平台

图 8.3　分类查询

图 8.4　信息搜索

图 8.5　信息详情

8.2 开发准备

Web 项目的开发是一项复杂的系统工程,一般包括系统分析、系统设计、系统实现,以及系统测试等诸多环节,其中,系统分析与系统设计需要在项目的准备阶段完成。

由于篇幅的限制,这里只简单地介绍一下系统设计,关于项目的系统分析,例如需求分析、可行性分析、项目计划书的编写等工作,请读者参考其他技术文档。

8.2.1 WordPress 安装

WordPress 是一款优雅的、良好构架的、基于 PHP 和 MySQL 以及 GPL 许可协议下的个人发布系统。WordPress 继承于 b2/cafelog 博客平台,起初只是一款个人博客系统,现在已经演化成一款内容管理系统软件,能让用户轻松创建自己的网站、博客和 PHP 应用。所以,也可以简单地称之为 PHP 建站系统。

WordPress 的下载与安装非常简单,其详细步骤可参见 4.4 节。本案例项目的开发,作者使用的版本为 5.2.4 中文版,下载的压缩包文件名为 wordpress-5.2.4-zh_CN.zip。

8.2.2 主题初步设计

使用 WordPress 进行的项目开发,其实就是对一个完整的 PHP Web 开源项目进行个性化设计,以满足新项目的需要。其中,个性化设计的核心是主题的开发。

1. 主题识别

主题开发的第一步,就是新建主题的必需文件 style.css 和 index.php,并在 style.css 文件中添加主题的注释信息。

在项目 wp-content 目录下的 themes 子目录中,新建一个名为 wmtheme 的主题文件夹,在该文件夹中创建 style.css 和 index.php 文件,并添加代码。

```
/* style.css 文件 */

/*
Theme Name: Wmstudio Theme
Author: weiwenping, mashian
Description: Wmstudio Theme 是专门为清华大学出版社教材《PHP 项目案例开发从入门到实战》第 8 章项目案例【校园信息管理平台】开发的个性主题
Version: 1.0
*/

@CHARSET "UTF-8";

//index.php 文件
<?php echo __('This is the index template','wm'); ?>
```

继续创建新文件 screenshot.png，为主题添加封面。打开 WordPress 后台，查看主题预览，如图 8.6 所示。

图 8.6　主题预览

2. index.php 模板架构设计

主题中的 index.php 文件，就是该主题的默认页面模板，一般将其分为 header、sidebar 和 footer 三个部分，分别表示页面的头部、侧边栏和底部。

在主题文件夹中新建 header.php、sidebar.php 和 footer.php 文件，并添加代码。

```
//header.php 文件
<?php echo __('This is the header template','wm'); ?>
//sidebar.php 文件
<?php echo __('This is the sidebar template','wm'); ?>
//footer.php 文件
<?php echo __('This is the footer template','wm'); ?>
```

在 index.php 模板文件中添加代码，加载页面的各个部分。

```
//index.php 文件
<?php get_header();?>
<?php get_sidebar();?>
<?php get_footer();?>
```

3. 项目国际化准备

项目国际化，就是要让项目在不同的国家使用时，能够进行自动翻译，以适应当地的语言环境。例如，在中国浏览项目页面时，页面中的字符以简体中文显示；而在欧美国家浏览时，项目页面则以英文来显示。

1) 输出翻译文本

在 WordPress 中，若要输出翻译的静态文本，可以使用__()函数和_e()函数。例如：

```php
<?php echo __('This is the header template','wm'); ?>
```

函数__()的名称为双下画线,第1个参数是需要输出的静态文本,第2个参数是自定义的项目文本域。该函数只是返回翻译文本,需要使用 PHP 的 echo 或其他输出函数来输出文本内容。

```php
<?php _e('This is the header template','wm'); ?>
```

函数_e()的名称由下画线和 e 组成,其参数与函数__()相同。该函数直接输出翻译文本。

2) 创建翻译文件

可以使用软件 PoEdit 或 WordPress 插件 Codestyling Localization 来创建项目翻译文件。下面用 PoEdit 来创建本项目的翻译文件。

在主题根目录下新建语言文件目录 languages。

打开 PoEdit 软件,单击"文件"菜单下的"新建"菜单项。选择要翻译的语言,如图 8.7 所示。

图 8.7　设置语言种类

单击对话框中的"确定"按钮,接着单击工具栏中的"保存"按钮,将翻译文件保存到主题的 languages 文件夹中。此时会生成两个文件,一个是 zh_CN.po,另一个是 zh_CN.mo。

单击主菜单"编目"下的"属性"菜单项,设置翻译属性、源路径和源关键字,如图 8.8~图 8.10 所示。

保存文件,并单击主菜单"编目"下的"从源代码更新"菜单项,如图 8.11 所示。

PoEdit 自动读取源文件中需要翻译的文本,我们只需要在每条文本中填入相应的翻译内容即可。翻译内容编写完成后,保存并退出 PoEdit 软件。

3) 启用翻译

在主题的根目录下新建 functions.php 文件,并添加代码。

```php
//functions.php 文件
<?php
function wm_theme_support(){
```

图 8.8 设置翻译属性

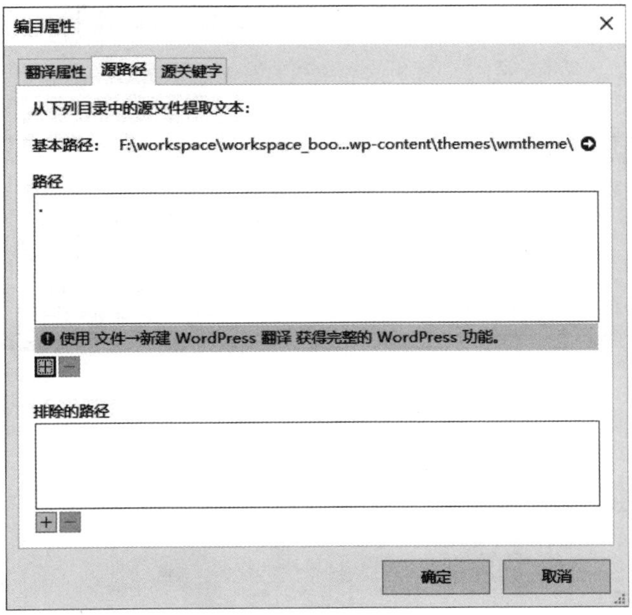

图 8.9 设置源路径

```
    load_theme_textdomain('wm', get_template_directory().'/languages/');
}
add_action('after_setup_theme', 'wm_theme_support');
```

启用主题时，WordPress 会自动加载主题中的 functions.php 文件，并运行其中的代码。上述代码中的 wm_theme_support() 为自定义函数，用于初始化被启用的主题；add_action()

是 WordPress 的内置函数,也称为"钩子",用于加载自定义的函数;函数 load_theme_textdomain()用于加载主题的文本域。所谓文本域,就是需要翻译文本的一个分组,这里是"wm",也就是说,本项目页面中需要翻译的文本存放在一个名为"wm"的容器中。

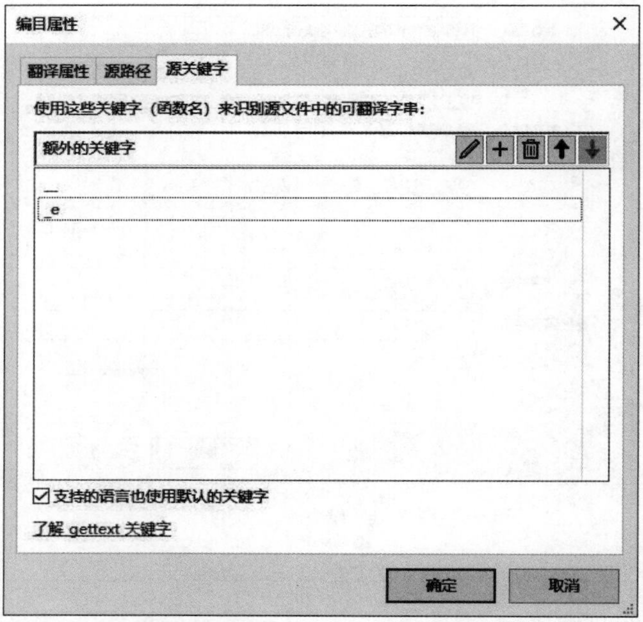

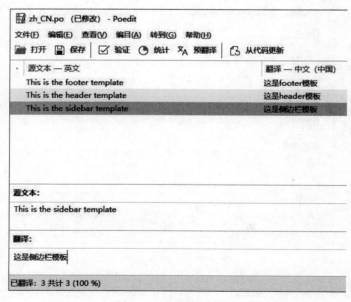

图 8.10　设置源关键字

图 8.11　设置源关键字

4)测试翻译功能

打开项目后台,单击"外观"下的"主题"菜单项,启用 Wmstudio Theme 主题。访问前台主页,页面效果如图 8.12 所示。

图 8.12　国际化测试

从图中可以看出,源文件中的静态英文文本被翻译成了中文。当然,若项目主要在中国使用,项目中的静态文本使用简体中文,同时将给主题添加其他语言的翻译文件。例如英文的 en.po 和 en.mo 等。

8.3　模板设计

视频讲解

在 WordPress 项目中,不同类型的数据是通过不同的页面模板来显示的。WordPress 能够根据用户的请求参数,来判断使用哪一种页面模板。

本节主要设计模板的静态部分,功能的实现在后续的 8.4 节中完成。

8.3.1　主页模板

当用户访问 WordPress 项目的主页时,WordPress 会依次搜索 front-page.php、home.php、page.php 和 index.php 模板文件。其中,是否搜索 page.php 模板由"主页显示"方式决定,该设置位于后台系统"设置"菜单下的"阅读"页面中。

若在该设置页面中勾选了"一个静态页面(在下方选择)"选项,则用户访问项目主页时,WordPress 会去搜索 page.php 模板,如图 8.13 所示。

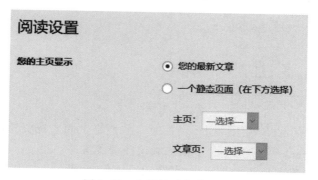

图 8.13　主页显示方式设置

本项目主页使用 index.php 模板,页面效果如图 8.1 所示。该模板由上、中、下三个部分构成,其中,中间区域又分为左、右两部分,分别是主内容显示区和侧边栏。

1. header 模板

header 模板是页面上部的固定部分，包括页面标题、导航等内容，如图 8.14 所示。

图 8.14 主页头部

打开 header.php 文件，编写如下代码。

```
<!DOCTYPE html>
<html <?php language_attributes(); ?>>
<head>
<meta charset="<?php bloginfo('charset'); ?>">
<?php wp_head(); ?>
</head>
<body>
<div id="page" class="site">
<header id="masthead" class="site-header" role="banner">
  <div class="site-header-main">
    <div class="wrapper">
      <?php wm_the_custom_logo(); ?>
      <div class="search-form-wrap">
        <?php get_search_form();?>
      </div>
      <div id="site-header-menu" class="site-header-menu">
        <nav id="site-navigation" class="main-navigation" role="navigation" aria-label="<?php esc_attr_e('Primary Menu', 'wm'); ?>">
          <span><a href='#'>这里是主菜单</a></span>
          <div class="clear"></div>
        </nav>
      </div>
      <div class="clear"></div>
    </div>
  </div>
  <div class="clear"></div>
</header>
<div id="content" class="site-content wrapper">
```

本项目主题页面的 CSS 和 JS 文件，使用了一些网络上的开源资源，这些资源文件存放在主题根目录下的 assets 文件夹中。下面加载这些资源文件。

在主题根目录下新建 functions.php 文件，编写如下代码。

```
add_action('wp_enqueue_scripts', function(){
    wp_enqueue_style('font-awesome', get_template_directory_uri() . '/assets/css/font-awesome.css', array(), null, 'all');
    wp_enqueue_style('wmtheme-style', get_stylesheet_uri(), array(), null, 'all');
});
```

上述代码加载了 awesome 字体图标的 CSS 文件和主题的 style.css 文件。当然,也可以直接在页面中通过 link 标签来加载这些静态资源文件。

继续在 functions.php 文件中编写代码,加载页面标题。

```php
add_action('after_setup_theme', function()
{
    add_theme_support('title-tag');
});
```

编写自定义函数 wm_the_custom_logo(),代码如下。

```php
//设置主菜单右侧的LOGO,这里简单地输出项目名称
function wm_the_custom_logo(){
    echo '<div class="site-branding">';
    if(wm_is_home_page()) {
        echo '<h1 id="site-title" class="site-title p-name" itemprop="name"><a href="'.esc_url(home_url('/')).'" rel="home" itemprop="url" class="u-url url">'.esc_html(get_bloginfo('name')).'</a></h1>';
    } else{
        echo '<p id="site-title" class="site-title p-name" itemprop="name"><a href="'.esc_url(home_url('/')).'" rel="home" itemprop="url" class="u-url url">'.esc_html(get_bloginfo('name')).'</a></p>';
    }
    echo '</div>';
}
```

上述代码中调用了自定义函数 wm_is_home_page(),其代码如下。

```php
//判断是否是前台首页
function wm_is_home_page(){
    if (is_home() && is_front_page()) {
        return true;
    }else{
        return false;
    }
}
```

在上述代码中,主要使用了 WordPress 的 bloginfo() 函数来获取项目及页面参数。例如,页面语言、字符集、标题,以及模板文件目录等。在 WordPress 页面头部,需要调用 WordPress 的 wp_header() 函数,以方便某些插件的挂靠。

2. sidebar 模板

sidebar 模板是页面中部右侧的固定部分,包括用户信息分类、信息归档等内容。打开 sidebar.php 文件,编写 HTML 代码。这里先在页面中设置侧边栏区域,其中内容的显示在后续的 8.4 节中再输出。

```html
<aside id="secondary" class="sidebar widget-area" role="complementary">
…
</aside>
```

3. content 模板

主页模板的主内容部分位于页面中间的左侧,如图8.1所示。在不同类型的模板中,主内容区会显示不同的内容。所以,需要将其模板文件独立出来,在需要使用的时候再通过WordPress的get_template_part()函数来加载。

在主题根目录下新建content.php文件,并编写代码。

```
<article id="post-id">
  <header class="entry-header" itemprop="mainEntityOfPage">
    <h2><a href="#" rel="bookmark" class="u-url url" itemprop="url">信息标题</a></h2>
  </header>
  <div class="entry-summary p-summary" itemprop="description">
    简介
  </div>
  <div class="entry-content e-content" itemprop="description articleBody">
    内容
  </div>
  <div class="entry-meta">
    分类等信息
  </div>
</article>
```

在主题的index.php文件中,通过get_template_part('content')的方式来调用该模板。

4. footer 模板

footer模板是页面的底部固定部分,包括版权信息、联系方式和服务声明页面链接等内容。打开footer.php文件,编写代码。

```
  <div class="clear"></div>
</div>
<footer id="colophon" class="site-footer" role="contentinfo">
   …
</footer>
</div>
<?php wp_footer(); ?>
</body></html>
```

在WordPress页面的footer模板中,也需要调用wp_footer()函数,以方便插件的运行。

8.3.2 信息详情模板

在WordPress项目中,内容详情是通过single模板来显示的。single模板文件分为single-{post-type}.php和single.php,前者层次高于后者。

在主题文件夹的根目录下新建single.php文件,并编写代码。

```
<?php get_header();?>
```

```html
<main id="main" class="site-main single-post" role="main">
    <article id="post-99" class="post-content post-99 post type-post status-publish format-standard hentry category-teaching" itemref="site-publisher">
        <header class="entry-header">
            <h1 class="entry-title p-name" itemprop="name headline">
                <a href="" rel="bookmark" class="u-url url" itemprop="url">信息标题</a>
            </h1>
        </header>
    <div class="entry-meta">
      <ul>
        <li class="posted-on">
          <i class="fa fa-calendar"></i>
          <span class="screen-reader-text">发表于：</span>
          <a href="" rel="bookmark">
            <time class="entry-date published dt-published" itemprop="datePublished" datetime="">发布时间</time>
            <time class="entry-date updated dt-updated screen-reader-text" itemprop="dateModified" datetime="2020-01-17T18:31:55+08:00">更新时间</time>
          </a>
        </li>
        <li class="cat-links">
          <i class="fa fa-folder-open"></i>
          <span class="screen-reader-text">分类：</span>
          <a href="" rel="category tag">信息所属分类</a>
        </li>
        <li class="edit-link"><i class="fa fa-pencil"></i>
          <a class="post-edit-link" href="">编辑</a></li><div class="clear"></div>
      </ul>
    </div>
    <div class="entry-content e-content" itemprop="description articleBody">
      <p>信息详情</p>
      <div class="clear"></div>
    </div>
    <nav class="navigation post-navigation" role="navigation">
      <h2 class="screen-reader-text">信息导航</h2>
      <div class="nav-links"><div class="nav-previous"><a href="" rel="prev"><span class="meta-nav" aria-hidden="true">前一页</span> <span class="screen-reader-text">上一篇：</span> <span class="post-title">该信息的前一条信息标题</span></a></div></div>
    </nav>
          <div class="clear">
          </div>
          <div class="author-info byline author p-author vcard hcard h-card author-1" itemprop="author" itemscope itemtype="">
            <div class="author-avatar">
              <img alt='' src='' srcset='' class='avatar avatar-70 photo' height='70' width='70' /> </div>
            <div class="author-description">
              <h3 class="author-title"><a href="" title="Posts by admin" rel="author" class="url u-url" itemprop="url"><span class="fn p-name" itemprop="name">信息发布者
```

```
姓名</span></a></h3>
        <div class = "author-metas"><a href = '' title = "10 Posts" class = "posts"><i class = "fa fa-thumb-tack"></i><span>10</span></a>
          <div class = "clear"></div>
        </div>
      </div>
      <div class = "clear"></div>
    </div>
</article>
<?php get_footer();?>
```

注意：在模板文件中应包含页面头 header 和页面尾 footer。强烈建议使用 WordPress 的函数来完成文件的包含工作，尽量不要使用 PHP 的包含语句。

8.3.3 留言和回复模板

本项目的留言和回复显示页面效果，如图 8.15 所示。

图 8.15 留言/回复模板效果

这里直接使用 WordPress 的评论模板，其文件为 comments.php，代码如下。

```
<div id = "comments" class = "comments-area">
  <div id = "respond" class = "comment-respond">
    <h2 id = "reply-title" class = "comment-reply-title">发表评论 <small><a rel = "nofollow" id = "cancel-comment-reply-link" href = "" style = "display:none;">取消回复</a></small></h2>
    <form action = "" method = "post" id = "commentform" class = "comment-form">
      <p class = "logged-in-as"><a href = "" aria-label = "已登录为 admin。编辑您的个人资料。">已登录为 admin</a>。<a href = "">注销？</a></p>
      <p class = "comment-form-comment"><label for = "comment">评论</label><textarea id = "comment" name = "comment" cols = "45" rows = "8" maxlength = "65525" required = "required">
```

```
</textarea></p>
    <p class = "form - submit"><input name = "submit" type = "submit" id = "submit" class = "submit" value = "发表评论" /><input type = 'hidden' name = 'comment_post_ID' value = '99' id = 'comment_post_ID' />
        <input type = 'hidden' name = 'comment_parent' id = 'comment_parent' value = '0' /></p>
<input type = "hidden" id = "_wp_unfiltered_html_comment_disabled" name = "_wp_unfiltered_html_comment_disabled" value = "10d96c81f7" /><script>(function(){if(window === window.parent){document.getElementById('_wp_unfiltered_html_comment_disabled').name = '_wp_unfiltered_html_comment';}})();</script>
    </form>
  </div>
</div>
```

注意：信息留言可以通过后台设置将其关闭。关闭某条信息的留言只需要将该信息的"允许评论"属性取消勾选即可。

8.3.4 页面类型模板

系统的页面类型，是指除信息数据之外的其他数据显示页面。例如，关于我们，如图 8.16 所示。

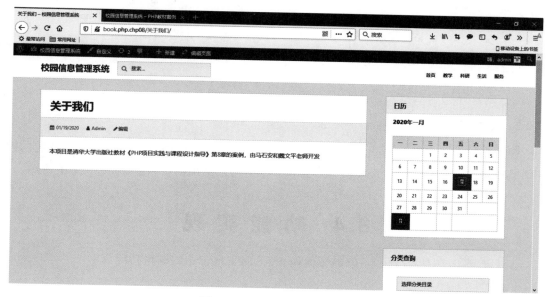

图 8.16 系统页面类型模板

图中的页面效果由模板 page.php 实现，代码如下。

```
<?php get_header(); ?>
<main id = "main" class = "site - main content - area single - post" role = "main">
    <?php while ( have_posts() ) : the_post();
        get_template_part( 'content','page');
        comments_template( '', true );
    endwhile; ?>
```

```
</main>
<?php get_sidebar(); ?>
<?php get_footer(); ?>
```

从上述代码可以看出，页面类型的数据最终是由 content.php 模板展示的。

8.3.5 搜索页面模板

WordPress 的搜索页面模板分为两种类型，即搜索表单模板 searchform 和搜索结果模板 search。

1. 搜索表单模板

搜索表单模板文件为 searchform.php，代码如下。

```
<form role="search" method="get" class="search-form" action="<?php echo esc_url(home_url('/')); ?>">
<meta itemprop="target" content="<?php echo esc_url(home_url('/?s={search}')); ?>"/>
<span class="screen-reader-text"><?php echo esc_html_x('Search for:', 'label', 'wm'); ?></span><i class="fa fa-search"></i>
<input type="search" class="search-field" placeholder="<?php echo esc_attr_x('Search &hellip;', 'placeholder', 'wm'); ?>" value="<?php echo get_search_query(); ?>" name="s" title="<?php echo esc_attr('Search', 'wm'); ?>" required itemprop="query-input">
<button type="submit" class="search-submit"><span><?php echo esc_html_x('Search', 'submit button', 'wm'); ?></span></button>
</form>
```

2. 搜索结果模板

WordPress 项目的搜索结果模板为 search.php，可以根据项目实际情况编写特定的搜索结果模板。本项目使用主页模板 index.php 作为搜索结果模板，代码如 8.3.1 节所示。

8.4 功能实现

在上面的几节中，设计了主题的页面模板，下面实现主题的逻辑功能。

8.4.1 导航功能

在 WordPress 项目中，页面导航的实现有多种方法。例如，通过加载后台自定义的菜单，或通过在页面中直接输出"分类目录"标题，或直接给<a>标签的 href 属性赋值等方式来实现。这里，通过加载自定义菜单的方法，来实现项目的主导航功能。

1. 注册菜单功能

要让 WordPress 主题支持菜单功能，必须先进行注册。菜单功能的注册使用函数

register_nav_menu()来实现。

打开主题的 functions.php 文件,在 wm_theme_support()函数中添加如下代码。

```
function wm_theme_support() {
    …
    register_nav_menu('primary', __('Primary Menu','wm'));
}
```

调用 register_nav_menu 函数需要指定两个参数,第一个参数为菜单位置,第二个参数为菜单的描述文本。

打开 WordPress 后台系统,在主题的下拉菜单中会出现"菜单"子项,在新建菜单页面中会出现"主菜单"复选框,如图 8.17 所示。

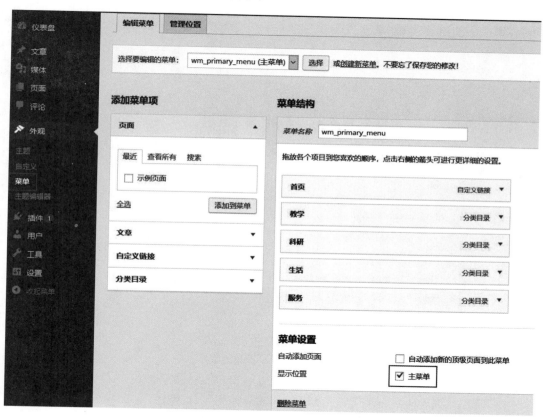

图 8.17　主题菜单功能

图中显示的"主菜单"文本,是项目文本域"wm"中英文"Primary Menu"的中文翻译文本。所以,在显示上述页面之前,需要修改项目的翻译文件 zh_CN.po 中的内容。

2. 显示导航菜单

主导航菜单创建完成后,就可以在页面中显示该菜单了。在 WordPress 的项目页面中显示菜单,需要使用 wp_nav_menu()函数。该函数的参数通过数组的形式进行设置,其默认值如下。

```php
$defaults = array(
    'menu'            => '',
    'container'       => 'div',
    'container_class' => '',
    'container_id'    => '',
    'menu_class'      => 'menu',
    'menu_id'         => '',
    'echo'            => true,
    'fallback_cb'     => 'wp_page_menu',
    'before'          => '',
    'after'           => '',
    'link_before'     => '',
    'link_after'      => '',
    'items_wrap'      => '<ul id="%1$s" class="%2$s">%3$s</ul>',
    'item_spacing'    => 'preserve',
    'depth'           => 0,
    'walker'          => '',
    'theme_location'  => '',
);
```

打开主题的 header 模板文件,修改主菜单的显示代码。

```php
<button id="menu-toggle" class="menu-toggle"><i class="fa fa-bars"></i><span>
<?php esc_html_e('Primary Menu', 'wm'); ?>
</span></button>
<nav id="site-navigation" class="main-navigation" role="navigation" aria-label="<?php esc_attr_e('Primary Menu', 'wm'); ?>">
<?php if (has_nav_menu('primary')) {
    wp_nav_menu(
        array(
            'theme_location' => 'primary',
            'container' => false,
            'fallback_cb' => false,
            'menu_id' => 'primary-menu',
            'menu_name' => 'primary_menu',
            'menu_class' => 'primary-menu',
            'link_before' => '<span>',
            'link_after' => '</span>',
            'depth' => 2
        )
    );
}
?>
<div class="clear"></div>
</nav>
```

切换到项目前台主页,主导航菜单的显示效果如图 8.18 所示。

当浏览器窗口尺寸缩小时,主导航会以"汉堡包"形式显示,如图 8.19 所示。

单击图中的"汉堡包"主菜单按钮,可以打开主菜单。实现该功能需要加载 jQuery 库和自定义的 JavaScript 代码文件 main.js。

图 8.18 主导航菜单

图 8.19 主导航菜单折叠显示

```
//加载静态资源
function wm_enqueue_scripts() {
…
wp_enqueue_script('wmtheme-script', get_template_directory_uri() . '/assets/js/main.js',
array('jquery'), null, true);
}
add_action('wp_enqueue_scripts', 'wm_enqueue_scripts');
```

注意,测试此功能时需要在页面中加载 wp_footer()函数。

8.4.2 搜索功能

在 WordPress 中,搜索功能是通过调用 get_search_form()函数来实现的。打开主题的 header 模板,在其导航菜单的左侧添加搜索表单代码。

```
<div class = "search-form-wrap">
…
<?php get_search_form();?>
</div>
```

如果主题中没有定义搜索表单模板 searchform.php 文件，则 get_search_form() 函数会显示 WordPress 默认的搜索框，其样式往往不能满足项目的整体要求，所以，实际开发过程常常需要自定义搜索表单模板文件。

本项目搜索表单模板文件如 8.3.5 节所示，其页面效果如图 8.19 所示；搜索结果使用默认的 index.php 模板，而不单独定义 search.php 文件，其页面效果如图 8.4 所示。

8.4.3 内容显示

页面中内容的显示使用单独的子模板来实现，其文件为 content.php，代码如下。

```
<article id="post-<?php the_ID(); ?>" <?php post_class('post-content'); ?>>
<header class="entry-header" itemprop="mainEntityOfPage">
<?php the_title(sprintf('<h2 class="entry-title p-name" itemprop="name headline"><a href="%s" rel="bookmark" class="u-url url" itemprop="url">', esc_url(get_permalink())), '</a></h2>'); ?>
</header>
<?php
if(in_array(get_post_format(), array('aside','standard',''))) {?>
<div class="entry-summary p-summary" itemprop="description">
<?php the_excerpt(); ?>
</div>
<?php }else {?>
<div class="entry-content e-content" itemprop="description articleBody">
<?php
the_content(sprintf(__('Continue Reading %s', 'wm'), the_title('<span class="screen-reader-text">', '</span>', false)));
wp_link_pages(
array(
'before'        => '<div class="page-links"><span class="page-links-title">'.__('Pages:', 'wm').'</span>',
'after'         => '</div>',
'link_before'   => '<span>',
'link_after'    => '</span>',
'pagelink'      => '<span class="screen-reader-text">'.__('Page:', 'wm').'</span>%',
'separator'     => '<span class="screen-reader-text">, </span>',
)
);
?>
<div class="clear"></div>
</div>
<?php } ?>
<div class="entry-meta">
<?php wm_entry_meta(); ?>
</div>
</article>
```

其页面效果如图 8.19 所示。信息内容下面的发布日期、作者等辅助信息，由自定义函数 wm_entry_meta() 生成。

wm_entry_meta()函数存放在主题的functions.php文件中,代码如下。

```php
function wm_entry_meta()
{
echo '<ul>';
//判断信息是否置顶
if( is_sticky() && is_home() && ! is_paged() ) {
echo '<li class="sticky-post"><i class="fa fa-bookmark"></i>'.esc_html__('Topping', 'wm').'</li>';
}
//发布时间
echo '<li class="posted-on">
<i class="fa fa-calendar"></i>
<span class="screen-reader-text">'.esc_html__('Posted on:', 'wordstar').'</span>
<a href="'.esc_url(get_permalink()).'" rel="bookmark">
<time class="entry-date published dt-published" itemprop="datePublished" datetime="'.esc_attr(get_the_date('c')).'">'.get_the_date().'</time>
<time class="entry-date updated dt-updated screen-reader-text" itemprop="dateModified" datetime="'.esc_attr(get_the_modified_date('c')).'">'.esc_html(get_the_modified_date()).'</time>
</a>
</li>';
//发布者
if(!is_single()){
echo '<li class="byline author p-author vcard hcard h-card" itemprop="author " itemscope itemtype="http://schema.org/Person">
<i class="fa fa-user"></i>
<span class="screen-reader-text">'.esc_html__('Author:', 'wordstar').'</span>
<span class="screen-reader-text">'.get_avatar( get_the_author_meta( 'ID' ), 40 ).'</span>
<a class="url u-url" href="'.esc_url(get_author_posts_url(get_the_author_meta('ID'))).'" rel="author" itemprop="url"><span class="fn p-name" itemprop="name">'.esc_html(get_the_author()).'</span></a>
</li>';
}
//信息类型
if( ( $categories_list = get_the_category_list(', ')) && wm_categorized_blog() ) {
echo '<li class="cat-links">
<i class="fa fa-folder-open"></i>
<span class="screen-reader-text">'.esc_html__('Categories:', 'wm').'</span>
'.ent2ncr( $categories_list).'
</li>';
}
//信息标签
if ( $tags_list = get_the_tag_list('', ', ')) {
echo '<li class="tag-links">
<i class="fa fa-tags"></i>
<span class="screen-reader-text">'.esc_html__('Tags:', 'wm').'</span>
'.ent2ncr( $tags_list).'
</li>';
}
//留言
if (! is_single() && ! post_password_required() && ( comments_open() || get_comments_number() ) ) {
echo '<li class="comment">
```

```php
<i class="fa fa-comments"></i>';
comments_popup_link(__('Leave a comment', 'wm').'<span class="screen-reader-text">: '.get_the_title().'</span>');
echo '</li>';
}
//编辑链接
edit_post_link(__('编辑 Edit', 'wm'), '<li class="edit-link"><i class="fa fa-pencil"></i>', '</li>');
echo '<div class="clear"></div></ul>';
}
```

上述代码中使用了很多 WordPress 函数,由于篇幅的限制这里不再详细解释它们的用法。另外,代码中还使用了自定义函数 wm_categorized_blog(),该函数用于显示内容的分类类型,其代码请参见源码。

8.4.4 侧边栏设计

在 WordPress 项目中,常常需要在页面的某个区域中放置一些像日历、搜索等这样的小工具,以方便用户对信息的浏览,如图 8.1 页面右侧所示。

1. 注册区域

要使用 WordPress 的侧边栏,首先必须为其注册一个区域(Widget),然后在这个区域中添加一些小工具。

打开项目主题的 functions.php 文件,编写如下代码。

```php
function wm_sidebar()
{
    register_sidebar(
        array(
            'name'          => __('Wm Widget Area', 'wm'),
            'id'            => 'wm-sidebar',
            'description'   => __('Add widgets here to appear in your sidebar.', 'wordstar'),
            'before_widget' => '<section id="%1$s" class="widget %2$s">',
            'after_widget'  => '<div class="clear"></div></section>',
            'before_title'  => '<h4 class="widget-title">',
            'after_title'   => '</h4>',
        )
    );
}
add_action('widgets_init', 'wm_sidebar');
```

代码中的参数"name"为区域名称,它会在项目后台中显示;参数"id"为区域标识,若要在页面中显示该区域,需要使用该参数。

注意,可以为项目注册多个区域,但其 id 必须不同。

2. 设置小工具

完成区域注册以后,就可以通过 WordPress 项目后台为其添加小工具了,如图 8.20 所示。

图 8.20 设置小工具

为侧边栏添加小工具的方法非常简单，直接用鼠标将页面中的可用小工具拖放到定义的侧边栏区域中即可。另外，在区域中拖动小工具可以调整其位置。

3．显示侧边栏

注册并设置好侧边栏后，就可以在侧边栏模板 sidebar.php 中显示它了。打开 sidebar.php 模板文件，并添加代码。

```
<?php
if ( wm_active_sidebars() ) : ?>
<aside id="secondary" class="sidebar widget-area" role="complementary">
    <?php
        dynamic_sidebar('wm-sidebar');
    ?>
</aside>
<?php endif; ?>
```

代码中的 wm_active_sidebars() 为自定义函数，用它判断小工具是否已被启用。

```
function wm_active_sidebars(){
    if(is_active_sidebar('wm-sidebar')){
        return true;
    }else{
        return false;
    }
}
```

注意，上述代码中均使用注册区域时的"id"参数。

8.4.5 信息详情

在 WordPress 项目中，内容详情是通过内容详情模板输出的，关于"内容详情模板"请参见 8.3.2 节。页面效果如图 8.5 所示。

本项目使用 single 模板来输出信息详情，其中使用了一些 WordPress 函数，下面对这些函数进行一个简单的说明。

1. have_posts()函数

该函数默认是一个 WordPress 的全局函数，所以，它被调用时实际上是调用 WordPress 的全局变量 $wp_query 的 have_posts()成员函数。其作用是，简单地检查一个全局数组变量 $posts，以确认数组中是否还有"post"；如果有，返回 true(1)；如果没有，则返回 false(0)。

2. the_post()函数

该函数调用 WordPress 全局变量 $wp_query 的 the_post()成员函数，实现循环计数器的前移，并创建一个 WordPress 的全局变量 $post(不是 $posts)，把当前的 post 的所有信息都放到这个 $post 变量中，以备后续使用。

3. the_ID()、the_title()、the_content()、the_time()函数

这些函数直接显示信息的 ID、标题、内容和发布时间等 WordPress 的 Template Tags。

4. get_permalink()函数

该函数返回 post 或者 page 的链接。在获取链接时，get_permalink() 函数需要知道要获取的 post 的 ID；如果在循环中调用，则自动默认使用当前 post。如果获取到的 post 的 ID 正确，返回该 ID 的 post 的 URL；如果 post 不存在，则返回 False。

5. wm_author_metas()函数

该函数为自定义函数，功能为获取 post 的作者链接，其代码请参见源码。

6. comments_open()函数

该函数用于检测 post 的 comments 功能是否启用。

7. comments_template()函数

该函数用于加载 comment 模板，也就是加载 comments.php 模板文件，以便显示与 post 相关的留言或回复。

8.5 本章小结

本章以 PHP 的开源软件 WordPress 的二次开发为例，详细介绍了 PHP 项目开发中经常使用的二次开发方法。对于 PHP Web 项目来说，除 WordPress 之外，还有很多的开源软件都可以作为项目开发基础，但需要注意的是，在使用这些软件进行二次开发时，一定要遵守该开源软件的相关技术规范，尤其要注意其版权协议，以免造成不必要的损失和麻烦。

第9章 电子商务系统

电子商务源于英文 Electronic Commerce,简称 EC,是利用简单、快捷、低成本的电子通信方式,在互联网上开展的各种商贸活动。近年来,随着信息技术的不断发展,电子商务已关系到经济结构、产业升级和国家整体经济竞争力,利用电子商务平台出售或购买商品,更是在日常生活中随处可见。

本章介绍一个简单的电子商务系统项目开发过程,帮助进一步熟悉 PHP Web 应用开发的框架技术。

9.1 项目简介

视频讲解

本项目采用 PHP 的 CodeIgniter(简称 CI)框架进行开发,实现了商品展示、商品管理、订单管理、购物车管理以及用户信息管理等电子商务系统的基本功能。

9.1.1 功能描述

本项目实现了电子商务系统的前台管理和后台管理部分功能,其中前台主要包括:最新商品、推荐商品、热卖商品信息管理;商品的分类信息管理;购物车信息管理;订单信息管理;用户信息管理;商城公告信息管理;用户登录与注册等功能。后台主要包括:商品信息管理;用户信息管理;订单信息管理;商城信息管理等。

9.1.2 运行预览

本案例项目的部分页面运行效果,如图9.1~图9.5所示。

图 9.1　系统前台首页

图 9.2　商品详情页面

第9章 电子商务系统

图 9.3 购物车页面

图 9.4 订单信息核对及确认页面

图 9.5 系统后台首页

视频讲解

9.2 开发准备

在实际项目开发过程中,往往需要经过需求分析、可行性分析、系统设计等准备工作,然后进行代码编写。由于篇幅的限制,这里只进行一些编码前的简单准备工作。

9.2.1 框架准备

根据 4.2 节所述方法,下载 PHP 的 CI 框架,并将其解压后的文件夹命名为 chap09;启动 WampServer 集成开发环境,为项目 chap09 创建一个名为 http://book.php.chp09 的虚拟主机;打开浏览器访问该虚拟主机的主页,测试是否能够访问到 CI 框架的欢迎页面。

若框架运行正确,则可以在项目的 application\controller 目录中新建一个名为 Test 的测试控制器,并为其添加 index()方法和 demo()方法。

```
<?php
/**
 * 代码测试控制器
 * @author weiwenping
 */
class Test extends CI_Controller
{
    /**
     * 构造方法
     */
```

324

```php
    public function __construct()
    {
        parent::__construct();
    }
    public function index() {
        header("Content-type: text/html; charset='utf-8';");
        echo 'Test/index 方法<br>';
    }
    public function demo() {
            header("Content-type: text/html; charset='utf-8';");
            echo 'Test/demo 方法<br>';
        }
}
```

打开浏览器，分别输入"http://book.php.chap09/index.php/test"和"http://book.php.chap09/index.php/test/demo"，应该能够在页面中看到"Test/index 方法"和"Test/demo 方法"文本。说明框架路由正确。

为了让访问项目资源的 URL 更加简洁，在项目根目录下添加一个名为 .htaccess 的文件，将上述 URL 中的"index.php"去除。文件代码如下。

```
RewriteEngine On
RewriteCond %{REQUEST_FILENAME} !-f
RewriteCond %{REQUEST_FILENAME} !-d
RewriteRule ^(.*)$ index.php/$1 [L]
```

注意，此时要开启 Apache 服务器的 mod_rewrite 功能。

9.2.2 基本配置

为了后续开发的方便，下面对项目进行简单配置。

1. 配置项目 Web 根目录

在项目开发过程中，需要加载一些静态资源，这些资源的 URL 地址是通过项目的配置项 base_url 的值与资源目录和资源文件名拼接而成的。

打开项目配置文件 application\config\config.php，找到下面的语句并设置相应的值。

`$config['base_url'] = 'http://book.php.chp09/';`

这里设置的是作者的项目虚拟主机，请根据自己的实际情况进行更改。

2. 设置默认控制器

打开项目的配置文件 application\config\routes.php，找到下面的语句，将项目的默认控制器修改为 home。

`$route['default_controller'] = 'home';`

默认控制器就是在访问的 URL 中不指定控制器时，系统默认访问的控制器。例如，在浏览器的 URL 中输入"http://book.php.chp09"并回车,则系统会访问 home 控制器的 index 方法。

3. 自动加载 url 助手函数

访问项目中的资源需要获取该资源的 URL 地址,这可以通过 CI 框架提供的 url 助手函数,例如 base_url()、site_url()等来实现。在 CI 项目中使用助手函数,需要先加载它。对于那些使用频繁的助手函数,可以通过设置自动加载项来让框架自动完成。

打开项目自动加载配置文件 application\config\autoload.php,找到下面的语句,在数组中添加"url",如下。

```
$autoload['helper'] = array('url');
```

4. 自动加载库文件

为了方便项目的开发,CI 框架提供了很多具有特定功能的库,这些库文件存放在 system\libraries 目录中。与助手函数一样,使用 CI 框架的库文件也必须事先进行加载。

数据库操作是项目开发中需要频繁使用的基本功能,所以,要让框架自动加载数据库操作资源文件。数据库操作资源文件存放在 system\database 目录中。

打开项目自动加载配置文件 application\config\autoload.php,找到下面的语句,在数组中添加"database",如下。

```
$autoload['libraries'] = array('database');
```

5. 数据库配置

打开项目配置文件 application\config\database.php,修改相应的配置项。

```
$db['default'] = array(
    'dsn' => '',
    'hostname' => 'localhost',
    'username' => 'root',
    'password' => '123456',
    'database' => 'wmci3db',
    'dbdriver' => 'mysqli',
    'dbprefix' => 'wm_',
    'pconnect' => FALSE,
    'db_debug' => (ENVIRONMENT !== 'production'),
    'cache_on' => FALSE,
    'cachedir' => '',
    'char_set' => 'utf8',
    'dbcollat' => 'utf8_general_ci',
    'swap_pre' => 'wm_',
    'encrypt' => FALSE,
    'compress' => FALSE,
    'stricton' => FALSE,
    'failover' => array(),
    'save_queries' => TRUE
);
```

注意，其中的 swap_pre 配置项为表前缀的交换值，该值代表 dbprefix 配置项。若在程序中使用直接编写的 SQL 语句，应该使用 swap_pre 配置项的值。

9.2.3 静态资源

项目中的静态资源主要包括 CSS 样式文件、JavaScript 脚本文件，以及图像、音频、视频等多媒体文件。本项目静态资源文件存放在项目根目录下的 public 子目录中，详情参见源码。

下面测试静态资源是否能够正确加载。将教材源码中的 public 目录复制到项目根目录下，在 application\view 子目录中新建 test 文件夹，并在该文件夹中添加一个名为 index.php 的视图文件，该文件对应于 Test 控制器的 index() 方法。

视图文件 application\view\test\index.php 部分代码如下。

```
...
<link rel="stylesheet" href="<?php echo base_url(); ?>public/layui/css/layui.css">
...
<table class="layui-table">
  <colgroup>
    <col width="40%"><col width="20%"><col>
  </colgroup>
  <thead>
    <tr><th>教材名称</th><th>作者</th><th>出版社</th></tr>
  </thead>
  <tbody>
    <tr>
      <td>面向对象程序设计(C++语言描述)【微课版】</td><td>马石安</td><td>清华大学出版社</td>
    </tr>
    ...
```

这里试图在页面中输出一个 Layui 的表格，如图 9.6 所示。代码中使用了 CI 框架的助手函数 base_url()，它返回项目配置文件 config.php 中配置项 $config['base_url'] 的值。

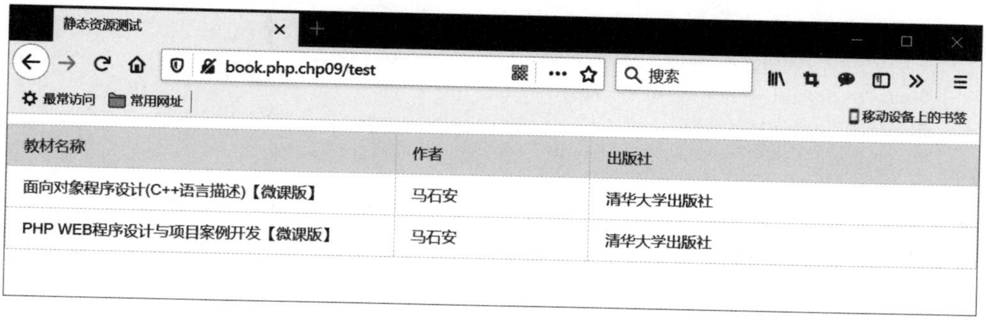

图 9.6 静态资源加载测试

Test 控制器的 index() 方法代码如下。

```
public function index() {
```

```
    $this->config->set_item('base_url', 'http://book.php.chp09/');
    $this->load->helper('url');
    $this->load->view('test/index');
}
```

这里，首先设置项目配置项 base_url 的值，然后加载助手函数，最后加载视图文件。

其他静态资源（如 JavaScript 脚本、图像文件等）的加载和测试，与上述 CSS 样式文件加载测试方法相似，请自行练习。

9.2.4 自定义资源

在项目开发过程中，常常会用到自己定义的函数或类，这些自定义资源需要存放在特定的目录中，以方便在项目中加载使用。

1. 自定义函数

本项目中的自定义函数采用 CI 助手函数的形式进行加载。在项目助手函数文件目录 application\helper 中新建 functions_helper.php 文件，并编写自定义函数。

例如，编写一个格式化输出数组的函数 wm_print_arry()，代码如下。

```php
<?php
/**
 * 格式化输出数组
 * @param array $arr
 */
function wm_print_array($arr) {
    echo '<pre>';
    print_r($arr);
    echo '</pre>';
}
```

在测试控制器 Test 的 demo() 方法中添加如下代码。

```php
public function demo() {
    $this->load->helper('functions');
    $arr = array('a'=>1,'b'=>2);
    wm_print_array($arr);
}
```

打开浏览器并访问 Test 控制器的 demo() 方法，页面效果如图 9.7 所示。

从图中输出的数据格式可以看出，自定义函数 wm_print_array() 被成功调用。

2. 自定义类

上面使用了自定义的函数，那么在项目中该如何使用自定义的类呢？在 CI 项目中，自定义类既可以存放在 application\core 目录中，也可以存放在 application\libraries 目录中；前者目录中的类会被框架自动加载，而后者目录中的类一般是在需要的时候手动加载。

图 9.7　自定义函数测试

1）控制器基类

为了方便系统的权限管理，创建一个自定义的控制器基类 WM_Controller。打开项目配置文件 application\config\config.php，配置自定义类的前缀，代码如下。

```
$config['subclass_prefix'] = 'WM_';
```

然后，在项目 application\core 目录中创建一个名为 WM_Controller 的基础控制器，代码如下。

```
<?php
defined('BASEPATH') OR exit('No direct script access allowed');
/**
 * 基础控制器
 * @author weiwenping
 */
class WM_Controller extends CI_Controller
{
    public function __construct()
    {
        parent::__construct();
        echo 'WM_Controller/__construct()';        //测试代码
    }
}
```

打开 Test 控制器类文件，将其基类由 CI_Controller 修改为 WM_Controller。在浏览器中访问 Test 控制器的 demo() 方法，可以看到如图 9.7 所示的页面效果，此时页面中会输出上述代码中的测试文本。

2）模型基类

CI 框架通过模型实现与数据库的交互，为了后续操作方便，创建一个自定义的模型基类 WM_Model，代码如下。

```
<?php
defined('BASEPATH') OR exit('No direct script access allowed');
/**
 * 系统模型基类
 * @property CI_DB $db
 * @author weiwenping
 */
```

```php
class WM_Model extends CI_Model
{
    //数据表名称
    protected $table = null;
    /**
     * 构造方法
     */
    public function __construct()
    {
        parent::__construct();
        //判断数据表是否存在
        $bool = $this->db->table_exists($this->table);
        if (!$bool) {
            exit('数据表不存在');
        }
    }
    /**
     * 获取数据表中的全部数据
     * @return array
     */
    public function getAll() {
        $res = $this->db->get($this->table);
        return $res->result('array');
    }
}
```

该模型基类继承于 CI_Model，文件为 application\core\WM_Model.php。

3）辅助工具类

在实际项目开发过程中，为了实现特殊的业务逻辑，需要自己编写一些具有特定功能的类，这些类一般存放在项目的 application\libraries 子目录中，在需要的时候通过"$this->load->libraries('自定义类文件名')"语句加载使用。

下面是一个自定义类的加载及应用示例。

在项目的 application\libraries 子目录中，新建一个名为 Page 的类文件，并编写代码实现数据翻页功能。其详细代码请参见源码，这里不再展示。

在控制器 Test 的 demo()方法中添加如下测试代码。

```php
$this->load->library('page',array('total'=>20,'pagesize'=>5,'current'=>1));
echo $this->page->showPage();
```

打开浏览器并访问 Test 控制器的 demo()方法，页面效果如图 9.8 所示。

从图中输出结果可以看出，自定义类 Page 被成功加载并实例化。

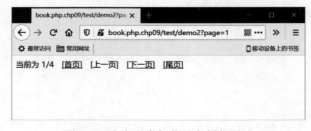

图 9.8 自定义类加载及实例化测试

9.3 数据库设计

本项目采用 MySQL 数据库。下面简单介绍项目数据库的设计。

9.3.1 数据库概念设计

根据项目需求分析、系统设计，规划出系统的实体关系 E-R 图。实体关系 E-R 图是用来描述实体之间关系的图表，本系统中使用的数据库实体分别为商品信息实体、商品类型实体、用户信息实体、用户订单实体、用户留言实体、商品评价实体、管理员信息实体、公告信息实体和商品品牌实体等。

1. 商品信息实体

商品信息实体包括编号、名称、价格、上市时间、等级、型号、图片路径、数量、购买次数、是否推荐、商品类型、会员价格、商品属性等。

2. 商品订单实体

商品订单实体包括编号、订单号、商品信息、数量信息、收货人姓名、送货地址、联系电话、支付方式、下单时间、下单人姓名、订单状态、价格总计等。

3. 用户信息实体

用户信息实体包括编号、用户名、联系电话、真实姓名、证件号码、账户状态、密码提示、密码答案、密码等。

4. 商品评价实体

商品评价实体包括编号、用户编号、商品编号、评价主题、评价内容、评价时间等。

9.3.2 数据表设计

根据项目实际情况及对用户的需求分析，本系统数据库主要包括商品信息表、用户订单表、用户信息表、管理员信息表、用户留言表、商品评价表等数据表。

由于篇幅的限制，这里不再展示数据库的详细设计及其数据表的结构，以及各个数据表之间的关联关系。请打开源码提供的数据库，自己查看并理解。

9.4 前台功能模块设计

在 Web 应用项目中，由于数据表之间的相互关联，常常不能或不方便使用数据库管理工具直接向数据表中插入测试数据，需要通过代码来完成相应的操作。所以，在通常情况下,Web 应用项目的开发都是从后台管理系统功能模块的开发开始的。

由于本教材是 PHP Web 项目开发学习用基础教程,并且为读者提供了完整的数据库测试数据,所以,本案例项目的开发从前台模块的功能实现开始。

视频讲解

9.4.1 前台首页设计

系统前台主页如图 9.1 所示。页面整体布局分为 4 个部分,分别是页面头部、页面中部左分栏、页面中部内容分栏,以及页面底部。

1. 创建控制器

在项目 application\controllers 目录中,创建系统前台主页控制器 Home,控制器文件为 application\controllers\Home.php,代码如下。

```php
<?php
defined('BASEPATH') OR exit('No direct script access allowed');
/**
 * 系统前台主页控制器
 * @author weiwenping
 */
class Home extends CI_Controller
{
    public function __construct()
    {
        parent::__construct();
    }
    public function index() {
        $this -> load -> view('home/index');
    }
}
```

该控制器继承于 CI 框架的控制器基类 CI_Controller,并定义了自己的构造方法。注意,当为派生类创建了自己的构造方法时,一定要在其中调用基类的构造方法。

2. 页面布局设计

从 9.1.2 节中的项目运行效果可以看出,页面中的上部、左侧和下部都是一样的,属于所有视图的公共资源,应将它们存放在单独的文件夹中。

在项目的 application\views 视图文件目录中新建 common 文件夹,并编写 header.php、side.php 和 footer.php 视图文件代码。代码详情请参见源码,这里不再展示。

接着,在 views 视图目录中新建 home 文件夹,用于存放 Home 控制器方法所对应的视图文件。编写 views\home\index.php 文件代码,如下所示。

```php
<?php defined('BASEPATH') OR exit('No direct script access allowed');?>
<?php $this-> load -> view('common/header');?>
<div class = "layui-row main">
    <div class = "layui-col-md3 side">
```

```php
        <?php $this->load->view('common/side');?>
        </div>
        <div class="layui-col-md9 content">
            <!-- 主内容 -->
        </div>
    </div>
    <?php $this->load->view('common/footer');?>
```

本项目使用了前端框架 Layui,相关知识请参见 2.4 节。可以看出,上述代码完美实现了页面的"上→中(左—右)→下"布局风格。

3. 页面头部设计

主页的头部分为 4 个区域,分别为系统 LOGO 和标题信息、店铺信息、搜索和购物车链接,以及页面导航,如图 9.1 所示。

1) 创建店铺信息模型

系统的店铺信息数据存放在项目数据库的 wm_shops 表中,为该数据表创建一个表模型 Shops,并添加相应的方法。

在项目 application\models 子目录中,新建模型文件 Shops.php,并在其中编写代码。

```php
<?php
/**
 * wm_shops 表模型
 * @author weiwenping
 */
class Shops extends WM_Model
{
    public function __construct() {
        $this->table = 'shops';
        parent::__construct();
    }
}
```

这里先简单地编写这些代码,在后续的开发过程中,再根据功能需要添加新的模型方法。

2) 添加 index 方法

在 Home 控制器中添加 index 方法,并编写代码。

```php
public function index() {
    //页面标题
    $title = '欢迎光临微梦电子商城';
    //合作店铺信息
    $this->load->model('shops');
    $shops = $this->shops->getAll();
    //视图模板参数
    $data = array(
        'title' => $title,
        'css_files' => array(
            'layui/css/layui',
            'awesome/css/font-awesome.min',
```

```
            'css/home_css',
        ),
        'js_files' => array(
            'jquery/jquery-3.3.1.min',
            'layui/layui',
            'js/home_js',
        ),
        'shops' => $shops,
    );
    //加载视图并传递参数
    $this->load->view('home/index', $data);
}
```

在上述代码中,为了获取店铺信息数据,使用了 wm_shops 数据表的模型 Shops。在使用模型方法之前,需要用 CI 框架的超级对象 load 加载模型,然后再调用其方法获取数据。其中的模型方法 getAll() 继承自 WM_MODEL 模型基类。

4. 轮播广告设计

项目前台主页上的广告轮播采用 Layui 的 carousel 组件,其数据来自数据库中的 wm_advert 数据表。运行效果如图 9.1 所示。

视图代码文件为 application\views\common\carousel.php,其代码如下。

```
<?php defined('BASEPATH') OR exit('No direct script access allowed');?>
<!-- 前台主页轮播广告 -->
<div class="layui-row layui-carousel" id="home-index-carousel">
    <div carousel-item>
        <?php for($i=0; $i<ceil(count($ads)/4); $i++):?>
        <div class="carousel">
            <?php for($j=0; $j<4; $j++): ?>
            <div class="layui-col-md3 carousel-items">
                <div class="item">
                    <img src="<?php echo base_url().'public/upload/ads/'.$ads[$i*4+$j]['img'].'.jpg'; ?>" alt="广告">
                </div>
            </div>
            <?php if(count($ads) == ($i*4+$j+1)) break; ?>
            <?php endfor;?>
        </div>
        <?php endfor;?>
    </div>
</div>
```

相关的 JavaScript 代码位于 application\views\home\index.php 文件中,代码如下。

```
//加载 Layui 组件
layui.use(['element','layer','carousel'], function(){
    var element = layui.element;
    var layer = layui.layer;
    var carousel = layui.carousel;
```

```
//轮播实例
    carousel.render({
        elem: '#home-index-carousel'
        ,width: '100%'                              //设置容器宽度
        ,arrow: 'always'                            //始终显示箭头
    });
```

Home 控制器中的相关代码如下。

```
//轮播广告
$this->load->model('advert');
$ads = $this->advert->getAll();
```

Home 控制器中的相关代码如下。

```
//轮播广告
$this->load->model('advert');
$ads = $this->advert->getAll();
```

数据表 wm_advert 模型 advert 代码如下。

```
<?php
/**
 * wm_advert 表模型
 * @author weiwenping
 */
class Advert extends Wm_Model
{
    public function __construct() {
        $this->table = 'advert';
        parent::__construct();
    }
    …
}
```

这里只是从数据库中读取了需要展示的广告图片并进行了轮播，用户单击广告后的详情页面后续再设计。

5. 侧边栏设计

系统前台主页中间区域的侧边栏，用于显示系统公告、商品分类，以及合作品牌等信息，如图 9.9 所示。

1) 商城公告版块

侧边栏中的"商城公告"版块用于显示系统的一些日常信息，包括通知公告、活动安排以及商城新闻等内容。这些信息数据统一存放在数据库的 wm_message 数据表中。

（1）创建表模型。为 wm_message 数据表创建表模型 Message，文件为 application\models\Message.php，代码如下。

图 9.9 前台主页侧边栏

```php
<?php
/**
 * wm_message 表模型
 * @author weiwenping
 */
class Message extends WM_Model
{
    public function __construct() {
        $this->table = 'message';
        parent::__construct();
    }
    /**
     * 获取一定数量的记录
     * @param int $n
     * @return array
     */
    public function getDataLimit( $n, $offset){
        $res = $this->db->limit( $n, $offset)->get( $this->table);
        return $res->result_array();
    }
    …
}
```

（2）在侧边栏中输出信息。在 Home 控制器的 index 方法中添加代码，从数据表中获取信息数据，并将其分配到侧边栏视图中。

```
//商城公告数据
$this->load->model('message');
$notices = $this->message->getDataLimit( $this->config->item('home_message_size'));
…
//视图模板参数
$data = array(
…
'notices' => $notices,
);
```

其中，版块中显示的最大信息条数来自配置文件 application\configs\config.php，"home_message_size"是自定义的配置项。

```
/*
 * 前台主页配置
 */
$config['home_message_size'] = 9;
```

项目配置文件中的配置值使用 $this->config->item() 方法来读取。

（3）处理商城公告中的"查看更多"链接。当用户单击侧边栏"商城公告"版块中的"查看更多"链接时，会在右侧主显示区输出商城全部信息，如图 9.10 所示。

上述视图页面中"查看更多"链接的代码如下。

```
<p class="more"><i class="fa fa-hand-o-right" aria-hidden="true"></i><span style
```

第9章 电子商务系统

图9.10　商城信息列表

```
= "padding-left: 10px; padding-right: 20px;"><a href="<?php echo site_url('home/messageList')?>">查看更多</a></span></p>
```

可以看到，商城公告数据来自 Home 控制器的 messageList 方法。编写 messageList 方法代码。

```
/**
 * 商城信息列表
 */
public function messageList(){
    //主显示区视图
    $this->data['content'] = 'message/list';
    //商城信息数据
    $this->data['messages'] = $this->message->getAll();
    //加载视图并传递参数
    $this->load->view('home/index', $this->data);
}
```

这里，加载的主显示区视图文件为 application\views\message\list.php；数据为 Home 控制器类的属性 data 的值。

由于 Home 控制器中的所有页面均需要使用公共资源中的上部、侧边栏以及底部视图，所以将这些公共资源中的数据存放在 Home 控制器的属性 data 中，并在控制器的构造方法中初始化这些数据。

```
class Home extends WM_Controller
{
    //视图中的数据
    private $data = null;
```

337

```php
/**
 * 构造方法
 */
public function __construct() {
    parent::__construct();
    //初始化控制器
    $this->init();
}
/**
 * 初始化方法
 */
private function init(){
    //页面标题
    $title = '欢迎光临微梦电子商城';
    //面包屑导航
    $breadcrumb = array(
        '首页',
        '商品',
        '书籍',
        '教材',
    );
    //合作店铺
    $this->load->model('shops');
    $shops = $this->shops->getAll();
    //轮播广告
    $this->load->model('advert');
    $ads = $this->advert->getAll();
    //商城公告
    $this->load->model('message');
    $notices = $this->message->getDataLimit($this->config->item('home_message_size'));

    //商品分类
    $this->load->model('category');
    $categories = $this->category->getAll();
    $arrs = array();
    $categories_json = json_encode($this->recur($arrs, $categories));
    //合作品牌
    $this->load->model('brand');
    $brands = $this->brand->getDataLimit($this->config->item('home_brand_num'));
    //视图模板参数
    $data = array(
        'title' => $title,
        'css_files' => array(
            'layui/css/layui',
            'awesome/css/font-awesome.min',
            'css/home_css',
        ),
        'js_files' => array(
            'jquery/jquery-3.3.1.min',
            'layui/layui',
```

```
        ),
        'breadcrumb' => $breadcrumb,
        'shops' => $shops,
        'ads' => $ads,
        'categories_json' => $categories_json,
        'brands' => $brands,
        'notices' => $notices,
    );
    $this->data = $data;
}
…
```

上述代码比较简单,请读者自行理解,这里不再详述。

(4) 输出信息详情。当用户单击侧边栏中的信息标题,或者主显示区信息列表中的"查看详情"按钮时,将会在主显示区域中输出该信息的详情,如图 9.11 所示。

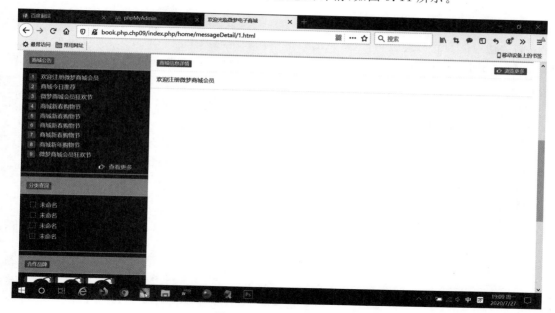

图 9.11 商城信息详情

该功能由 Home 控制器的 messageDetail 方法来实现,其代码如下。

```
/**
 * 商城信息详情
 */
public function messageDetail(){
//主显示区视图
$this->data['content'] = 'message/detail';
//获取信息 ID
$id = (int)$this->uri->segment('3',0);
//信息详情
$this->data['message'] = $this->message->getDataByID($id);
//加载视图并传递参数
```

```php
$this->load->view('home/index', $this->data);
}
```

从上述代码可以看出,信息详情视图为 application\views\message\detail.php;数据由 message 模型的 getDataByID() 方法获取。

注意,此时信息 ID 是从 URI 中取出的,它位于 URI 中的第 3 段。

```php
$id = (int)$this->uri->segment('3',0);
```

注意到图 9.11 中的 URL 为:

http://book.php.chp09/index.php/home/messageDetail/1.html

URI 中的第 1 段为 "home", 第 2 段为 "messageDetail", 第 3 段为 "1"。代码中的 ".html" 是自定义的伪静态后缀,如配置文件 application\config.php 中的代码所示。

```php
$config['url_suffix'] = '.html';
```

2) 商品分类版块

侧边栏中的商品分类版块,以常见的树形格式展示商城中商品的分类,通过单击分类名称,可以查看该分类下的所有商品。商品分类数据存放在数据库的 wm_category 数据表中。

(1) 获取并分配数据。在 Home 控制器的 index 方法中添加代码,从数据表中获取信息数据,并将其分配到视图中,代码如下。

```php
//商品分类
$this->load->model('category');
$categories = $this->category->getAll();
$arrs = array();
$categories_json = json_encode($this->recur($arrs, $categories));
…
//视图模板参数
$data = array(
…
'categories_json' => $categories_json,
);

/**
 * 商品分类层次关系递归函数
 * @param array $arrs
 * @param array $category
 * @param int $pid
 * @return array
 */
private function recur($arrs, $category, $pid = 0)
{
    foreach ($category as $k => $v)
    {
        if($v['parent_id'] == $pid)
        {
```

```
            $arr = array('title' => $v["name"], 'id' => $v['id'], 'children' => array());
            $arr['children'] = $this->recur($arr["children"], $category, $v['id']);
            array_push($arrs, $arr);
        }
    }
    return $arrs;
}
```

上述代码中的私有方法 recur() 是一个递归函数,它将商品类型按树形结构进行整理,显示效果如图 9.12 所示。

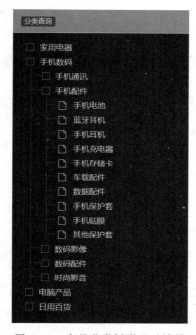

图 9.12 商品分类树形显示效果

这里,页面视图中使用了 Layui 的树形组件,代码如下。

```
…
<div class="layui-card side-category">
    <div class="layui-card-header title"><span class="layui-badge">分类查询</span></div>
    <div class="layui-card-body">
        <div id="side-category"></div>
    </div>
</div>
…
//侧边栏分类查询
var test = tree.render({
    elem: '#side-category'
    ,data: <?php echo $categories_json;?>
    ,click: function(item){ //单击节点回调
        …
```

            }
        });

视图文件为 application\views\common\side.php，JavaScript 脚本存放在 application\views\home\index.php 中。详情请参见源码。

3) 合作品牌版块

侧边栏中的"合作品牌"版块用于展示商城中的部分商品商标，单击这些商标，可以查询到该品牌的全部商品。商品的品牌其实也是商品的一种分类形式。商品品牌数据存放在数据库的 wm_brand 数据表中。

合作品牌版块运行效果如图 9.13 所示。当鼠标移动到该版块的"查看更多"链接上时，会弹出窗口显示全部合作品牌的名称及 LOGO。

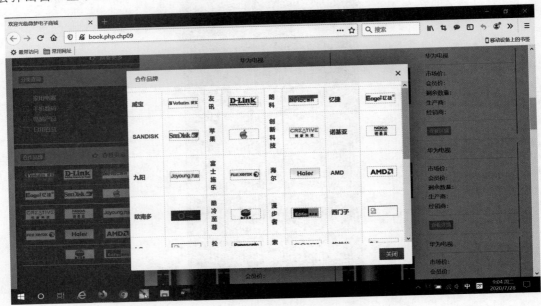

图 9.13 全部合作品牌信息显示

该版块功能的实现比较简单，主要是合作品牌信息数据的获取与展示。数据的获取由 Brand 模型对象负责，信息的显示由 Home 控制器的 brandList() 方法和 brandProduct() 方法来完成。

图 9.13 中的窗口为 Layui 的弹窗，其 JavaScript 脚本代码如下。

```
//品牌查询
$('#brand_more').hover(function() {
  $.post('<?php echo site_url('home/brandList')?>', {}, function(str){
    layer.open({
      type: 1,
      area: ['680px', '500px'],
      title: '合作品牌',
      btn: ['关闭'],
      content: str
    });
```

```
    },'html');
},function() {
    layer.msg('全部品牌信息');
});
```

Home 控制器的 brandList 方法代码如下。

```php
/**
 * 全部品牌信息
 */
public function brandList(){
    //非AJAX请求跳转
    if(!isset($_SERVER['HTTP_X_REQUESTED_WITH']) || $_SERVER['HTTP_X_REQUESTED_WITH'] != 'XMLHttpRequest') redirect('home');
    //获取数据并拼接显示格式
    $brands = $this->brand->getAll();
    $html = '<table class="layui-table">';
    $i = 1;
    foreach ($brands as $v) {
        if($i % 4 == 1) $html .= '<tr>';
        $html .= '<td style="padding:10px;color:green;font-weight:bold;">'.$v['name'].'</td>';
        $html .= '<td><img src="'.base_url().'public/upload/'.$v['logo'].'" style="border:1px solid #ccc;width:70px;height:24px;"/></td>';
        if($i % 4 == 0) $html .= '</tr>';
        $i++;
    }
    $html .= '</table>';
    echo $html;
}
```

注意，该方法只接收 AJAX 请求，需要在方法前面添加代码拦截来自浏览器的请求。

6. 主内容显示

系统前台主页中间区域的右侧，是页面主要内容的显示区域，用于显示部分热门商品、最新商品和推荐商品的信息。这些功能的实现放在 9.4.2 节中来实现。

9.4.2 商品展示模块

视频讲解

系统前台商品信息的显示请求，主要来自访问前台主页、访问商品分类、访问合作品牌、访问合作店铺，以及查看商品详情等情形。下面实现部分功能。

1. 特定商品信息展示

本项目中的特定商品包括最新、推荐品以及热卖商品，它们的信息在系统主页中显示，如图 9.14 所示。

该功能的实现比较简单，只要使用模型方法获取到相应的数据并在视图中输出即可。

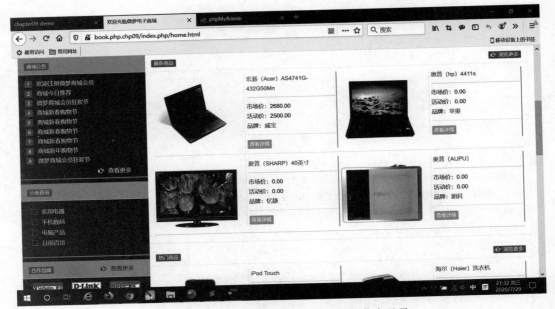

图 9.14　主页中的最新/热门/推荐商品信息显示

```
//获取主页中的最新/热门/推荐商品
$this->data['goods_new'] = $this->getFeatureGoods('is_new', 4);
$this->data['goods_hot'] = $this->getFeatureGoods('is_hot', 4);
$this->data['goods_commend'] = $this->getFeatureGoods('is_commend', 4);
```

代码中的 getFeatureGoods(),是自定义的 Home 控制器私有方法,其代码如下。

```
/**
 * 获取最新/热门/推荐商品
 * @param string $feature
 * @param string $num
 * @param string $order
 * @return array
 */
private function getFeatureGoods( $feature = 'is_hot', $num = FALSE, $order = 'id') {
    //获取数据
    $this->load->model('goods');
    $data = $this->goods->find__product_by_feature( $feature, $num, $order);
    //获取商品图片信息
    $this->load->model('product_image');
    foreach ( $data as $k => $v) {
        $img = $this->product_image->getImageByProductID( $v['id']);
        $data[ $k]['img'] = $img[0]['file'];
    }
    //获取商品品牌
    $this->load->model('brand');
    foreach ( $data as $k => $v) {
        $brand = $this->brand->getDataByID( $v['brand_id']);
        $data[ $k]['brand'] = $brand[0]['name'];
```

```
    }
    return $data;
}
```

由于商品的图片属性较多，所以将其单独存放在数据表 wm_image 中。该表对应的模型为 Product_Image，通过其方法来获取商品图片属性。

2．输出商品详情

单击图 9.14 页面中每件商品信息中的"查看详情"按钮，则会跳转到系统前台的 Product 控制器，通过该控制器的 detail() 方法来输出商品的详细信息，如图 9.15 所示。

图 9.15　商品详细信息的显示

Product 控制器的 detail() 方法代码如下。

```
/**
 * 输出商品的详细信息
 */
public function detail() {
//获取商品
$id = $this->uri->segment(3, 0);
$goods = $this->goods->getDataByID($id);
//获取商品类型
$category = $this->category->getDataByID($goods[0]['cat_id']);
//面包屑导航
$breadcrumb = array(
    ['name'=>'商品首页','href'=>base_url().'product'],
);
//将商品的 PATH 属性转换成面包屑导航项
$path = explode(',', $category[0]['path']);
foreach ($path as $v){
```

```php
    $category = $this->category->getCategoryName(['id'=>$v],1);
    array_push($breadcrumb,['name'=>$category[0]['name'],'href'=>base_url().'product/category/'.$v]);
}
array_push($breadcrumb,['name'=>'商品【<i style="color:red">'.$goods[0]['name'].'</i>】详情']);
//创建面包屑导航
$this->buildBreadcrumb($breadcrumb);
//加载数据
$this->data['goods'] = $goods;
//加载视图
$this->load->view('product/detail',$this->data);;
}
```

注意：页面中创建了由商品分类组成的面包屑导航。在如图9.15所示的页面中，面包屑导航为"商品首页/电脑产品/电脑整机/笔记本/…"，其中的第1项"商品首页"表示全部商品；后面是商品的一、二、三级分类。

上述代码中的buildBreadcrumb()为自定义的控制器私有方法。

```php
/**
 * 构造面包屑导航
 * @param unknown $breadcrumb
 */
private function buildBreadcrumb($breadcrumb){
    $breadcrumb_html = '';
    $n = count($breadcrumb);
    for($i=0;$i<count($breadcrumb)-1;$i++){
        $breadcrumb_html .= '<a href="'.$breadcrumb[$i]['href'].'">'.$breadcrumb[$i]['name'].'</a> / ';
    }
    $breadcrumb_html .= $breadcrumb[$n-1]['name'];

    $this->data['breadcrumb_html'] = $breadcrumb_html;
}
```

单击页面中的面包屑导航，可以查询到分类下的所有商品，它实现了商品的分类查询。

3. 商品分类输出

在如图9.15所示的页面中，单击页面头部的商品分类，可以输出不同类型的商品信息。由于头部区域大小有限，这里只输出了商品的一、二级分类。

单击页面头部的"家用电器"一级分类，则会输出所有的"家用电器"类型商品，如图9.16所示。

商品的分类输出功能由控制器Product的category方法来实现，其代码如下。

```php
/**
 * 商品的分类查询
 */
public function category(){
    //获取商品分类ID与名称
```

图 9.16　商品分类显示

```
$category_id = $this->uri->segment(3, 0);
$category = $this->category->getCategoryName(['id'=>$category_id]);
//查找该分类及其子类下的商品
$goods = [];
$this->getGoodsByCategoryID($goods, $category_id);
//设置面包屑导航
$breadcrumb = array(
    ['name'=>'商品首页','href'=>base_url().'product'],
);
//将商品的 PATH 属性转换成面包屑导航项
$path = explode(',', $category[0]['path']);
foreach ($path as $v){
    $category = $this->category->getCategoryName(['id'=>$v],1);
    array_push($breadcrumb, ['name'=>$category[0]['name'],'href'=>base_url().'product/category/'.$v]);
}
array_push($breadcrumb, ['name'=>'类型【<i style="color:red">'.$category[0]['name'].'</i>】全部商品']);
//构建面包屑导航
$this->buildBreadcrumb($breadcrumb);
//加载数据
$this->data['goods'] = $goods;
//加载视图
$this->load->view('product/index', $this->data);
}
```

代码中使用了自定义私有方法 getGoodsByCategoryID()，它根据商品类型查询该类型及其子类型中的所有商品，代码如下。

```
/**
 * 根据商品类型获取商品信息
 * @param unknown $goods
 * @param unknown $category_id
 */
private function getGoodsByCategoryID(&$goods, $category_id) {
    //获取全部分类
    $category = $this->category->getAll();
    //获取分类及其子类中的所有商品
    foreach ( $category as $c ) {
        $path = explode(',', $c['path']);
        if(count( $path ) == 3){
            foreach ( $path as $p ) {
                if((int)$p == $category_id){
                    $g = $this->goods->getDataByCategoryID( $path[2]);
                    if (!empty( $g )) {
                        foreach ( $g as $gv){
                            array_push( $goods, $gv);
                        }
                    }
                }
            }
        }
    }
}
```

注意，该方法的第一个参数为引用，表示 category() 方法中的 $goods 变量。商品均位于第三级分类中，所有只需要获取到第三级分类下的商品即可。

另外，单击系统主页侧边栏中的树形分类，也可以查询到第三级分类下的所有商品。如图 9.17 所示，为单击"家用电器/大家电/洗衣机"分类后的效果。

图 9.17　商品分类显示

前面已经介绍过,侧边栏中的树形分类数据是通过 AJAX 请求的方式获取的,所以单击树形结构中的节点时,必须通过 AJAX 请求的返回值得到该分类的 ID,并且还要阻止用户单击一、二级分类节点时页面的跳转。修改主页中的 JavaScript 脚本如下。

```
//侧边栏分类查询
var test = tree.render({
    elem: '#side-category'
    ,data: <?php echo $categories_json;?>
    ,click: function(item){ //单击节点回调
//输出该类型商品;
        if(item.data.is_leaf == 1){
        window.location = "<?php echo base_url().'product/category/'?>" + item.data.id;
        }

    }
});
```

在单击节点的回调函数中,通过判断节点是否为"叶节点",来决定是否要跳转到 Product 控制器的 category 方法。

另外,单击系统前台主页中的"店铺"或"品牌",也可以输出该店铺经营的或属于该品牌的所有商品。由于篇幅的限制,这里不再详述。

9.4.3 购物车模块

视频讲解

在电子商务项目的开发过程中,购物车的实现是一个非常重点的内容。购物车的作用是用来临时存储用户的购物信息,用户可以执行修改购物车中的商品数量、移除购物车中的某件商品、清空购物车等操作。

在 Web 项目中,购物车数据可以存放在数据库中,也可以存放在 SESSION 中。当数据存放在数据库中时,用户购物车中的信息会保留到下次登录,直到用户清空或提交了订单;当数据存放在 SESSION 中时,用户购物车会在退出时清空。为了简便,本系统采用会话(SESSION)的数据存储方式。

1. 添加商品

在商品详情显示的情况下,单击页面中的"添加到购物车"按钮即可将该商品添加到购物车中,如图 9.18 所示。

系统前台的购物车模块功能由控制器 Cart 来实现。下面首先创建控制器并编写其初始化方法,代码如下。

```
<?php
defined('BASEPATH') OR exit('No direct script access allowed');

/**
 * 购物车模块
 *
 * @property CI_Loader $load
```

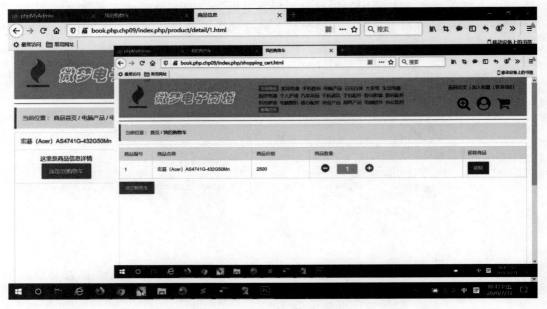

图 9.18 添加商品到购物车

```php
 *  @author weiwenping
 *
 */
class Shopping_Cart extends WM_Controller
{
    private $data = null;
    /**
     * 构造方法
     */
    public function __construct()
    {
        parent::__construct();
        $this->init();
    }
    /**
     * 初始化方法
     */
    private function init(){
        //页面标题
        $title = '我的购物车';
        //页面上部中的商品分类(一级)
        $this->load->model('category');
        $where = ['is_leaf' => 0];
        $category_root = $this->category->getCategoryName($where);
        //加载 category 模型
        $this->load->model('goods');
        //视图模板参数
        $data = array(
            'title' => $title,
```

```
                'css_files' => array(
                    'layui/css/layui',
                    'awesome/css/font-awesome.min',
                    'css/product',
                ),
                'js_files' => array(
                    'jquery/jquery-3.3.1.min',
                    'layui/layui',
                    'js/ShoppingCart'
                ),
                'category_root' => $category_root,
            );
            $this->data = $data;
            $this->load->library('cart');
    }
    ...
}
```

在上述代码中,使用了 CI 框架的 Cart 购物车类。在新的 CI 框架版本中,该类已经被废弃,官方是不推荐使用的。这里为了简便,仍然使用该类来实现购物车功能。

在 Cart 控制器中新建 add 方法,实现购物车中商品的添加,代码如下。

```
/**
 * 将商品添加到购物车
 */
public function add() {
//接收商品 ID
$id = (int)$this->uri->segment('3',0);
//获取商品数据
$this->load->model('goods');
$goods = $this->goods->getDataByID($id);
//安全拦截
if(empty($goods)){
    redirect('home');
    exit();
}
//准备数据
$data = array(
    'id'      => $goods[0]['id'],
    'qty'     => 1,
    'price'   => $goods[0]['price'],
    'name'    => $goods[0]['name'],
    'options' => array( 'weight' => $goods[0]['weight'] )
);
//完成商品添加操作
if($this->cart->insert($data)){
    redirect('shopping_cart');
}else{
    redirect('home');
}
}
}
```

关于 CI 框架中购物车类(Cart)的使用,请参考 CI 框架的官方手册,这里不再详述。

2. 查看购物车

购物车中的信息输出,由控制器 Cart 中的 index 方法来实现,代码如下。

```php
/**
 * 购物车信息
 */
public function index() {
//页面标题
$this->data['title'] = '我的购物车';
//面包屑导航
$breadcrumb = array(
    ['name'=>'商品首页','href'=>site_url('product')],
    ['name'=>'我的购物车','href'=>null],
);
$this->data['breadcrumb_html'] = buildBreadcrumb($breadcrumb);
//获取购物车信息
$this->data['goods'] = $this->cart->contents();
//加载视图
$this->load->view('cart/index', $this->data);
}
```

该方法的视图文件为 application\views\cart\index.php,页面效果如图 9.18 所示。

3. 修改商品数量

购物车中商品数量的修改通过单击页面中的"增/减"按钮来实现,使用 AJAX 请求方法。"增/减"按钮的 HTML 代码如下。

```html
<a class="reduce" rowid="<?php echo $v['rowid']; ?>" qty="<?php echo $v['qty']; ?>" style="cursor:pointer;padding-left:20px;padding-right:20px;">
    <i class="fa fa-minus-circle fa-2x" aria-hidden="true" style="color:#009688;"></i>
</a>
<span id="<?php echo $v['rowid']; ?>" class="layui-badge layui-bg-orange" style="width:50px;line-height:30px;height:30px;font-weight:bold;font-size:20px;"><?php echo $v['qty']; ?></span>
<a class="plus" rowid="<?php echo $v['rowid']; ?>" qty="<?php echo $v['qty']; ?>" style="cursor:pointer;padding-left:20px;padding-right:20px;">
<i class="fa fa-plus-circle fa-2x" aria-hidden="true" style="color:#FF5722"></i>
</a>
```

JavaScript 脚本代码如下。

```javascript
<script>
    $(document).ready(function() {
        $(".reduce").click(function(event) {
            var rowid = $(this).attr('rowid');
            var qty = $(this).attr('qty');
            qty = qty - 1;
```

```
        $.post(base_url + 'index.php/shopping_cart/update/' + rowid + '/' + qty, {}, function
(data, textStatus, xhr) {
                window.location = base_url + 'index.php/shopping_cart';
            });
        });
        $(".plus").click(function(event) {
            var rowid = $(this).attr('rowid');
            var qty = parseInt($(this).attr('qty'));
            qty = qty + 1;
            $.post(base_url + 'index.php/shopping_cart/update/' + rowid + '/' + qty, {},
function(data, textStatus, xhr) {
                if (data.code) {
                    window.location = base_url + 'index.php/shopping_cart';
                }else{
                    alert(data.mess);
                }
            },'json');
        });
    });
</script>
```

购物车中商品数量的修改由 Cart 控制器的 update 方法负责实现，代码如下。

```
/**
 * 更新购物车商品数量
 * 当商品数量 qty 为 0 时,该商品将会被移除
 */
public function update()
{
//接收商品 ID 和数量
$rowid = $this->uri->segment('3',0);
$qty = (int)$this->uri->segment('4',0);
$data = array(
    'rowid'    => $rowid,
    'qty'      => $qty,
);
// $this->cart->update($data);
if($this->cart->update($data)){
    exit(json_encode(array('code'=>1,'mess'=>'商品数量修改成功!')));
}else{
    exit(json_encode(array('code'=>0,'mess'=>'商品数量修改失败!')));
}
}
```

注意，该方法由 AJAX 请求且返回 JSON 数据。所以，视图中 JavaScript 脚本中的 post 请求的返回数据类型一定要设置为 json，否则在回调函数中取不到返回的信息。

4. 移除商品

将商品从购物车中移除，同样使用 Cart 控制器的 update 方法。当调用 Cart 的 update

方法时,如果数量 qty 为 0,则默认完成商品的移除操作。

为了清晰起见,在视图页面中每条商品信息的右侧专门设置了一个"移除"按钮,单击该按钮时调用 Cart 控制器中的 update 方法并将其数量置为 0。"移除"按钮的 HTML 代码如下。

```
<td><buton src = "<?php echo $v['rowid']; ?>" class = "remove layui-btn">移除</button>
```

JavaScript 脚本代码与上述的商品数量"增/减"按钮相似,请参考源码。

5. 清空购物车

当用户单击购物车页面中的"清空购物车"按钮时,会调用 Cart 控制器中的 destroy 方法,完成购物车的清空操作,代码如下。

```
/**
 * 清空购物车
 */
public function destroy() {
    $this->cart->destroy();
    redirect('home');
}
```

购物车被清空后,系统后跳转到前台首页。

9.4.4 订单处理模块

当用户选购好商品后,单击购物车页面中的"马上去结算"按钮,系统进入订单信息确认流程。这时,需要填写收货人信息、支付及配送方式等相关信息,如图 9.19 所示。

图 9.19 订单信息确认

对于订单的处理，需要实现的功能非常多，但它们的实现方法与前述的商品展示、购物车等模块的实现方法是相似的，只要处理好控制器、模型和视图三者之间的关系就可以了。由于篇幅的限制，这里不再详述，请参照前面的讲解自己完成。

9.5 后台功能模块设计

系统后台功能的实现与前台基本相似，下面以后台首页和商品信息管理模块为例，简单介绍系统后台功能的实现方法。

9.5.1 后台首页设计

视频讲解

后台首页承载并显示系统后台所包含的功能模块，使管理员能够清楚其管理权限。根据本项目的需求分析，确定系统后台应包括下面4个功能模块。

（1）商品信息管理模块。该模块主要包括商品信息的添加、修改、删除和商品类别的添加等功能。

（2）用户信息管理模块。该模块主要包括查询和显示用户注册信息、冻结用户、用户留言管理、更改管理员密码等功能。

（3）订单信息管理模块。该模块主要包括查看所有用户提交的订单信息，并根据执行阶段对订单进行标记处理、删除订单和查询订单等功能。

（4）公告信息管理模块。该模块主要包括系统公告信息的添加、修改、删除和用户评论信息的查看和删除等功能。

这些功能模块在后台主页界面中的链接如图9.5所示。下面简单介绍模块功能的实现。

1．控制器设计

在项目的application\controller目录中新建admin文件夹，并在该文件夹中创建Main控制器，代码如下。

```php
<?php
defined('BASEPATH') OR exit('No direct script access allowed');
/**
 * 后台首页控制器
 * @author weiwenping
 */
class Main extends WM_Controller
{
    public function __construct()
    {
        parent::__construct();
    }
}
```

该控制器继承于自定义的控制器基类 WM_Controller。在 Main 控制器中添加 index()方法，代码如下：

```php
public function index() {
    //主内容区显示订单信息
    $pagesize = 6;                    //每页显示的信息条数
    $current = isset($_GET['page']) ? (int)$_GET['page'] : 1;  //当前页
    //加载订单表模型
    $this->load->model('order');
    //获取记录总条数
    $total = $this->order->getNums();
    //获取当前页记录
    $data['orders'] = $this->order->getDataLimit($pagesize, ($current-1)*$pagesize);
    //生成分页链接
    $this->load->library('page', array('total'=>$total,'pagesize'=>$pagesize,'current'=>$current));
    $data['links'] = $this->page->showPage();
    //主内容区标题
    $data['content_title'] = '用户订单信息管理';
    //加载视图
    $this->load->view('admin/main/index', $data);
}
```

对于电子商务系统的后台管理者，用户订单信息的管理是最重要的。所以，本项目的后台首页上显示的是"用户订单信息"，如图 9.5 所示。

在上述 index()方法代码中，使用了模型类 Order 中的一些方法，来获取用户订单信息数据。下面创建 Order 模型类，并编写方法。

2. 模型设计

在项目的 application\models 目录中新建 Order 模型类，该类对应于项目的订单数据表 wm_order，代码如下：

```php
<?php
defined('BASEPATH') OR exit('No direct script access allowed');
/**
 * wm_order 表模型
 * @author weiwenping
 */
class Order extends WM_Model
{
    public function __construct() {
        $this->table = 'order';       //设置数据表
        parent::__construct();
    }
}
```

从上述代码中可以看出，该类继承于自定义模型基类 WM_Model。我们在 Main 控制器的 index()方法中使用的模型方法 getNums()和 getDataLimit()均继承于该模型基类。

两个方法的代码如下。

```php
/**
 * 获取数据表记录总条数
 * @return array
 */
public function getNums() {
    return $this->db->count_all($this->table);;
}
/**
 * 获取一定数量的记录
 * @param int $n
 * @return array
 */
public function getDataLimit($n, $offset = 0){
    $res = $this->db->limit($n, $offset)->get($this->table);
    return $res->result_array();
}
```

3. 视图设计

在项目的 application\views 目录中新建 admin\main 文件夹，并编写视图文件 index.php 代码。详情请参见源码。

视图中的翻页功能由自定义类 Page 的实例化对象来实现，该类代码比较简单，请参见源码。关于自定义类的加载和使用方法，已在 9.2.4 节中做了介绍，这里不再赘述。

4. 辅助函数设计

在如图 9.5 所示的页面中，其头部的中间区域显示了当前的日期和时间信息，其中的"星期"显示使用了自定义的辅助函数 week2zh()，将数字的星期转换为大写的中文，以符合人们日常阅读习惯。

视图中的日期显示代码如下。

```html
<ul class="layui-nav layui-layout-left">
    <li class="layui-nav-item">    今天是: <?php echo date('Y 年 m 月 d 日') ?></li>
    <li class="layui-nav-item">    星期 <?php echo week2zh(date('w')); ?></li>
    <li class="layui-nav-item">    现在时间: <?php echo date('H:i:s'); ?></li>
</ul>
```

辅助函数 week2zh() 代码如下。

```php
/**
 * 将小写的星期数字转换成中文大写数字
 * @param string $param
 */
function week2zh($week) {
```

```
        $arr = array('日','一','二','三','四','五','六');
        return $arr[$week];
}
```

另外，为了保证项目的数据安全，后台管理系统的所有资源不允许未登录用户访问。在 Main 控制器的构造方法中添加访问控制的代码。

```
//判断用户是否登录，若未登录则跳转到管理员登录页面
if(!$this->session->userdata('logged_in')){
    redirect('admin/login_admin');
    exit();
}
```

代码中的 logged_in 参数为用户的登录信息。这里使用了 CI 框架的 session 库，需要在系统的自动加载配置文件 autoload.php 中进行配置。

```
$autoload['libraries'] = array('database', 'session');
```

用户注册与登录功能的实现详情，请参见后续的章节。

9.5.2 商品信息管理

商品信息管理，一般包括商品信息的增、删、改、查等相关操作。

1. 商品信息的显示

商品信息的显示与上述系统后台首页中订单的显示相似，只不过此时操作的是商品信息表 wm_goods 中的数据。页面效果如图 9.20 所示。

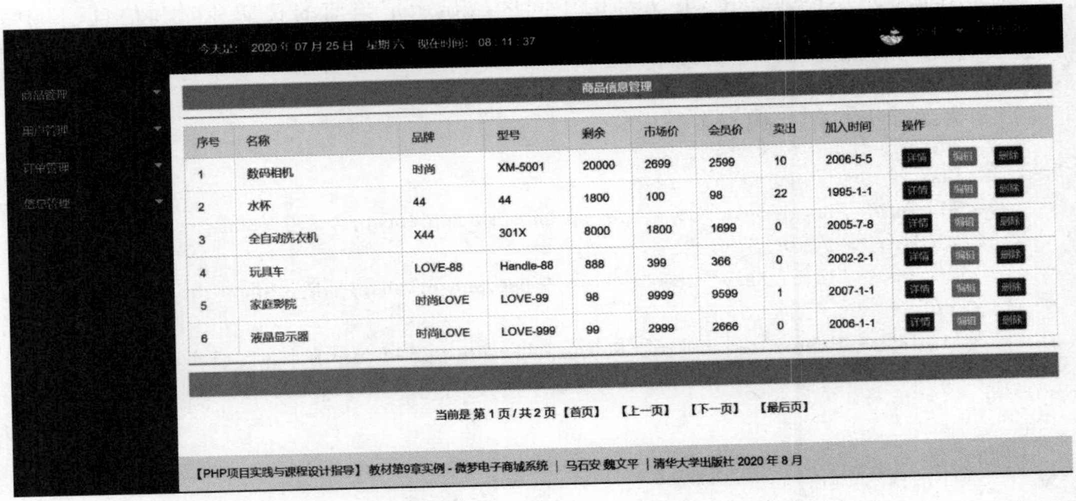

图 9.20　商品信息显示页面

商品信息管理功能由控制器 admin\goods_admin 实现，模型为 Goods，视图文件夹为 views\admin\goods。

如图9.20所示页面由左侧菜单"商品管理"|"修改商品"激活,该菜单调用goods_admin控制器的index方法。详细代码请参见源码。

图9.20展示的是全部商品信息列表,单击页面中的"详情"按钮,则显示商品的详细信息,如图9.21所示。

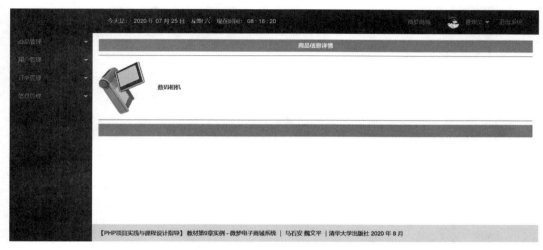

图9.21　商品信息详情页面

商品信息详情的输出由admin\goods_admin控制器的detail()方法实现,代码如下。

```
public function detail(){
//获取商品ID
$id = (int)$this->input->get('id',true);
//获取商品详情
$this->load->model('goods');
$goods = $this->goods->getDataByID($id);

$this->load->vars('goods', $goods);

$this->load->vars('content_title', '商品信息详情');
$this->load->view('admin/goods/detail');
}
```

在上述代码中,模型方法getDataByID根据商品ID获取信息。该方法在模型基类WM_Model中定义,代码如下。

```
/**
* 根据商品ID查询
* @param unknown $id
* @return array
*/
public function getDataByID($id) {
$res = $this->db->where('id', $id)->get($this->table);
return $res->result_array();
}
```

商品信息详情的视图页面代码比较简单,请参见源码。

2. 商品信息的添加

商品信息的添加执行的是数据表中数据的插入操作,也就是数据库的写入操作。要完成这个功能,需要接收用户通过表单或文件输入的商品信息数据,并对数据进行验证后,交给模型方法来实现。

在控制器 admin\goods_admin 中新建 goods_form()方法,实现商品信息表单的显示,代码如下。

```
/**
 * 商品信息表单,用于商品信息的添加与编辑
 */
public function goods_form() {
//加载自定义助手函数
$this->load->helper('functions');
//获取商品类型
$this->load->model('category');
$data['category'] = $this->category->getAll();
//接收商品 ID
$id = $this->input->get('id',true);
//判断是"添加表单"还是"编辑表单"
if (NULL === $id){
    $btn_submit = '添加';
}else{
    $btn_submit = '编辑';
}
//加载表单视图
$data['btn_submit'] = $btn_submit;
$this->load->view('admin/goods/goods_form', $data);
}
```

由于商品的"商品类型"和"商品等级"数据使用 select 表单元素,所以,在表单打开时需要初始化它们的值。这些初始值来自数据表 wm_category,使用 category 模型的 getAll()方法来获取。页面效果如图 9.22 所示。

图 9.22 初始化表单中的 select 表单元素

另外,页面中的"商品等级"也是采用了 select 表单元素,但由于它的初始值种类比较少,这里采用数组来初始化它。

定义助手函数 htmlGradeOption(),使用该函数来生成"商品等级"选择框中的内容,代码如下。

```php
/**
 * 创建"商品等级"表单初始值
 * @param unknown $selected_item
 * @return string
 */
function htmlGradeOption( & $selected_item) {

    //商品等级
    $greads = array('未分级', '普通', '精品', '二手', '过时');
    $html = '';
    foreach ( $greads as $value) {
        $html .= '<option value="';
        $html .= $value;
        $html .= '"';
        if (isset($selected_item) && $value == $selected_item) {
            $html .= ' selected ';
        }
        $html .= '>';
        $html .= $value;
        $html .= '</option>';
    }

    return $html;
}
```

调用该函数需要传入一个参数,该参数在表单"编辑"功能时使用。它根据商品的等级来初始化选择,如图 9.23 所示。

图 9.23 编辑时初始化表单中的"商品等级"值

在控制器 admin\goods_admin 的 goods_form() 方法中，接收商品 ID 数据使用了 CI 框架的 CI_INPUT 类的 get() 方法，该方法获取 GET 请求数据。

下面的语句：

```
$id = $this->input->get('id',true);
```

表示获取以 GET 方式传递的参数 id 的值，第二个参数 true 表示启动 XSS 过滤功能。

由于商品的添加和编辑共用同一个表单，所以，在加载商品表单时需要判断当前的操作类型。这里使用 URL 中是否带有 id 参数来进行区分。

准备好表单以后，就可以实现商品信息的添加与修改功能了。下面先来实现商品信息的添加功能，首先在控制器 admin\goods_admin 中添加 add() 方法，其代码如下。

```
/**
 * 商品的添加
 */
public function add() {
//接收表单数据
    $data['goods'] = $this->input->post(null, true);
//    $data['goods']['tupian'] = $_FILES['tupian'];
//加载表单验证类
    $this->load->library('form_validation');
//加载 form 助手函数
    $this->load->helper('form');
//设置表单数据规则
    $rules = array(
        array('mingcheng','商品名称','required|min_length[3]'),
        array('addtime','上市时间','required'),
        array('shichangjia','市场价格','required|numeric'),
        array('huiyuanjia','会员价格','required|numeric'),
        array('typeid','商品类型','required'),
    );
    foreach ( $rules as $r) {
        $this->form_validation->set_rules( $r[0], $r[1], $r[2]);
    }

    if ( true == $this->form_validation->run()) {
        //获取上传图片的文件名
        $tupian = 'public/upload/goods/'.time().'.jpg';
        $data['goods']['tupian'] = $tupian;
        move_uploaded_file( $_FILES['tupian']['tmp_name'], $tupian);
        //数据插入
        $this->load->model('goods');
        $this->goods->add( $data['goods']);

        redirect('admin/goods_admin');
        exit;
    }else{
        $data['btn_submit'] = '添加';
        //获取商品类型
```

```
        $this->load->model('category');
        $data['category'] = $this->category->getAll();

        $this->load->view('admin/goods/goods_form', $data);
    }

}
```

从上述代码可以看出,商品信息的添加总体上分为三个步骤,即表单数据的接收、表单数据的验证和数据的保存。

数据安全是Web项目开发中的一个重要环节,上述代码中采用了CI框架的CI_Form_Validate对象方法来实现表单数据的后端验证。使用该类时需要加载CI框架的form_validate库,最好同时加载form助手函数。

上述代码和视图文件中相关方法的使用,以及数据验证规则,请参考CI框架的使用手册,由于篇幅的限制这里不再详述。图9.24展示了表单数据后端验证的页面效果。

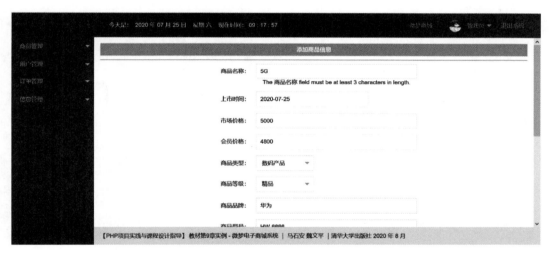

图9.24　表单数据的后端验证页面效果

从图中可以看出,"商品名称"文本框中的数据不符合验证规则,这里字符长度最小为3。页面中的验证错误信息为英文,可以下载中文语言包并进行相关设置即可将其汉化。

3. 商品信息的修改

商品信息的修改由控制器admin\goods_admin中的edit()方法来实现,代码如下。

```
/**
public function edit(){

    echo 'goods_admin/edit';
}
```

上述代码与商品添加的add()方法代码相似,只是使用的模型方法稍有不同而已。由于商品信息的添加与编辑共用同一个表单,所以需要区分不同操作时表单的action属性值。

这里使用页面中的 btn_submit 参数来判断当前操作类型，也就是根据当前表单的"提交"按钮文本来进行区分。下面是自定义的助手函数。

```php
/**
 * 添加与编辑表单 action
 * @param unknown $ btn_submit
 * @return string
 */
function setFormAction( $ btn_submit) {
    $ action = '';
    if ( $ btn_submit == '添加') {
        $ action = site_url('admin/goods_admin/add');
    }elseif ( $ btn_submit == '编辑'){
        $ action = site_url('admin/goods_admin/edit');
    }
    return $ action;
}
```

视图中的代码：

```php
< form class = "layui-form" action = "<?php echo setFormAction( $ btn_submit); ?>" enctype = "multipart/form-data" method = "post">
```

为了在编辑表单中显示当前商品的"类型"和"等级"，我们使用了两个自定义助手函数，代码如下。

```php
/**
 * 创建"商品类型"表单初始值
 * @param unknown $ selected_item
 * @return string
 */
function htmlCategoryOption(& $ category, & $ goods) {

    $ html = '';
    foreach ( $ category as $ v) {
        $ html .= '< option value = " ';
        $ html .= $ v['id'];
        $ html .= '" ';
        if (isset( $ goods) && $ goods['typeid'] == $ v['id']) {
          $ html .= ' selected ';
        }
        $ html .= '> ';
        $ html .= $ v['typename'];
        $ html .= '</option >';
    }

    return $ html;
}
/**
 * 创建"商品等级"表单初始值
 * @param unknown $ selected_item
```

```
 * @return string
 */
function htmlGradeOption(&$goods, $v) {

    //商品等级
    $greads = array('未分级','普通','精品','二手','过时');
    $html = '';
    foreach ($greads as $value) {
        $html .= '<option value="';
        $html .= $value;
        $html .= '"';
        if (isset($goods) && $value == $v) {
            $html .= ' selected ';
        }
        $html .= '>';
        $html .= $value;
        $html .= '</option>';
    }

    return $html;
}
```

上述函数能够完成添加操作时 select 表单元素的初始化,添加操作数据验证出现错误后返回表单页面时 select 的赋值,以及编辑时的相似操作。

4. 商品信息的删除

商品的删除通过控制器 admin\goods_admin 中的 delete() 方法来实现,代码如下。

```
/**
public function delete() {
//接收商品 ID
$id = (int)$this->input->get('id',true);
//加载模型
$this->load->model('goods');
//删除商品
$res = $this->goods->delete($id);
if ($res) {
    redirect('admin/goods');
    exit;
}else{
    $this->load->view('errors/html/error_db');
    exit;
}


}
```

代码中的模型方法 delete() 在类 WM_Model 中定义,代码如下。

```
/**
 * 数据的删除
```

```
 * @param unknown $data
 */
public function delete( $ id) {

return $ this -> db -> where('id', $ id) -> delete( $ this -> table);
}
```

注意：数据的删除操作一定要设置条件语句。

5. 商品类别管理

商品的类别管理由控制器 admin\category_admin 来实现，使用的模型为 category，视图文件存放在项目 views\admin\category 子目录中。

商品类别管理功能的实现与商品信息管理基本相同，由于篇幅限制，这里不再赘述。

9.6 本章小结

本章详细介绍了使用 PHP 的 CodeIgniter 框架，开发简单的电子商务系统的过程，重点讲解了系统前台基本功能的实现方法。相较于一个完整的电子商务系统，本案例项目还有很多的功能没有实现，如用户信息管理、客户订单信息管理、送货地址信息管理，以及订单的打印和执行过程管理等，这些功能的实现作为本章的课后作业，留给读者自己完成。

第10章 在线办公系统

在线办公系统，也称为办公自动化管理系统，简称OA（Office Automation）系统。OA系统实现了办公室内事务性业务的自动化与网络化。随着信息技术的迅猛发展，以及全球经济一体化进程的加快，世界经济已由工业化经济逐步进入网络信息化时代。信息的大量涌入让企业在信息处理方面应接不暇，传统的办公模式对信息的处理方法，已经完全不能满足企业对信息快速、准确地处理的要求。

本章介绍一个简单的在线办公系统项目的开发，旨在进一步掌握使用PHP的框架开发Web应用项目的技术与方法。

10.1 项目简介

视频讲解

本项目采用PHP的ThinkPHP 6（简称TP6）框架进行开发，实现了人事消息、个人计划、员工考勤、企业信息、员工绩效、审核批示等OA系统的基本功能。

10.1.1 功能描述

本项目实现了OA系统的前台管理和后台管理的基本功能，其中，前台主要包括：人事信息管理（企业公告、活动安排、消息管理）；个人计划管理（任务计划、年计划、月计划、周计划、工作反馈）；考勤管理（上下班、病事假、加班、考勤记录）；企业信息管理（公司简介、规章制度、组织结构、企业管理）；企业绩效管理（任务绩效、质量绩效、优秀员工、绩效评定）；员工天地（员工信息、意见箱、个人设定）；审核批示管理（账号权限、权限分配）等。

后台功能主要包括：部门信息管理（添加部门、修改部门、删除部门）；系统信息管理（系统日志、数据备份、密码修改）；员工信息管理（添加、修改、删除、查询）；权限管理（账号权限、用户组设置、权限分配）等。

10.1.2 运行预览

本案例项目的部分页面运行效果,如图 10.1～图 10.5 所示。

图 10.1 系统欢迎页面

图 10.2 系统前台主页

图 10.3 "公司简介"页面

图 10.4 考勤管理页面

图 10.5 后台主页

10.2 开发准备

在实际项目开发过程中,需要进行需求分析、可行性分析、系统设计、团队组建等一系列的准备工作,然后才能够分工进行代码的编写。由于篇幅的限制,下面只简单介绍项目框架及静态资源的准备。

10.2.1 ThinkPHP 6 下载与安装

本项目采用 ThinkPHP 框架的 6.0 版本进行开发。该版本官方要求的 PHP 为 7.1.0 或以上版本,推荐使用 PHP 的 7.3 版本。

1. 下载

首先下载 PHP 7.3。访问 PHP 官方下载网站 https://www.php.net/downloads.php,根据操作系统选择不同的下载文件,这里下载适用于 Windows 系统的"VC15 x64 Thread Safe"版本,解压缩后的目录名为 php-7.3.12-Win32-VC15-x64。

接着,下载 ThinkPHP 6.0。其下载方法参见 4.3 节。

2. 安装

ThinkPHP 6.0 的安装,就是将项目部署到 Web 服务器上。作者使用的 PHP Web 项目开发环境为集成软件包 WampServer 3.0.6,由于该环境中没有 PHP 7.1.0 及以上版本,所以需要先将上面下载的 PHP 7.3.12 添加进去。当然,也可以去下载一个 WampServer 的最新版本,或使用自己熟悉的其他开发环境。

1) 为 WampServer 3.0.6 添加 PHP 7.3.12

在低版本的 WampServer 3.0.6 中添加 PHP 的高版本,步骤如下。

(1) 打开 WampServer 安装目录中的 bin 子目录下的 php 文件夹,将解压后的 PHP 7.3.12 移动到该文件夹中,将文件夹名称修改为 php7.3.12。

(2) 打开上面的 php7.3.12 文件夹,将其中的 php.ini-development 复制、粘贴并重命名为 php.ini。

(3) 新建 WampServer 的配置文件。打开 WampServer 3.0.6 中原有的 php7.0.10 文件夹,将其中的 ampserver.conf 配置文件复制到新创建的 php7.3.12 文件夹中。

(4) 配置 phpForApache.ini 文件。打开上面 php7.3.12 文件夹中的 phpForApache.ini 文件,找到如下配置项,并进行修改。

```
[xdebug]
zend_extension = "E:/wampserver3.0.6/bin/php/php7.3.12/zend_ext/php_xdebug-2.8.0-7.3-vc15-x86_64.dll"
```

作者的 WampServer 安装在 E:/wampserver3.0.6 目录中,请根据自己的安装目录进行修改。

（5）下载 xdebug.dll 文件。下载 PHP 7.3.12 对应的 Thread Safe 版本的 xdebug 文件，并将其存放到新创建的 php7.3.12 目录下的 zend_ext 文件夹中。

完成以上操作后，启动 WampServer，在其 PHP 菜单下的 Version 子菜单下就可以看到新添加的 PHP 7.3.12 版本了，如图 10.6 所示。

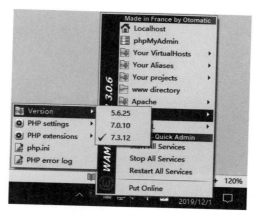

图 10.6　开发环境配置

2）安装 ThinkPHP 6.0 项目

启动 WampServer 集成开发环境，并打开其主页；创建一个虚拟主机，让其文档目录指向下载的 ThinkPHP 6.0 框架目录下的 public 子目录。

重新启动 WampServer 中的所有服务器，打开 Web 浏览器，在地址栏中输入新创建的虚拟主机域名，即可访问到 ThinkPHP 6.0 框架项目的默认主页，如图 10.7 所示。

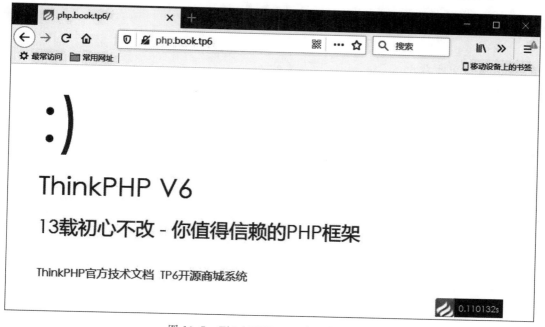

图 10.7　ThinkPHP 6.0 项目默认主页

10.2.2 ThinkPHP 6 本地环境配置

使用 ThinkPHP 框架进行项目开发，一般需要使用本地开发环境，以及远程生产环境。本地开发环境通常使用.env 文件来配置。

打开项目目录，将其中的".example.env"文件名修改为".env"。下面是该文件的默认内容。

```
APP_DEBUG = true

[APP]
DEFAULT_TIMEZONE = Asia/Shanghai

[DATABASE]
TYPE = mysql
HOSTNAME = 127.0.0.1
DATABASE = test
USERNAME = username
PASSWORD = password
HOSTPORT = 3306
CHARSET = utf8
DEBUG = true

[LANG]
default_lang = zh-cn
```

上述配置代码，开启了 ThinkPHP 的调试模式、设置了时区、设置了项目数据库信息，以及默认的语言环境。

项目的生产环境，由项目根目录下的 config 文件夹中的配置文件来完成。例如，项目数据库的设置文件为 database.php，代码如下。

```php
<?php
use think\facade\Env;
return [
    //默认使用的数据库连接配置
    'default'            => Env::get('database.driver', 'mysql'),
    //自定义时间查询规则
    'time_query_rule' => [],
    //自动写入时间戳字段
    //true 为自动识别类型,false 关闭
    //字符串则明确指定时间字段类型 支持 int timestamp datetime date
    'auto_timestamp'    => true,
    //时间字段取出后的默认时间格式
    'datetime_format' => 'Y-m-d H:i:s',
    //数据库连接配置信息
    'connections'        => [
        'mysql' => [
            //数据库类型
            'type'                => Env::get('database.type', 'mysql'),
```

```
            //服务器地址
            'hostname'              => Env::get('database.hostname', '127.0.0.1'),
            //数据库名
            'database'              => Env::get('database.database', ''),
            //用户名
            'username'              => Env::get('database.username', 'root'),
            //密码
            'password'              => Env::get('database.password', ''),
            //端口
            'hostport'              => Env::get('database.hostport', '3306'),
            //数据库连接参数
            'params'                => [],
            //数据库编码默认采用 utf8
            'charset'               => Env::get('database.charset', 'utf8'),
            //数据库表前缀
            'prefix'                => Env::get('database.prefix', ''),
            //数据库部署方式:0 集中式(单一服务器),1 分布式(主从服务器)
            'deploy'                => 0,
            //数据库读写是否分离,主从式有效
            'rw_separate'           => false,
            //读写分离后主服务器数量
            'master_num'            => 1,
            //指定从服务器序号
            'slave_no'              => '',
            //是否严格检查字段是否存在
            'fields_strict'         => true,
            //是否需要断线重连
            'break_reconnect'       => false,
            //监听 SQL
            'trigger_sql'           => true,
            //开启字段缓存
            'fields_cache'          => false,
            //字段缓存路径
            'schema_cache_path'     => app()->getRuntimePath() . 'schema' . DIRECTORY_SEPARATOR,
        ],
        //更多的数据库配置信息
    ],
];
```

从上述代码可以看出,生产环境中的配置项的值是两个参数确定的,第一个参数为配置文件".env"中的值,第二个参数为默认值。

例如:

```
//用户名
'username'      => Env::get('database.username', 'root'),
```

这里,首先获取".env"配置文件中的 database 小节中的 username 配置项的值,若在该文件中没有配置 username,则使用第二个参数"root"。

也就是说,在文件".env"中的配置优先级别高于 config 文件中的配置。注意,项目开发完成上线后,是不能获取本地环境中的配置的。

10.2.3 thinkTemplate 模板引擎安装

新版的 ThinkPHP 框架默认只支持 PHP 的原生模板，如果需要使用 thinkTemplate 模板引擎，需要安装 think-view 扩展。该扩展会自动安装 think-template 依赖库。

使用如下 composer 命令加载 thinkTemplate 模板引擎。

Composer require topthink/think-view

安装完成后，打开 config/view.php 文件，配置模板引擎，示例代码如下：

```
<?php
// +----------------------------------------------------------------------
// | 模板设置
// +----------------------------------------------------------------------

return [
    //模板引擎类型使用Think
    'type'           => 'Think',
    //默认模板渲染规则：1 解析为小写+下画线，2 全部转换小写，3 保持操作方法
    'auto_rule'      => 1,
    //模板目录名
    'view_dir_name'  => 'view',
    //模板后缀
    'view_suffix'    => 'html',
    //模板文件名分隔符
    'view_depr'      => DIRECTORY_SEPARATOR,
    //模板引擎普通标签开始标记
    'tpl_begin'      => '{',
    //模板引擎普通标签结束标记
    'tpl_end'        => '}',
    //标签库标签开始标记
    'taglib_begin'   => '{',
    //标签库标签结束标记
    'taglib_end'     => '}',
];
```

下面测试 thinkTemplate 模板引擎是否能够正常使用。在项目的 app 目录下创建 view 视图目录及其子目录 index，在 view/index 目录中新建 index.html 文件，代码如下。

```
<!DOCTYPE html>
<html lang="en">
<head>
    <meta charset="UTF-8">
    <title>模板引擎测试</title>
</head>
<body>
    <p>{$content}</p>
</body>
</html>
```

上述代码中的"{$content}"输出模板变量的值,如果框架能够正常解析该模板标签,则说明 thinkTemplate 模板引擎加载成功。

打开项目 app\controller\index.php 文件,将其代码修改为如下形式。

```
<?php
namespace app\controller;
use app\BaseController;
class Index extends BaseController
{
    public function index()
    {
        //return '< style type = "text/css"> * { … ';
        $ content = '这是项目首页视图';
        return view('index',array('content' = > $ content));
    }
    …
}
```

这段代码的修改部分,先定义一个 PHP 变量 content 并赋值,然后加载 index 视图模板,将模板变量 content 加载到视图中。

也就是访问项目首页时,加载自定义的首页模板文件 app\view\index\index.html,在视图中输出模板变量的值。运行效果如图 10.8 所示。

图 10.8　模板引擎测试

从输出结果可以看出,框架正确加载了 index.html 视图文件,并对文件中的模板标签进行了正确的解析。

10.2.4 ThinkPHP 多应用模式

ThinkPHP 6.0 默认安装后，使用单应用模式部署。单应用模式的优势是简单灵活，URL 地址完全通过路由可控。配合路由分组功能可以实现类似多应用的灵活机制。

如果需要使用 ThinkPHP 6 多应用模式，必须先安装 think-multi-app 多应用模式扩展。命令格式为：

```
Composer require topthink/think-multi-app
```

think-multi-app 多应用模式扩展安装成功后，框架就支持多应用开发了。下面将项目更改为多应用模式。

1. 创建模块目录

在项目的 app 目录中，创建 index 和 admin 两个文件夹，分别表示项目前台与后台模块，用于存放模块控制器、模型，以及视图等文件。

2. 创建模块控制器

首先创建 index 模块控制器。将项目 app 目录下原有的 controller 和 view 子目录移动到新创建的 index 文件夹中，修改 index 控制器的 namespace 如下。

```
namespace app\index\controller;
```

接着，在 admin 文件夹中新建 controller 目录，并在其中添加 index 控制器，如下。

```php
<?php
namespace app\admin\controller;
use app\BaseController;
class Index extends BaseController
{
    public function index() {
        return '这是 admin 后台模块的 index 控制器的 index 方法';
    }
}
```

3. 模块运行测试

打开浏览器访问项目前台首页，其 URL 为 http://php.book.tp6，或 http://php.book.tp6/index，或 http://php.book.tp6/index/index，或 http://php.book.tp6/index/index。这里的 http://php.book.tp6 是作者项目的虚拟主机域名。页面效果如图 10.8 所示。

接着，打开浏览器访问项目后台首页，其 URL 为 http://php.book.tp6/admin，或 http://php.book.tp6/admin/index，或 http://php.book.tp6/admin/index/index。页面效果如图 10.9 所示。

图 10.9 后台模块测试

10.2.5　静态资源准备

项目框架搭建完成后，需要为前端设计准备一些静态资源，例如 CSS 样式、JavaScript 脚本、jQuery 库、字体库和图像文件等。本系统拟采用 Layui 框架进行前端开发，字体库使用 awesome 4.7.0 版本。

在所需要的静态资源官方网站下载最新的稳定版本，并将它们存放在项目 public 目录下的 static 子目录中，如图 10.10 所示。

下面在项目前台模块中创建一个 Test 控制器，并添加 index()方法，用它来测试静态资源是否有效，代码如下。

Test 控制器及 index 方法。

```php
<?php
namespace app\index\controller;
use app\BaseController;
use think\facade\View;
class Test extends BaseController
{
    public function index() {
        return View::fetch();
    }
}
```

图 10.10　后台模块测试

Test 控制器的 index 方法视图模板。

```
<!DOCTYPE html>
<html lang="en">
<head>
    <meta charset="UTF-8">
    <title>静态资源测试</title>
    {load file="/static/layui/css/layui.css" /}
</head>
<body>
    <h3 class="layui">点这里会怎样呢?</h3>
    {load file="/static/jquery/jquery-3.3.1.min.js" /}
    {load file="/static/layui/layui.js" /}
    <script>
        $(document).ready(function() {
            //加载 Layui 组件
            layui.use(['element','layer'], function() {
                var element = layui.element;
                var layer = layui.layer;
            });
            $('.layui').click(function(event) {
                $(this).css('color','red');
                layer.alert('我是 layui 的弹窗');
```

```
        });
    });
</script>
</body>
</html>
```

注意资源文件的引入方法及顺序。测试效果如图10.11所示。

图 10.11 静态资源引用测试

从图 10.11 可以看出,单击页面中的文本后,该文本颜色由黑色变为红色,并且在页面中弹出了一个消息框。说明页面中的静态资源的引入是成功的。

10.3 数据库设计

PHP Web 应用项目的数据存储一般有两种方式,一种是文件,另一种是数据库。本项目使用 MySQL 数据库管理系统存储和管理项目数据。

10.3.1 数据库概念设计

根据项目需求分析及系统分析,规划出本案例项目的实体关系 E-R 图。

1. 用户信息实体

用户信息实体包括员工的账号、密码、姓名、性别等表示个人身份的数据资料,如图 10.12 所示。

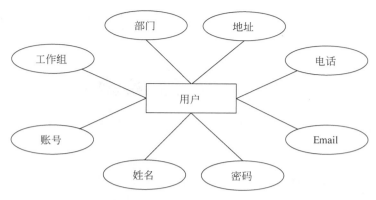

图 10.12　用户信息实体 E-R 图

2．考勤登记实体

考勤登记实体包括登记日期、登记时间、登记类型（上班或下班）、登记状态（迟到或早退）和登记人等信息，如图 10.13 所示。

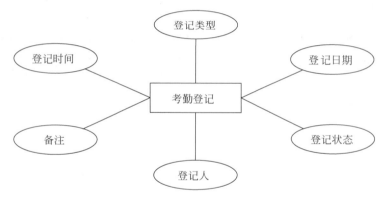

图 10.13　考期登记实体 E-R 图

10.3.2　数据库物理结构设计

为本案例项目创建一个数据库，并创建数据表，如图 10.14 所示。

表	操作	行数	类型	排序规则	大小	多余
wm_depart	★ 浏览 结构 搜索 插入 清空 删除	6	InnoDB	utf8_general_ci	16 KB	—
wm_nav	★ 浏览 结构 搜索 插入 清空 删除	38	InnoDB	utf8_general_ci	16 KB	—
wm_oa	★ 浏览 结构 搜索 插入 清空 删除	1	InnoDB	utf8_general_ci	16 KB	—
wm_person	★ 浏览 结构 搜索 插入 清空 删除	20	InnoDB	utf8_general_ci	16 KB	—
wm_staff	★ 浏览 结构 搜索 插入 清空 删除	6	InnoDB	utf8_general_ci	16 KB	—
wm_type	★ 浏览 结构 搜索 插入 清空 删除	7	InnoDB	utf8_general_ci	16 KB	—
wm_user	★ 浏览 结构 搜索 插入 清空 删除	5	InnoDB	utf8_general_ci	16 KB	—

图 10.14　数据库结构设计示例

图 10.14 只展示了项目数据库的部分数据表,更多详情请参见源码中提供的数据库资源。

10.4 功能实现

本系统的功能非常多,限于篇幅的限制,下面只介绍部分功能的实现方法,更多的请参考源码。

10.4.1 前台首页设计

如图 10.1 所示为系统前台首页,也称为系统欢迎页面。通过该页面上的组件,用户可以了解系统服务协议、使用方法,完成登录和注册等操作。

ThinkPHP 框架采用的是 MVC 设计模式,所以要想展示系统前台首页,控制器和视图是不可缺少的。

1. 创建公共基础控制器

为了后续公共资源的加载方便,先新建一个基础控制器 Base。在项目的 app 目录中新建一个名为 common 的子目录,在该子目录中新建 controller 文件夹,并添加 Base.php 控制器文件。

代码如下。

```php
<?php
namespace app\common\controller;
use app\BaseController;
/**
 * 基础控制器
 * @author weiwenping
 */
class Base extends BaseController
{
}
```

该基础控制器继承于框架的 BaseController 控制器,暂时没有自己的属性和方法。后续会根据功能模块设计需求,逐步添加新的内容。

2. 创建首页模块控制器

创建系统前台首页模块控制器 Welcome,将其存放在 app\index\controller 文件夹中,代码如下。

```php
<?php
namespace app\index\controller;
use think\facade\View;
use app\common\controller\Base;
class Welcome extends Base
```

```
{
    public function index() {
        $title = '欢迎使用微梦 OA 系统';
        $data = array(
            'title' => $title,
        );
        View::assign($data);
        return View::fetch();
    }
}
```

该控制器继承于基础控制器 Base。

3. 创建视图模板

在项目 app\index\view\welcome 目录中新建 index.html 文件,并为其编写 CSS 样式文件 welcome-style.css。样式文件存放在项目 public\static\css 文件夹中。

视图模板中的 HTML 及 CSS 完整源码请参见源码,下面只展示页面中的部分 JavaScript 脚本代码。

```
<script>
    $(document).ready(function() {
        //加载 Layui 组件
        layui.use(['element','layer'], function() {
            var element = layui.element;
            var layer = layui.layer;
        });
        //弹出用户登录窗口
        $('.login').click(function(event) {
            layer.open({
                type: 2,
                title: '用户登录',
                area: ['480px','280px'],
                content: '{:url("/index/welcome/loginform")}'
            });
        });
        //弹出用户注册窗口
        $('.register').click(function(event) {
            layer.open({
                type: 2,
                title: '用户注册',
                area: ['600px','520px'],
                content: '{:url("/index/welcome/registerform")}'
            });
        });
        //用户登录成功后进入系统主页
        $('.go').click(function(event) {
            window.location.href = "{:url('/index/index/index')}";
        });
```

```
});//ready end
</script>
```

从上述脚本可以看到，当用户单击页面中的某些区域时，会弹出相应的页面窗口或导航到其他的页面。

4. 页面访问测试

前台欢迎页面一般都是系统的默认首页，所以需要修改框架的默认配置。打开项目配置文件 config\route.php，将默认控制器修改为 Welcome。

```
//默认控制器名
'default_controller'         => 'Welcome',
```

页面运行效果如图 10.1 所示。

10.4.2 用户注册与登录

用户注册与登录是 PHP Web 应用项目的常用功能，下面介绍其实现方法。

1. 用户注册

OA 系统是供企业内部职工办公使用的，一般不允许用户自己注册，用户的姓名及初始密码由系统管理员批量注入，然后分发给职工使用。职工使用初始密码登录系统后，可以修改登录密码、联系方式等一些个人信息。

但有时为了工作的方便，在 OA 系统中也设置单个注册功能，只是会将该功能的使用权限限定在某些管理人员上，并且设置注册功能的开/关控制，以方便该功能的启闭操作。

1）创建视图

从 10.4.1 节的系统前台首页设计可知，用户注册页面是通过欢迎页面底部的"用户注册"图标及文本的单击事件来加载的，如图 10.15 所示。

图 10.15　用户注册检测

本系统注册功能只对本单位职工开放，也就是说，用户注册时输入的工号与姓名必须能够在单位职工表中查询到，否则不允许注册。

因此，首次打开"用户注册"对话框时，只能看到用户注册检测的表单部分；当用户输入的工号与姓名相匹配，且该用户还没有注册时，才显示真正的用户注册表单，如图 10.16 所示。

图 10.16　用户注册

从图中显示的窗口效果可以看出，没有注册的合法职工用户检测成功后，窗口上部的检测表单被关闭，窗口下部的注册表单被开启。同时，合法的职工工号和姓名被传递到注册表单中。注意，注册表单中的"工号"和"姓名"文本框均为只读状态。

上面展示的是用户注册的页面效果，该视图模板文件为 app\index\view\welcome register_form.html。其中的脚本代码如下。

```javascript
<script>
    $(document).ready(function() {
        //加载 Layui 组件
        layui.use(['element','layer'], function() {
            var element = layui.element;
            var layer = layui.layer;
        });
        //关闭注册表单
        $('#register-form2').css('display','none');
        //检测职工姓名与工号是否相符
        $('#form1-submit').click(function(event) {
            event.preventDefault();
            var data = $('#register-form1').serialize();
            $.ajax({
                url: '{:url("index/user/checkname")}',
                type: 'POST',
                dataType: 'json',
                data: data,
```

```
            })
            .done(function(res) {
                layer.msg(res.message, {icon: 6});
                if(res.code == 0){
                    $('#register-form2').css('display','block');
                    $('#sID').val(res.sID);
                    $('#name').val(res.name);
                    $('#staff_id').val(res.staff_id);
                    $('#register-form1').css('display','none');
                }
            })
            .fail(function() {
                alert("检测操作失败!");
            });
        }); //click end

        $('#form2-submit').click(function(event) {
            event.preventDefault();
            var data = $('#register-form2').serialize();

            $.ajax({
                url: '{:url("index/user/insert")}',
                type: 'POST',
                dataType: 'json',
                data: data,
            })
            .done(function(res) {
                layer.msg(res.message, {icon: 6});
                if(res.code == 0){
                    setTimeout(function () {
                        window.parent.location.reload();
                    }, 2000);
                }
            })
            .fail(function() {
                alert("注册操作失败!");
            });
        });
    }); //ready end
</script>
```

上述脚本代码比较简单,请自己理解。注意 Layui 弹窗中数据的请求与传递。

2) 创建控制器方法

在 Welcome 控制器中新建 registerForm 方法,用于加载用户注册表单,代码如下。

```
public function registerForm() {
    $title = '微梦 OA 系统 - 用户注册';
    $data = array(
        'title' => $title,
    );
    View::assign($data);
```

```
        return View::fetch();;
    }
```

3) 创建模型

用户注册功能的实现,主要是完成对数据库的读/写操作,所以首先是要创建针对数据表的模型。

由于本系统注册功能只对本单位职工开放,也就是说,用户注册时输入的工号与姓名必须能够在单位职工表中查询到,否则不允许注册。因此,这里需要创建两个模型,分别对应数据库中的 wm_staff 和 wm_user 数据表。

在项目 app\common\model 目录中,创建 Staff 和 User 模型,代码如下。

```php
<?php
//wm_staff 表模型
namespace app\common\model;
use think\Model;
class Staff extends Model
{
}
```

```php
<?php
namespace app\common\model;
use think\Model;
class User extends Model
{
    protected $pk = 'id'; //默认主键
    protected $table = 'wm_user'; //默认数据表
    protected $autoWriteTimestamp = true; //开启自动时间戳
    protected $createTime = 'create_time'; //创建时间字段
    protected $updateTime = 'update_time'; //更新时间字段
    //用户账号状态获取器
    public function getStatusAttr( $value)
    {
        $status = ['1'=>'启用', '0'=>'禁用'];
        return $status[ $value];
    }
    //用户类型获取器
    public function getRoleAttr( $value)
    {
        $role = ['1'=>'系统管理员', '2'=>'管理员', '3'=>'职员'];
        return $role[ $value];
    }
    //用户密码修改器
    public function setPasswordAttr( $value)
    {
        return md5( $value);
    }
}
```

注意,模型类名为数据表名去掉前缀后的名称。此时,需要在配置文件 config\

database.php 中设置数据表前缀。

```
//数据库表前缀
'prefix' => Env::get('database.prefix', 'wm_'),
```

4) 注册功能的实现

用户注册功能由前台 user 控制器的方法来实现。

(1) 检测职工姓名与工号是否匹配。

在前台 index 控制器中新建 checkName 方法,检测用户输入的工号与姓名是否匹配,同时检测该用户是否已注册,代码如下。

```php
public function checkName() {
    //该方法只能通过 AJAX 来请求
    if (Request::isAjax()) {
        //获取检测数据
        $data = Request::post();
        //查询数据
        $check_result = Staff::where($data)->find();
        if (empty($check_result)) {
            $res = array('code'=>1,'message'=>'工号与姓名不匹配');
        }else{
            //判断是否已注册
            $staff_id = $check_result['id'];
            $result = UserModel::where(array('staff_id'=>$staff_id))->select()->toArray();
            if (empty($result)) {
                $res = array(
                    'code'=>0,
                    'message'=>'检测成功',
                    'sID'=>$data['sID'],
                    'name'=>$data['name'],
                    'staff_id'=>$staff_id,
                );
            }else{
                $res = array('code'=>2,'message'=>'您已注册');
            }
        }
        exit(json_encode($res));
    }else{
        return redirect('/index/welcome/index');
    }
}
```

如果工号与姓名不匹配,用户重新输入数据,此时注册表单不会出现在注册对话框中,如图 10.15 所示;如果工号与姓名匹配成功,且该职工没有在系统中注册,则在注册对话框中显示注册表单,如图 10.16 所示。

(2) 实现注册功能。

在 User 控制器中添加 insert 方法,实现用户注册数据的写入,代码如下。

```php
public function insert(){
    //该方法只能通过AJAX来请求
    if (Request::isAjax()) {
        //获取注册数据
        $data = Request::post();
        $name = $data['name'];
        //写入数据
        unset($data['sID']);
        unset($data['name']);
        unset($data['password1']);
        $res = UserModel::create($data);
        //判断注册是否成功
        if ($res) {
            //注册成功将用户数据放入SESSION,相当于自动登录系统
            $_SESSION['user'] = array('id'=>$res->id,'name'=>$name);
            $res = array('code'=>0,'message'=>'恭喜,注册成功!');
        }else{
            $res = array('code'=>1,'message'=>'注册失败!');
        }
        exit(json_encode($res));
    }else{
        return redirect('/index/welcome/index');
    }
}
```

(3) 注册功能的开/关。

系统用户注册功能的开/关操作,通过项目数据库 wm_oa 表中的 is_reg 字段的值来判断。当 is_reg 字段的值为 1 时,开启用户注册功能;为 0 时,则关闭该功能。

首先创建模型 OA,文件为 app\common\model\OA.php,代码如下。

```php
<?php
namespace app\common\model;
use think\Model;
class OA extends Model
{
    protected $table = 'wm_oa';
}
```

然后,在 Welcome 控制器的 registerForm 方法中添加代码实现功能。

```php
public function registerForm() {
    //判断注册功能是否关闭
    $is_reg = OA::where('title',Env::get('app.app_name'))->value('is_reg');
    if ($is_reg == 0) {
        return '<h3 style="color:red;text-align:center;margin-top:150px;">系统注册功能已关闭!</h3>';
    }
    ...
}
```

当系统注册功能关闭后,用户单击欢迎页面中的注册图标或文本,就会出现该功能关闭的提示信息,如图 10.17 所示。

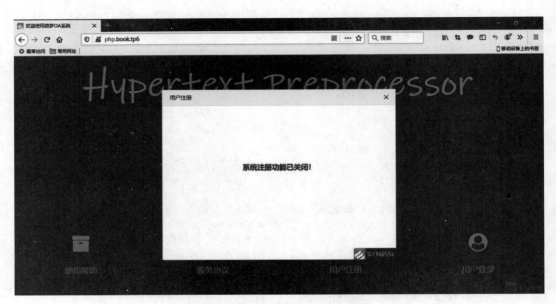

图 10.17　用户注册功能关闭提示

2. 用户登录

在如图 10.1 所示的系统欢迎页面中，单击"用户登录"图标及文本即可弹出"用户登录"对话框，如图 10.18 所示。

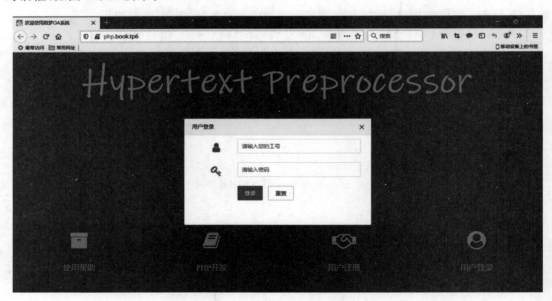

图 10.18　"用户登录"对话框

用户登录表单视图模板位于 app\index\view\welcome 目录中，文件名为 register_form.html，它对应着 Welcome 控制器的 loginForm 方法。

在前台 user 控制器中添加 login 方法，实现用户登录业务逻辑，代码如下。

```
/**
 * 用户登录
 * 该方法只能通过 AJAX 来请求
 */
public function login(){
    if (Request::isAjax()) {
        //获取注册数据
        $data = Request::post();
        //获取职工 staff_id
        $staff = Staff::where('sID', $data['sID'])->find();
        //登录验证
        $res = UserModel::where(['staff_id'=>$staff['id'],'password'=>md5($data['password'])])->find();
        if (!empty($res)) {
            $_SESSION['user'] = array('id'=>$res['id'],'name'=>$staff['name']);
            $res = array('code'=>0,'message'=>'恭喜,登录成功!');
        }else{
            $res = array('code'=>1,'message'=>'登录失败!');
        }
        exit(json_encode($res));
    }else{
        return redirect('/');
    }
}
```

用户登录成功后,系统欢迎页面中的"用户登录"会转换为"进入系统",用户通过这里进入系统主页,如图10.19所示。

图 10.19 用户登录成功系统欢迎页面

上面所述的是用户通过登录对话框实现的系统登录,除此之外,用户在注册成功后常常需要自动登录系统。该功能的实现非常简单,只需要在用户注册方法中添加代码,将用户信息写入 SESSION 即可。

打开用户控制器文件 app\index\controller\User.php，在其方法 insert() 中添加如下代码。

```
//判断注册是否成功
    …
if ($res) {
        //注册成功将用户数据放入 SESSION,相当于自动登录系统
        $_SESSION['user'] = array('id'=>$res->id,'name'=>$name);
        $res = array('code'=>0,'message'=>'恭喜,注册成功!');
}else{
        $res = array('code'=>1,'message'=>'注册失败!');
}
…
```

这里使用了 PHP 的 SESSION 会话功能。ThinkPHP 6.0 框架封装了自己的会话类，并且还提供了助手函数来管理对 SESSION 的操作，请参考其官方技术文档掌握这方面的内容，这里使用 PHP 的原生 SESSION 操作方法。注意使用 SESSION 之前，一定要调用 session_start() 函数先启动它，该函数的调用可以存放在项目的 common.php 文件中。

3. 阻止未登录用户进入系统

本项目为企业自用的 OA 系统，不允许未登录用户进入。下面以前台主页的访问为例，通过在控制器中添加或修改代码，来实现阻止未登录用户进入系统的功能。

打开前台模块基础控制器文件 app\index\common\controller\Base.php，添加如下代码。

```
…
protected function initialize(){
    …
    //获取用户登录信息
    if (isset($_SESSION['user'])) {
        $this->user = $_SESSION['user'];
    }
}
…
//加载视图或重定向
protected function display(){
    if ($this->user) {
        return View::fetch();
    }else{
        return redirect('/');
        exit;
    }
}
…
```

打开前台 Index 控制器的 index 方法，将加载视图代码修改为如下形式。

```
public function index()
```

```php
{
    …
    $data = array(
        …
        'user'          => $this->user,
    );
    …
    //加载视图
    return $this->display();
}
```

4. 表单数据验证

在上面的用户登录与注册功能的实现过程中，没有对用户提交的数据进行验证，存在巨大的数据安全隐患。下面使用 ThinkPHP 框架的 Validate 功能类，完成表单数据的验证。这里以注册数据验证为例来进行介绍。

在项目的 app\common 目录中创建新文件夹 validate，在其中添加两个验证器，分别命名为 RegisterCheck 和 RegisterUser，用于对用户注册时输入的数据进行验证。

代码如下。

```php
<?php
namespace app\common\validate;
use think\Validate;
class RegisterCheck extends Validate
{
    protected $rule = [
        'name|姓名' => 'require|length:2,20|chsAlphaNum',
        'sID|工号' =>'require|length:9,11|alphaNum',
    ];
    protected $message = [
        'name.require' => '姓名不能为空',
        'name.length' => '姓名长度为2-20位',
        'name.chsAlphaNum' => '姓名只能是汉字、英文字母和数字',
        'sID.require' => '工号不能为空',
        'sID.length' => '工号长度为9-11位',
        'sID.alphaNum' => '工号只能为字母或数字',
    ];
}

<?php
namespace app\common\validate;
use think\Validate;
class RegisterUser extends Validate
{
    protected $rule = [
        'name|姓名' => 'require|length:2,20|chsAlphaNum',
        'sID|工号' =>'require|length:9,11|alphaNum',
        'password|密码' =>'require|length:6,20|alphaNum|confirm',
    ];
```

```
    protected $message = [
        'name.require' => '姓名不能为空',
        'name.length' => '姓名长度为2-20位',
        'name.chsAlphaNum' => '姓名只能是汉字、英文字母和数字',
        'sID.require' => '工号不能为空',
        'sID.length' => '工号长度为9-11位',
        'sID.alphaNum' => '工号只能为字母或数字',
        'password.require' => '密码不能为空',
        'password.length' => '密码长度为6-20位',
        'password.alphaNum' => '密码只能为字母或数字',
        'password.confirm' => '两次输入的密码不相同',
    ];
}
```

在 app\index\controller\user 控制器的 checkName 方法中,添加数据验证代码,如下。

```
public function checkName() {
    //该方法只能通过 AJAX 来请求
    if (Request::isAjax()) {
        //获取检测数据
        $data = Request::post();
        //验证数据
        try {
            validate(RegisterCheck::class)->check($data);
        } catch (ValidateException $e) {
exit(json_encode(array('code'=>3,'message'=>$e->getError())));
        }
        ...
    }
}
```

测试效果如图 10.20 所示。

图 10.20 表单数据验证

这里是用户工号和姓名匹配检测时的数据验证效果,注册数据的写入,以及登录时的数据验证与上述实现方法相同,详情请参见教材源码,这里不再赘述。

10.4.3 前台主页设计

用户注册或登录成功后,单击系统首页中的"进入系统"图标即可进入系统主页,如图10.2所示。该页面分为四个部分,头部导航、左侧功能菜单、页脚辅助信息,以及主显示区,主显示区默认显示企业公告、活动安排和个人计划等内容。

1. 视图模板设计

在app\index\view目录中新建index文件夹,并添加index.html文件,代码如下。

```
{layout name="layout/layout" /}
<p>右侧主内容</p>
```

这里采用ThinkPHP的模板布局,布局模板存放在app\index\view\layout子目录中,文件名为layout.html。

布局模板layout.html代码如下。

```
<!DOCTYPE html>
<html lang="en">
<head>
    <meta charset="UTF-8">
    <title>{$title}</title>
    {load file="/static/layui/css/layui.css" /}
    {load file="/static/css/index-style.css" /}
</head>
<body>
    <div class="layui-container">
        {include file="layout/header" /}
        <div class="layui-row" style="height: 5px;"></div>
        <div class="main layui-row">
            {include file="layout/left" /}
            <div class="right layui--col-md9">
                {__CONTENT__}
            </div>
        </div>
        <div class="layui-row" style="height: 5px;"></div>
        {include file="layout/footer" /}
    </div>
    {load file="/static/jquery/jquery-3.3.1.min.js" /}
    {load file="/static/layui/layui.js" /}    <script>
    layui.use('element', function() {
        var element = layui.element;
    });
    </script>
</body>
</html>
```

上述代码中的 header、left 和 footer 分别是页面头部、左侧导航和底部子模板。详细代码请参见源码。

2. 导航菜单设计

系统的导航菜单存储在 wmtp6db 数据库的 wm_nav 数据表中，当系统加载视图模板时，动态地从数据库读取。由于系统前台页面采用一套统一的模板，所以将菜单的获取代码添加在前台控制器的基础类 Base 中。

打开前台基础控制器 Base 文件，给控制器添加保护属性 menus，以及私有方法 getLeftMenus()，并在其初始化方法中调用该方法给属性赋值，代码如下。

```php
class Base extends BaseController
{
    //页面菜单
    protected $menus = null;
    /**
     * 初始化方法
     * 覆盖\app\BaseController::initialize()方法
     */
    protected function initialize(){
        $this->getLeftMenus();
        …
    }

    private function getLeftMenus(){
        //获取菜单项
        $navs = Nav::name('nav')->select()->toArray();
        $this->menus = getMenuTree($navs, 0);
    }
    …
}
```

在上述代码中使用了一个自定义函数 getMenuTree() 函数，用于组织菜单的树形结构。该函数存放在 app\common.php 文件中，代码如下。

```php
<?php
…
//获取页面左侧导航菜单
function getMenuTree($data, $pId)
{
    $tree = array();
    foreach($data as $k => $v)
    {
        if($v['pid'] == $pId)
        {
            $v['pid'] = getMenuTree($data, $v['id']);
            $tree[] = $v;
        }
    }
    return $tree;
```

}
```

在前台首页控制器方法中添加代码，获取数据并加载视图，如下。

```
use app\common\controller\Base;
use think\facade\View;
class Index extends Base
{
    public function index()
    {
        //页面标题
        $title = '欢迎使用微梦 OA 系统';
        //模板数据
        $data = array(
            'title' => $title,
            'left_menus' => $this->menus,
            …
        );
        …
        //分配模板变量
        View::assign($data);
        //加载视图
        return View::fetch();
    }
}
```

由于 Index 控制器继承自基础控制器 Base，所以可以直接通过 $this 对象获取从数据库中读取到的菜单数据。

打开前台页面模板文件 app\index\view\layout\left.html，并在其中添加代码，显示页面左侧菜单。模板代码如下。

```
<!-- 左侧导航 -->
<div class="left layui-col-md3">
    <div class="layui-row">
        <ul class="layui-nav layui-nav-tree" lay-filter="test">
            {foreach name="left_menus" item="v0"}
            <li class="layui-nav-item">
                <a href="javascript:;">{$v0['title']}</a>
                {if condition="!empty($v0['pid'])"}
                <dl class="layui-nav-child">
                    {foreach name="$v0['pid']" item="m"}
                    <dd><a href="javascript:;">{$m['title']}</a></dd>
                    {/foreach}
                </dl>
                {/if}
            </li>
            {/foreach}
        </ul>
    </div>
</div>
```
```

启动服务器,打开浏览器访问系统前台首页,可以看到左侧导航菜单的显示效果,如图 10.21 所示。

下面实现菜单的导航功能。菜单的导航功能,可以通过设置菜单项名称上的 a 标签的 href 属性值完成,也可以通过 JavaScript 代码来实现。

修改视图模板中包裹菜单项名称的 a 标签的 href 属性。

```
<dd><a href="{:url($m['module'].'/'.$m['controller'].'/'.$m['action'])}">{$m['title']}</a></dd>
```

在数据库的菜单记录中,存储了菜单项所指向的页面模块、控制器和方法,将这些数据取出并拼接为 URL 即可。

3. 首页头部信息显示

首页头部一般显示系统标志、主菜单、当前时间,以及在线用户信息等内容。本系统采用简约形式,如图 10.22 所示。

其中,主菜单中的"微梦"为当前登录用户姓名,当鼠标移动到该菜单项上时,会展开其下的子菜单,通过这些子菜单,实现对该用户的一些基本操作。

图 10.21　页面导航菜单

图 10.22　页面头部效果

页面头部的主菜单与左侧功能菜单一样存储在项目数据库的 wm_nav 数据表中。在项目基础控制器 Base 中添加代码,获取这些菜单项,代码如下。

```php
class Base extends BaseController
{
    …
    protected function initialize(){
        $this->getLeftMenus();
        $this->getTopMenus();
        …
    }
    //获取左侧菜单项
    private function getLeftMenus(){
        //获取菜单项
        $navs = Nav::name('nav')->where('position','left')->select()->toArray();
        $this->menus['left_menus'] = getMenuTree($navs, 0);
    }
    //获取头部菜单项
    private function getTopMenus(){
        $navs = Nav::name('nav')->where('position','top')->order('order')->select()->toArray();
```

```
        $this->menus['top_menus'] = getMenuTree($navs, 0);
}
...
}
```

在前台首页控制器方法中添加代码，获取数据并加载视图。

```
class Index extends Base
{
    public function index()
    {
        ...
        //模板数据
        $data = array(
            'title' => $title,
            'left_menus' => $this->menus['left_menus'],
            'top_menus' => $this->menus['top_menus'],
        );
        //分配模板变量
        View::assign($data);
        //加载视图
        return View::fetch();
    }
    ...
}
```

打开前台页面模板文件 app\index\view\layout\header.html，并在其中添加代码，显示页面头部信息。模板代码如下。

```
<!-- 页面头部 -->
<div class="header layui-row">
    <div class="top-logo layui-col-md4">
        <span><a href="/"><i class="layui-icon layui-icon-read" style="font-size:40px;color:#fff;font-weight:800"></i></a>   
        <span id="top-logo-title"><i>欢迎使用微梦 OA 系统</i></span>
    </div>
    <div class="layui-col-md8">
        <ul class="top-menu layui-nav" lay-filter="">
            {volist name="top_menus" id="m" empty="暂时没有数据"}
            <li class="layui-nav-item">
                {if condition="$m['title'] == '用户'"}
                <a href="/{$m['module']}/{$m['controller']}/{$m['action']}/id/{:session('user')['id']}">
                    {:session('user')['name']}
                </a>
                {else/}
                <a href="/{$m['module']}/{$m['controller']}/{$m['action']}">
                    {$m['title']}
                </a>
                {/if}
                {if condition="!empty($m['pid'])"}
```

```
            <dl class="layui-nav-child">
                {volist name="$m['pid']" id="s" empty="暂时没有数据"}
                    {if condition="$m['title'] == '用户'"}
                        <dd><a href="/{$s['module'].'/'.$s['controller'].'/'.$s['action'].
'/id/'.session('user')['id']}">
                            {$s['title']}</a></dd>
                    {else/}
                        <dd><a href="/{$s['module'].'/'.$s['controller'].'/'.$s['action']}">
                            {$s['title']}</a></dd>
                    {/if}
                {/volist}
            </dl>
        {/if}
    </li>
    {/volist}
    </ul>
</div>
</div>
```

注意,对于页面头部主菜单中的在线用户,在拼接 URL 地址时需要带入该登录用户的 ID,以便实现对该用户的特定操作,如图 10.23 所示。

图 10.23 菜单 URL 参数传递

当鼠标移动到如图 10.23 所示的"个人中心"子菜单上面时,会在浏览器的状态栏中显示该菜单的 URL 地址。从图中展示的效果可以看出,当前登录用户"微梦"的 ID 值 8 已被正确拼接到其 URL 字符串中。

4. 页脚信息显示

在页面的页脚部分,一般会显示系统版权信息、友情链接、联系方式,以及服务协议、网络安全信息等内容。本系统采用如图 10.24 所示的简单形式。

图 10.24 页脚信息

5. 主内容显示

页面中间的右侧区域为主页中的具体内容，该区域分为上下两个部分，上部分为前台页面的一些公共信息，例如当前时间、在线用户，以及面包屑导航等内容；下部分是需要在主页中展示的内容，一般为一些重要或即时信息。

1) 模板设计

主页模板文件为 app\index\view\index\index.html，代码如下。

```
{layout name = "layout/layout" /}
< div class = "right - top layui - row">
    <!-- 系统主页中的主内容 -->
</div>
```

这里采用前述的 layout.html 布局模块，详细代码参见源码。

通知公告的详细内容采用 Layui 的弹出窗口来展示。当用户单击每条信息的"摘要"时，在弹出的窗口中显示该信息的详细内容，如图 10.25 所示。

图 10.25　信息详细显示

注意，图中的弹出框在主页布局模板文件 app\index\view\layout\layout.html 中定义。

2) 模型设计

从所展示的页面效果可以看出，主页上需要显示的内容虽然比较多，但其业务逻辑基本上都是相似的，就是从数据表中取出数据并输出。下面以"通知公告"信息的显示为例来说明主页功能的实现。

"通知公告"版块中的大部分数据来自数据库中的 wm_person 数据表，但其中的"部门名称"和"发布者"姓名则是来自 wm_depart 和 wm_staff 表。在 wm_person 表的记录中设置了"staff_in"字段,用于记录发布者在职员表 wm_staff 中的 ID；在 wm_staff 表的记录中设置了"depart_in"字段,记录该职员所属部门的 ID,所以要获取到发布者的部门名称,需要通过 3 张表的联合查询。

下面创建 wm_person、wm_staff 和 wm_depart 数据表的表模型。

在 app\common\model 目录中,新建 Person.php 文件,创建 wm_person 表模型,代码如下。

```php
<?php
namespace app\common\model;
use think\Model;
class Person extends Model
{
    protected $table = 'wm_person';
    protected $pk = 'person_id';
    //联合查询,一对一
    public function staff() {
        return $this->hasOne(Staff::class,'staff_id','staff_id');
    }
    //联合查询,远程一对一
    public function depart() {
        return $this->hasOneThrough(Depart::class, Staff::class,'staff_id','depart_id','staff_id','depart_id');
    }
}
```

在 app\common\model 目录中新建 Staff.php 文件,创建 wm_staff 表模型,代码如下。

```php
<?php
namespace app\common\model;
use think\Model;
class Staff extends Model
{
    protected $table = 'wm_staff';
    protected $pk = 'staff_id';
    public function depart() {
        return $this->hasOne(Depart::class,'depart_id');
    }
}
```

在 app\common\model 目录中新建 Depart.php 文件,创建 wm_depart 表模型,代码如下。

```php
<?php
namespace app\common\model;
use think\Model;
class Depart extends Model
{
    protected $table = 'wm_depart';
    protected $pk = 'depart_id';
}
```

3）编写控制器代码

打开 app\index\controller\index.php 文件，在 Index 控制器的 index 方法中添加以下代码。

```php
public function index()
{
    …
    //通知公告数据
    $notices = $this->getNotices();
    //模板数据
    $data = array(
        …
        'notices' => $notices,
    );
    //分配模板变量
    View::assign($data);
    //加载视图
    return $this->display();
}
```

上述代码中使用了控制器的私有方法 getNotices() 来从数据库中获取数据，该方法为自定义方法，代码如下。

```php
private function getNotices() {
    //获取数据库数据
    $data = Person::with(['staff','depart'])->select();
    foreach ($data as $k => $v){
        $data[$k]['staff_depart'] = $v->depart->name;
        $data[$k]['staff_name'] = $v->staff->name;
    }
    return $data;
}
```

这里使用了上面创建的 Person、Staff 和 Depart 模型。

上述代码编写完成后，就可以打开服务器及浏览器进行测试了。通知公告数据在页面中的输出，是由如下代码完成的。

```
{volist name="notices" id="n"}
    <tr>
        <td>{$i}</td>
        <td>
            <i style="display: none;">{$n['person_id']}</i>
            <span>{$n['title']}</span>
        </td>
        <td class="index-notice-detail">{$n['abstract']}</td>
        <td>{$n['staff_depart']}</td>
        <td>{$n['staff_name']}</td>
        <td>{$n['pub_time']|date='d/m/Y H:i'}</td>
    </tr>
{/volist}
```

这里用一个不显示的 i 标签，接收了每条信息的 ID，以方便在弹出窗口中查看信息详情。如图 10.25 所示。

每条信息详情由 Index 控制器的 noticeDetail 方法来显示，代码如下。

```php
/**
 * 通知公告内容详情
 * @param unknown $id
 * @return string
 */
public function noticeDetail($id){
    $detail = Person::find($id);
    $content = nl2br($detail->content);
    $html = <<<HTML
        <div style="margin:20px;border:2px solid #FF5722;height:180px;color:#009688">
            <p style="padding-left:20px;padding-right:20px;line-height:30px;">{$content}</p>
        </div>
HTML;
    return $html;
}
```

这里为了简单，直接返回了字符串。也可以为其定义一个视图模板，用视图来输出页面内容，以达到更好的用户体验。

4）分页功能的实现

在 ThinkPHP 分页中，数据的获取是由类 Think\Paginator 对象来实现的。这里为了让页面中的分页组件与其他 HTML 元素样式协调，创建一个 Think\Paginator 类的子类 Layui，其代码如下。

```php
<?php
namespace app\common\paginator;
use think\Paginator;
class Layui extends Paginator
{
    /**
     * 上一页按钮
     * @param string $text
     * @return string
     */
    protected function getPreviousButton($text = "上一页")
    {
        if ($this->currentPage() <= 1) {
            return $this->getDisabledTextWrapper($text);
        }
        $url = $this->url(
            $this->currentPage() - 1
        );
        return $this->getPageLinkWrapper($url, $text);
    }
    /**
```

```php
 * 下一页按钮
 * @param string $text
 * @return string
 */
protected function getNextButton($text = '下一页')
{
    if (!$this->hasMore) {
        return $this->getDisabledTextWrapper($text);
    }
    $url = $this->url($this->currentPage() + 1);
    return $this->getPageLinkWrapper($url, $text);
}
/**
 * 页码按钮
 * @return string
 */
protected function getLinks()
{
    if ($this->simple)
        return '';
    $block = [
        'first'  => null,
        'slider' => null,
        'last'   => null
    ];
    $side = 3;
    $window = $side * 2;
    if ($this->lastPage < $window + 6) {
        $block['first'] = $this->getUrlRange(1, $this->lastPage);
    } elseif ($this->currentPage <= $window) {
        $block['first'] = $this->getUrlRange(1, $window + 2);
        $block['last'] = $this->getUrlRange($this->lastPage - 1, $this->lastPage);
    } elseif ($this->currentPage > ($this->lastPage - $window)) {
        $block['first'] = $this->getUrlRange(1, 2);
        $block['last'] = $this->getUrlRange($this->lastPage - ($window + 2), $this->lastPage);
    } else {
        $block['first'] = $this->getUrlRange(1, 2);
        $block['slider'] = $this->getUrlRange($this->currentPage - $side, $this->currentPage + $side);
        $block['last'] = $this->getUrlRange($this->lastPage - 1, $this->lastPage);
    }
    $html = '';
    if (is_array($block['first'])) {
        $html .= $this->getUrlLinks($block['first']);
    }
    if (is_array($block['slider'])) {
        $html .= $this->getDots();
        $html .= $this->getUrlLinks($block['slider']);
```

```php
            }
            if (is_array($block['last'])) {
                $html .= $this->getDots();
                $html .= $this->getUrlLinks($block['last']);
            }
            return $html;
        }
    /**
     * 渲染分页 html
     * @return mixed
     */
    public function render()
    {
        if ($this->hasPages()) {
            if ($this->simple) {
                return sprintf(
                    '<ul class="pager">%s %s</ul>',
                    $this->getPreviousButton(),
                    $this->getNextButton()
                );
            } else {
                return sprintf(
                    '%s %s %s',
                    $this->getPreviousButton(),
                    $this->getLinks(),
                    $this->getNextButton()
                );
            }
        }
    }
    /**
     * 生成一个可单击的按钮
     *
     * @param string $url
     * @param int $page
     * @return string
     */
    protected function getAvailablePageWrapper($url, $page)
    {
        if ($page == '上一页')
            return '<a href="' . htmlentities($url) . '" class="layui-laypage-prev">' . $page . '</a>';
        else if ($page == '下一页')
            return '<a href="' . htmlentities($url) . '" class="layui-laypage-next">' . $page . '</a>';
        else
            return '<a href="' . htmlentities($url) . '">' . $page . '</a>';
    }
    /**
     * 生成一个禁用的按钮
     *
     * @param string $text
```

```php
     * @return string
     */
    protected function getDisabledTextWrapper($text)
    {
        return '<a class="layui-laypage-prev">' . $text . '</a>';
    }
    /**
     * 生成一个激活的按钮
     *
     * @param string $text
     * @return string
     */
    protected function getActivePageWrapper($text)
    {
        return '<span class="layui-laypage-curr" style="background:#009688;">' . $text . '</span>';
    }
    /**
     * 生成省略号按钮
     *
     * @return string
     */
    protected function getDots()
    {
        return $this->getDisabledTextWrapper('...');
    }
    /**
     * 批量生成页码按钮
     *
     * @param array $urls
     * @return string
     */
    protected function getUrlLinks(array $urls)
    {
        $html = '';
        foreach ($urls as $page => $url) {
            $html .= $this->getPageLinkWrapper($url, $page);
        }
        return $html;
    }
    /**
     * 生成普通页码按钮
     *
     * @param string $url
     * @param int $page
     * @return string
     */
    protected function getPageLinkWrapper($url, $page)
    {
        if ($page == $this->currentPage()) {
            return $this->getActivePageWrapper($page);
        }
        return $this->getAvailablePageWrapper($url, $page);
    }
}
```

上述代码存放在项目的 app\common\paginator\Layui.php 文件中。

修改项目 app\provider.php 文件中的代码，将框架默认的分页类更改为 Layui，即在分页时让框架使用 Layui 类的对象而不是 Think\Paginator 对象，代码如下。

```php
<?php
use app\ExceptionHandle;
use app\Request;
use app\common\paginator\Layui;
//容器Provider定义文件
return [
    'think\Request' => Request::class,
    'think\exception\Handle' => ExceptionHandle::class,
    'think\Paginator' => Layui::class,
];
```

为分页创建配置文件 app\config\paginate.php，代码如下。

```php
<?php
// +----------------------------------------------------------------------
//| 分页设置
// +----------------------------------------------------------------------

return [
    'type'      => 'Layui',
    'var_page'  => 'page',
    'list_rows' => 2,
];
```

修改控制器代码，使用分页查询获取数据，代码如下。

```php
private function getNotices() {
    …
    $data = Person::with(['staff','depart'])->paginate(Config::get('paginate.list_rows'));
    …
    return $data;
}

public function index()
{
    …
    //模板数据
    $data = array(
        …
        'notices'    =>  $notices,
        'page'       =>  $this->request->get('page')?:5,
        'list_rows'  =>  Config::get('paginate.list_rows')?:5,
    );
    …
    return $this->display();
}
```

修改视图模板代码，显示分页数据及分页导航组件，详细代码请参见源码。完成后的效果如图 10.26 所示。

图 10.26　数据的分页显示

图中显示的是第 2 页数据，每页显示的条数来自配置文件。注意分页中的"序号"一定要连续。

10.4.4　人事消息模块

视频讲解

人事消息模块主要是对文件进行收发管理，主要包括两个方面的内容，一部分是面向全体职工的，包括查看公告、活动、意见箱等；另一部分是仅对人事部开放的，其他职员不允许、也不会看到的页面，如公告管理、意见管理等。

1．公告显示

用户单击功能菜单中的"企业公告"子菜单，即可在页面中查看所有公告详情，如图 10.27 所示。

图 10.27　"企业公告"页面

首先,在项目前台模块中创建一个名为 Person 的控制器,代码如下。

```php
<?php
namespace app\index\controller;

use app\common\controller\Base;
use think\facade\View;
use app\common\model\Person as PersonModel;
use think\facade\Config;

class Person extends Base
{
}
```

然后,在控制器中添加 bulletin 方法,代码如下。

```php
public function bulletin() {
    //页面标题
    $title = '微梦 OA 系统 - 企业公告';
    //面包屑导航
    $breadcrumb = array(
        ['title'=>'首页','url'=>'/index/index/index'],
        ['title'=>'企业公告','url'=>'bulletin'],
    );
    //信息类型 ID
    $type = Type::where('english','bulletin')->find()->toArray();
    $type_id = $type['type_id'];
    //企业公告分页数据
    $list_rows = Config::get('paginate.list_rows')?:4;
    $pulletins = PersonModel::where('type', $type_id)->paginate($list_rows);
    //模板数据
    $data = array(
        'title'         => $title,
        'left_menus'    => $this->menus['left_menus'],
        'top_menus'     => $this->menus['top_menus'],
        'user'          => $this->user,
        'breadcrumb'    => $breadcrumb,
        'pulletins'     => $pulletins,
        'page'          => $this->request->get('page')?:1,
        'list_rows'     => $list_rows,
    );
    //分配模板变量
    View::assign($data);
    //加载视图
    return $this->display();
}
```

注意,在上述代码中,控制器名称 Person 和 Person 模型名称相同,需要将它们加以区分,代码如下。

```
use app\common\model\Person as PersonModel;
```

给 Person 模型取一个别名 PersonModel。

2. 活动安排

"活动安排"内容的显示与上述 1 中的"公告"信息的显示实现方法相同,只是在查询数据的时候需要指定不同的条件而已,代码如下。

```
//消息类型 ID
$ type = Type::where('english','plan')->find()->toArray();
$ type_id = $ type['type_id'];
…
$ plans = PersonModel::where('type', $ type_id)->paginate($ list_rows);
```

3. 消息管理

消息管理只对人事部门的职员开放,主要功能包括消息的添加、删除和修改等,如图 10.28 所示。

图 10.28 "消息管理"首页

1) 消息添加

单击图 10.28 页面中的"添加消息"按钮,打开数据插入表单,如图 10.29 所示。上述表单中的"作者姓名"文本框为只读状态,它的值从登录用户信息中读取。

在 Person 控制器中添加 insert 方法,将数据写入数据库,代码如下。

```
public function insert(){
    if (Request::isPost()) {
        $ data = Request::post();
        unset($ data['staff_name']);
        unset($ data['ok']);
        $ data['staff_id'] = $ this->user['id'];
        $ data['pub_time'] = time();
```

图 10.29 "添加消息"页面

```php
        //写入数据
        PersonModel::create( $ data);
        return redirect('/index/person/index');
    }
    //页面标题
    $ title = '微梦 OA 系统 - 添加消息';
    //面包屑导航
    $ breadcrumb = array(
        ['title'=>'首页','url'=>'/index/index/index'],
        ['title'=>'消息管理','url'=>'/index/person/index'],
        ['title'=>'添加消息','url'=>'insert'],
    );
    //模板数据
    $ data = array(
        'title'       =>  $ title,
        'left_menus'  =>  $ this->menus['left_menus'],
        'top_menus'   =>  $ this->menus['top_menus'],
        'user'        =>  $ this->user,
        'breadcrumb'  =>  $ breadcrumb,
    );
    //分配模板变量
    View::assign( $ data);
    //加载视图
    return $ this->display();
}
```

第10章 在线办公系统

2) 消息修改

消息的修改与消息的添加相似。用户单击图 10.28 页面中的"修改"按钮，打开数据修改表单，如图 10.30 所示。

图 10.30 "修改"表单页面

从图中可以看出，该表单与"添加消息"表单相似，不同的是表单元素中显示了需要修改的数据值。

被修改的数据被提交到 Person 控制器的 update 方法，代码如下。

```
public function update() {
    //实现数据修改
    if (Request::isPost()) {
        $data = Request::post();
        unset($data['staff_name']);
        $data['update_time'] = time();
        //修改数据
        PersonModel::update($data);
        return redirect('/index/person/index');
    }
    //执行该操作必须传递 ID 参数
    if (!Request::isGet()) {
        return redirect('/index/person/index');
    }
    //获取记录 ID
    $person_id = Request::param('id');
    //页面标题
```

```php
        $title = '微梦OA系统 - 修改消息';
        //面包屑导航
        $breadcrumb = array(
            ['title'=>'首页','url'=>'/index/index/index'],
            ['title'=>'消息管理','url'=>'/index/person/index'],
            ['title'=>'修改消息','url'=>'update'],
        );
        //获取消息数据
        $message = PersonModel::find($person_id);
        //模板数据
        $data = array(
            'title'         =>  $title,
            'left_menus'    =>  $this->menus['left_menus'],
            'top_menus'     =>  $this->menus['top_menus'],
            'user'          =>  $this->user,
            'breadcrumb'    =>  $breadcrumb,
            'type'          =>  Type::select(),
            'message'       =>  $message,
        );
        //分配模板变量
        View::assign($data);
        //加载视图
        return $this->display();
    }
```

3）消息删除

项目中数据的删除分为硬删除和软删除。硬删除是指将数据从数据表中彻底删除，而软删除只是将数据修改为"已删除"状态。

这里使用软删除方式。单击图 10.28 页面中的"删除"按钮，弹出确认对话框，若用户确定则将记录的 status 字段值修改为 4，否则不执行删除操作。

删除的确认在前端进行，代码如下。

```javascript
//单击"消息管理"页面中的"删除"按钮时，弹出确认框
$('.delete-btn').click(function(event) {
    if (confirm('确定删除吗?') == false) {
        event.preventDefault();
    }
});
```

若管理员确认删除数据，则调用 Person 控制器的 delete 方法，实现数据的软删除，代码如下。

```php
public function delete() {
    if (Request::isGet()) {
        $person_id = Request::param('id');
        //将记录状态 status 修改为 4,4 表示该记录已被删除
        PersonModel::update(['status'=>4,'update_time'=>time()],
                            ['person_id'=>$person_id]);
        return redirect('/index/person/index');
    }else{
```

```
            return redirect('/');
        }
}
```

10.4.5 考勤管理模块

考勤管理模块是 OA 系统每天都要使用的功能模块之一,其主要功能一般包括:员工上下班登记、病事假登记、加班登记,以及考勤记录等。

1. 考勤记录

用户单击功能菜单中的"考勤记录"子菜单,即可在页面中查看所有员工的考勤记录信息,如图 10.4 所示。下面实现页面功能。

首先,在项目前台模块中创建一个名为 Attendance 的控制器,并为其添加 recorder() 方法,代码如下。

```php
<?php
…
public function recorder() {
    //页面标题
    $title = '微梦 OA 系统 - 考勤管理';
    //面包屑导航
    $breadcrumb = array(
        ['title'=>'首页','url'=>'/index/index/index'],
        ['title'=>'考勤信息','url'=>'index'],
    );
    //页面内容
    $content = AttendanceModel::select()->toArray();
    //员工姓名
    $staff = Staff::select()->toArray();
    foreach ( $content as $k => $c ) {
        foreach ( $staff as $s ) {
            if ( $c['p_id'] == $s['staff_id'] ) {
                $content[$k]['staff'] = $s['name'];
            }
        }
    }
    //模板参数
    $data = [
        'title'       => $title,
        'left_menus'  => $this->menus['left_menus'],
        'top_menus'   => $this->menus['top_menus'],
        'breadcrumb'  => $breadcrumb,
        'user'        => $this->user,
        'content'     => $content,
    ];
    //分配模板变量
    View::assign( $data );
```

```
    //加载视图
    return $this->display();
}
...
```

上述代码与 10.4.4 节的代码功能相似，这里不再详述。页面视图文件存放在 index\view\attendance 子目录中，文件名为 recorder.html，其内容请参见源码。

2. 上下班登记

系统"上下班登记"页面显示登录员工的考勤记录信息，以及"考勤登记"页面接口，如图 10.31 所示。

图 10.31 "上下班登录"页面

单击页面中的"考勤登记"按钮，可以打开考勤登记页面，完成考勤的登记操作，如图 10.32 所示。

上述功能实现的主要代码如下。

```
<?php
    ...
    //图 10.31 页面方法
    public function work() {
        //页面标题
        $title = '微梦 OA 系统 - 上下班登记';
        //面包屑导航
        $breadcrumb = array(
            ['title'=>'首页','url'=>'/index/index/index'],
            ['title'=>'上下班登记','url'=>'work'],
        );
        //页面内容
        $content = AttendanceModel::where('p_id', $this->user['id'])->select()->
```

图 10.32 "上下班登录"登记页面

```
toArray();
        //模板参数
        $data = [
            'title'       =>  $title,
            'left_menus'  =>  $this->menus['left_menus'],
            'top_menus'   =>  $this->menus['top_menus'],
            'breadcrumb'  =>  $breadcrumb,
            'user'        =>  $this->user,
            'content'     =>  $content,
        ];
        //分配模板变量
        View::assign($data);
        return View::fetch();
    }
    //图 10.32 页面方法
    public function addform() {
        //页面标题
        $title = '微梦 OA 系统 – 考勤登记';
        //面包屑导航
        $breadcrumb = array(
            ['title'=>'首页','url'=>'/index/index/index'],
            ['title'=>'考勤记录','url'=>'work'],
        );
        //内容
        //$content = Company::where('title','员工行为规范')->find()->toArray();
        //模板参数
        $data = [
            'title'       =>  $title,
            'left_menus'  =>  $this->menus['left_menus'],
            'top_menus'   =>  $this->menus['top_menus'],
```

```
            'breadcrumb'    =>   $breadcrumb,
            'user'          =>   $this->user,
            //'content'     =>   $content,
        ];
        //分配模板变量
        View::assign($data);
        return View::fetch();
    }

    public function insert(){
        if (Request::isPost()) {
            $data = Request::post();

            $data['r_date'] = date('Y-m-d');
            $data['r_time'] = date('H:i:s');
            $data['p_id'] = 0;
            var_dump($data);
            //写入数据
            AttendanceModel::create($data);

            return redirect('/index/attendance/work');
        }
    }
```

这些代码与 10.4.4 节的代码功能相似，这里不再详述。在实现上述页面功能的过程中除了编写控制器方法代码，以及相应的视图文件代码外，还需要编写一些助手函数，这些函数存放在系统的 common.php 文件中，请参见源码。

10.4.6 后台管理模块

Web 项目的后台管理系统主要是针对管理员开放的，普通用户无法访问到这里。所以在页面风格的设计上相对简单得多，不需要艳丽的图片、炫酷的特效，干净、整洁，给人一种朴实无华的感觉即可。本案例项目后台首页采用 Layui 模板，如图 10.5 所示。

如果说前台是系统的外衣，那么后台就是系统的灵魂。数据更新、系统升级，甚至是安全隐患，都源于后台的设计是否完善，功能是否强大。所以，项目后台系统的设计与开发是非常重要的，必须给予高度的重视。

10.5 本章小结

本章简单地介绍了使用 PHP 的 ThinkPHP 框架，开发一个在线办公系统的过程。鉴于本教材属于基础性的实践教程，又由于篇幅的限制，本案例项目只实现了项目的部分前台功能，后台功能的实现与前台功能模块的实现方法相似，我们会在后续专门针对 ThinkPHP 项目开发的教程中详细地讲解。当然，读者也可以在学习完本章后，自己去完成这些没有实现的系统功能。

参 考 文 献

[1] 马石安,魏文平. PHP Web 程序设计与项目案例开发(微课版)[M]. 北京:清华大学出版社,2019.
[2] 马石安,魏文平. PHP Zend Framework 项目开发基础案例教程[M]. 北京:清华大学出版社,2015.
[3] 道尔. PHP 5.3 入门经典[M]. 吴文国,黄海降,译. 北京:清华大学出版社,2010.
[4] Lengstorf J. 深入 PHP 与 jQuery 开发[M]. 魏忠,译. 北京:人民邮电出版社,2011.
[5] 威利,汤姆森. PHP 和 MySQL Web 开发[M]. 北京:机械工业出版社,2009.
[6] Ullman L. PHP 基础教程[M]. 贾菡,刘彦博,等译. 4 版. 北京:电子工业出版社,2011.
[7] 明日科技,刘中华,潘凯华,等. PHP 项目开发案例全程实录[M]. 2 版. 北京:清华大学出版社,2011.
[8] Layui 技术团队. Layui 技术文档[EB/OL]. [2021-05-30]. https://www.layui.com/doc/.
[9] Bootstrap 技术团队. Bootstrap 技术文档[EB/OL]. [2021-05-13]. https://v4.bootcss.com/docs/getting-started/introduction/.
[10] WordPress 开源软件. WordPress 技术文档[EB/OL]. [2021-05-12]. https://wordpress.org/.
[11] Codeigniter 中国. Codeigniter 技术文档[EB/OL]. [2020-02-24]. https://codeigniter.org.cn/.
[12] ThinkPHP 技术团队. ThinkPHP 6 开发手册[EB/OL]. [2019-12-24]. https://www.kancloud.cn/manual/thinkphp6_0/1037479.
[13] 马石安,魏文平. 面向对象程序设计教程(C++语言描述)[M]. 3 版. 北京:清华大学出版社,2018.
[14] 马石安,魏文平. 面向对象程序设计教程(C++语言描述)题解与课程设计指导[M]. 北京:清华大学出版社,2014.
[15] 马石安,魏文平. Visual C++程序设计与应用教程[M]. 3 版. 北京:清华大学出版社,2017.
[16] 马石安,魏文平. Visual C++程序设计与应用教程(第 3 版)题解及课程设计[M]. 北京:清华大学出版社,2017.

图书资源支持

感谢您一直以来对清华版图书的支持和爱护。为了配合本书的使用,本书提供配套的资源,有需求的读者请扫描下方的"书圈"微信公众号二维码,在图书专区下载,也可以拨打电话或发送电子邮件咨询。

如果您在使用本书的过程中遇到了什么问题,或者有相关图书出版计划,也请您发邮件告诉我们,以便我们更好地为您服务。

我们的联系方式:

地　　址: 北京市海淀区双清路学研大厦 A 座 714

邮　　编: 100084

电　　话: 010-83470236　010-83470237

客服邮箱: 2301891038@qq.com

QQ: 2301891038(请写明您的单位和姓名)

资源下载: 关注公众号"书圈"下载配套资源。

资源下载、样书申请

书圈

获取最新书目

观看课程直播